H. Pfaff-Schley

Bodenschutz und Umgang mit kontaminierten Böden

Springer
*Berlin
Heidelberg
New York
Barcelona
Budapest
Hongkong
London
Mailand
Paris
Santa Clara
Singapur
Tokio*

Herbert Pfaff-Schley (Hrsg.)

Bodenschutz und Umgang mit kontaminierten Böden

Bodenschutzgesetze, Prüfwerte,
Verfahrensempfehlungen

Mit 35 Abbildungen

Springer

Herbert Pfaff-Schley
Umweltinstitut Offenbach GmbH
Nordring 82B
63067 Offenbach/Main

ISBN-13:978-3-540-60698-7

Die Deutsche Bibliothek – CIP-Einheitsaufnahme
Bodenschutz und Umgang mit kontaminierten Böden: Bodenschutzgesetze, Prüfwerte, Verfahrens-empfehlungen/Herbert Pfaff-Schley (Hrsg.) – Berlin; Heidelberg; New York; Barcelona; Budapest; Hongkong; London; Mailand; Paris; Santa Clara; Singapur; Tokio: Springer, 1996
   ISBN-13:978-3-540-60698-7   e-ISBN-13:978-3-642-80077-1
   DOI: 10.1007/978-3-642-80077-1

NE: Pfaff-Schley, Herbert [Hrsg.]

Herstellung: Renate Münzenmayer
Umschlaggestaltung: E. Kirchner

SPIN 10477429   30/3136-5 4 3 2 1 0 – Gedruckt auf säurefreiem Papier

Vorwort

Der Referentenentwurf für ein Bundes-Bodenschutzgesetz wirft seine Schatten voraus. Zum Stand der Dinge trafen sich Experten zum Jahresende 1995 in Offenbach am Main.

Die zweitägige Fachtagung "Bodenschutz und Umgang mit kontaminierten Böden", zu der das Umweltinstitut Offenbach vom 30.11. bis 1.12.1995 einlud, beleuchtete neben dem erwähnten Entwurf auch die existierenden Bodenschutzgesetze der Länder im Hinblick auf ihre Praxistauglichkeit.

Im Vordergrund der Veranstaltung standen die Funktion von Böden, die Bodeninhaltsstoffe sowie Empfehlungen zur Bodenprobenahme bei Altlasten- und Verdachtsflächenuntersuchungen. Vorgestellt wurden die "Technische Regel Böden" sowie Anforderungen an die Verwertung gereinigter oder schwach kontaminierter Böden.

Ein weiterer Schwerpunkt waren versicherungstechnische Aspekte bei Besitz und Umgang mit kontaminierten Böden. Die Aussagefähigkeit von Altlastengutachten wurde dabei aus der Sicht des Grundstückseigentümers beleuchtet.

Der vorliegende Band gibt die Textfassungen der Vorträge in teilweise ergänzter und überarbeiteter Form wieder. Anhand von Beispielen aus der Praxis werden notwendige Sofortmaßnahmen, Erkundung und Sanierung von Bodenkontaminationen dargestellt. Der Schwerpunkt liegt dabei auf der Problematik der Folgenutzung und Verwertung von Böden.

Ergebnisse von Feldversuchen und Erfahrungsberichte hierzu werden vom Landesumweltamt Nordrhein-Westfalen und vom Deutschen Institut für Gütesicherung vorgestellt. Ebenso äußern sich Vertreter der Landesregierungen aus Bayern, Hessen, Baden-Württemberg und Sachsen sowie vom Bund Deutscher Geologen zu diesem Themenkreis.

Als weiteres Thema steht das Gesetz zur Bekämpfung der Umweltkriminalität mit dem neuen Straftatbestand "Bodenverunreinigung" zur Diskussion.

Das Umweltinstitut Offenbach bietet seit 1988 seine Dienstleistungen in den Bereichen Erfassung, Untersuchung und Gefährdungsabschätzung von Altlasten an. Daneben werden Fachtagungen und Seminare zu aktuellen Umweltthemen durchgeführt.

Die Fachtagungsreihe "Bodenschutz" wird regelmäßig fortgeführt.

Offenbach am Main, im März1996   Herbert Pfaff-Schley

Inhalt

Autorenverzeichnis

Dr. Michael Beyer
DMT – Gesellschaft für Forschung und Prüfung mbH
DMT-Institut für Wasser- und Bodenschutz – Baugrundinstitut
Franz-Fischer-Weg 61
45307 Essen

Dipl.-Geogr. Thomas Bökelmann
Tauw Umwelt GmbH
Ingenieurbüro und Labor für Umwelt und Technologie
Richard-Löchel-Str. 9
47441 Moers

Dr. Thomas Delschen
Landesumweltamt Nordrhein-Westfalen
Postfach 102363
45023 Essen

Rainer Dörmeier
Kreis Lippe Umweltamt
Felix-Fechenbach-Str. 5
32754 Detmold

Dipl.-Ing. Hansjörg Fader
FADER Umweltanalytik
Rittnerstraße 13
76227 Karlsruhe

Prof. Dr. Stefan Gäth
Gesellschaft für Boden- und Gewässerschutz e.V.
Hainerweg 33
35435 Wettenberg

Dipl.-Ing. Mechthild Herbort
R+V Versicherung AG
John-F.-Kennedy-Straße 1
65189 Wiesbaden

Dipl.-Ing. Emil Hildenbrand
Landesanstalt für Umweltschutz
Griesbachstraße 1
76185 Karlsruhe

ORR Bernd Hilger
Bundesministerium für Umwelt, Natschutz und Reaktorsicherheit
Postfach 120629
53048 Bonn

Dr. Joachim Kaltwang
GEO-data
Dienstleistungsgesellschaft für Geologie, Hydrogeologie und
Umweltanalytik mbH
Carl-Zeiss-Straße 15
30827 Garbsen

Dipl.-Biol. Karin Kemal
TLG Liegenschaftsgesellschaft der Treuhandanstalt mbH
Alexanderplatz 6
10100 Berlin

Dr. Karl Kolb
Bayerisches Landesamt für Umweltschutz
Rosenkavalierplatz 3
81925 München

Dr. Dietrich Mehrhoff
DMT – Gesellschaft für Forschung und Prüfung mbH
DMT-Institut für Wasser- und Bodenschutz – Baugrundinstitut
Franz-Fischer Weg 61
45307 Essen

Dr. Ludwig Menge
Umweltministerium Baden-Württemberg
Postfach 103439
70029 Stuttgart

RR (z. A.) Burghard Rech
Sächsisches Staatsministerium für Umwelt und Landesentwicklung
Ostra-Allee 23
01067 Dresden

Dr. Erich Schöndorf
Staatsanwalt
An der Pfingstweide 16
61118 Bad Vilbel

BD Dipl.-Ing. Wilhelm Vorbröker
Hessisches Ministerium für Umwelt, Energie, Jugend,
Familie und Gesundheit
Mainzer Straße 80
65189 Wiesbaden

Bundes-Bodenschutzgesetz – Zum Stand der Dinge

Bernd Hilger

Gesetzgebungsvorhaben Bundes-Bodenschutzgesetz

Mit dem Bodenschutzgesetz des Bundes werden die Voraussetzungen für einen wirksamen Bodenschutz und die Sanierung von Altlasten geschaffen. Die einheitlichen Anforderungen, die das Gesetz bundesweit stellen wird, bilden die Grundlage für ein effektives Vorgehen der Behörden zum Schutz der natürlichen Lebensgrundlagen. Zugleich wird mit den Sanierungspflichten Rechtssicherheit und damit eine wesentliche Voraussetzung für künftige Investitionen geschaffen.

Die Reinhaltung der Luft und der Schutz der Gewässer werden durch Gesetze des Bundes und der Länder bereits sichergestellt. Nach dem Inkrafttreten des Bundes-Bodenschutzgesetzes wird mit der Verpflichtung zur Sanierung von Böden und zur Vorsorge gegen künftige Bodenbelastungen der Schutz aller Umweltmedien gewährleistet sein.

Die vorgesehenen Regelungen des Gesetzes stellen sicher, daß die Bodennutzung umweltverträglich erfolgt und keine Schäden verursacht. Der Boden als ökologische und ökonomische Grundlage unserer Zukunft wird wirksam geschützt werden. Zu diesem Zweck müssen nach dem Gesetzentwurf u. a. bestehende Bodenbelastungen, die zu Gefahren für den Menschen und seine Umwelt führen können, beseitigt werden, und es muß Vorsorge getroffen werden, damit in Zukunft keine neuen Schäden entstehen können.

Verfahrensstand

Der Referentenentwurf des Bundes-Bodenschutzgesetzes liegt vor und wird z. Z. zwischen den Bundesressorts abgestimmt.

Aufbau des Gesetzentwurfs

Der aktuelle Gesetzentwurf besteht aus 10 Artikeln. Art. 1 enthält das künftige Bundes-Bodenschutzgesetz, Art. 2-9 ändern spezielle Fachgesetze, in die Belange des Bodenschutzes integriert werden, Art. 10 regelt das Inkrafttreten. Das künftige Bundes-Bodenschutzgesetz (Art. 1) besteht wiederum aus fünf Teilen:

Der erste Teil enthält im wesentlichen Begriffsbestimmungen und regelt den Anwendungsbereich des Gesetzes.

Der zweite Teil bestimmt die zur Boden- und Altlastensanierung sowie zur Vorsorge vor weiteren Beeinträchtigungen zu erfüllenden Anforderungen. Darüber hinaus wird die Ermittlung und Bewertung von Gefahren geregelt. Hier werden die wesentlichen Pflichten begründet und ihre Durchsetzung geregelt.

Der dritte Teil des Gesetzes enthält im wesentlichen verfahrensbezogene Vorschriften zum Altlastenmanagement. Unter anderem werden die Informationen der Betroffenen, die Aufstellung von Sanierungsplänen sowie behördliche Überwachungs- und Eigenkontrollmaßnahmen der Sanierungspflichtigen geregelt.

Der vierte Teil des Gesetzes regelt die bei der Landwirtschaft zur Vorsorge vor schädlichen Bodenveränderungen zu beachtende gute fachliche Praxis bei der Bodenbearbeitung.

Der fünfte Teil enthält Schlußvorschriften. Unter anderem sind Vorschriften zu, Sachverständigen, zur Datenübermittlung der Länder an den Bund, zum Verwaltungsverfahren, zu landesrechtlichen Regelungen sowie zu Kosten und Bußgeldern vorgesehen.

Regelungsschwerpunkte des Gesetzentwurfs

1.   Zweck des Gesetzes

Wichtigster Zweck des Gesetzes soll der Schutz vor Bodenbelastungen (einschließlich Altlasten) sein. Solche Belastungen liegen nach dem Entwurf dann vor, wenn die Bodenfunktionen beeinträchtigt sind und dadurch Gefahren für den einzelnen oder die Allgemeinheit herbeigeführt werden. Über den Bereich der Gefahrenabwehr hinaus wird die Möglichkeit vorgesehen, für vorbelastete Gebiete in Rechtsverordnungen Anforderungen zur Vorsorge gegen Bodenbelastungen festzulegen. Durch entsprechende Anforderungen kann verhindert werden, daß in Zukunft Altlasten neu entstehen. Ferner kann sichergestellt werden, daß die Bodenbelastungen die Gefahrengrenze nicht überschreiten. Das schafft Freiräume für die Ansiedlung neuer und die Erweiterung bestehender Betriebe.

2.   Grundpflichten

Folgende Grundpflichten stellen nach dem Gesetzentwurf sicher, daß der Boden als Lebensgrundlage für Menschen, Tiere und Pflanzen erhalten bleibt und für künftige Nutzungen gesichert wird:

- Vorsorgepflichten bestehen, damit der Boden langfristig durch stoffliche und physikalische Einwirkungen in seiner ökologischen Leistungsfähigkeit nicht überfordert wird.
- Böden, von denen Gefahren für Mensch und Umwelt ausgehen, sind zu sanieren. Die Sanierungspflicht erstreckt sich auch auf die vom Boden ausgehenden Gewässerverunreinigungen.
- Grundstückseigentümer und -besitzer müssen dafür sorgen, daß durch den Zustand ihres Grundstücks keine Gefahren für den Boden ausgehen.
- Jedermann hat sich so zu verhalten, daß durch ihn keine Gefahren für den Boden hervorgerufen werden.

3.   Altlastensanierung

Altlasten und Altlastverdachtsflächen bewirken oft eine Blockade städtebaulicher und wirtschaftlicher Entwicklung. Das Bodenschutzgesetz wird daher die Voraussetzungen schaffen, damit altlastverdächtige Grundstücke entweder aus dem Verdacht entlassen werden können oder nach erfolgreicher Sanierung dem Grundstücksverkehr wieder zur Verfügung stehen. Die Regelungen zur Sanierung von Altlasten – stillgelegten Deponien, wilden Abfallablagerungen und ehemaligen Industriestandorten – bilden deshalb auch einen besonderen Schwerpunkt des Gesetzentwurfs. Im wesentlichen ist folgendes vorgesehen:

- Altlastverdächtige Flächen sind durch die zuständigen Landesbehörden zu erfassen, zu untersuchen und zu bewerten.
- Bei Altlasten und altlastverdächtigen Flächen bestehen neben den Überwachungspflichten der Behörden Eigenkontroll- und Meldepflichten der Verantwortlichen.
- Vom Sanierungspflichtigen kann die Vorlage eines Sanierungsplans verlangt werden. Bei gravierenden und komplexen Altlasten wird der Sanierungsplan Transparenz schaffen und damit auch einen wichtigen Beitrag zur Akzeptanz der notwendigen Sanierungsmaßnahmen bei den Betroffenen leisten. Der im Regelfall von einem Sachverständigen zu erarbeitende Sanierungsplan muß u. a. eine Zusammenfassung der Gefährdungsabschätzung sowie eine Darstellung der Sanierungsziele und -maßnahmen enthalten.
- Mit dem Sanierungsplan kann der Sanierungspflichtige den Entwurf eines öffentlich-rechtlichen Sanierungsvertrages vorlegen.
- Die von Sanierungsmaßnahmen Betroffenen sind frühzeitig über Einzelheiten der vorgesehenen Sanierung zu informieren.
- Zur Verfahrensbeschleunigung ist eine sog. Konzentrationswirkung sowohl in den Fällen der behördlichen Genehmigung eines Sanierungsplans als auch bei Anordnungen zur Altlastensanierung vorgesehen. Die behördliche Sanie-

rungsentscheidung soll z. B. wasserrechtliche Erlaubnisse sowie abfall- und immissionsschutzrechtliche Genehmigungen einschließen können. Hierdurch wird sichergestellt, daß Sanierungsmaßnahmen zügig durchgeführt werden können und die Beseitigung der von Altlasten ausgehenden Gefahren nicht auf die lange Bank geschoben wird.

4.   Gewässersanierung

Neben der Sanierung von Böden und Altlasten wird auch die Sanierung von Gewässern, die durch Bodenbelastungen verunreinigt wurden, bundesrechtlich geregelt werden. In der Regel sind bei Bodenkontaminationen auch Maßnahmen zur Sanierung von Gewässern, insbesondere des Grundwassers, erforderlich. Nach früheren Regelungsentwürfen hätte die Sanierung von Gewässern gemäß der geltenden Rechtslage nach den unterschiedlichen landesrechtlichen Vorschriften erfolgen müssen.

5.   Auf- und Einbringen von Materialien auf den Boden

Nach dem Gesetzentwurf sind spezielle Anforderungen an das Auf- und Einbringen von Materialien auf den Boden möglich. Zur Verhinderung künftiger Bodenbelastungen sollen Verbote und Beschränkungen für das Aufbringen von möglicherweise belasteten Materialien auf Böden angeordnet werden können. Die Konkretisierung erfolgt über eine Rechtsverordnung.

6.   Landwirtschaftliche Bodennutzung

Die landwirtschaftliche Bodennutzung hat nach dem Entwurf standortgemäß so zu erfolgen, daß soweit wie möglich Bodenabträge vermieden werden, Bodenverdichtungen nicht auftreten, das Bodenleben gefördert wird und eine günstige Bodenstruktur gewährleistet ist. Die Regelungen über die gute fachliche Praxis im Düngemittel- und Pflanzenschutzrecht sollen durch die Anforderungen des Bodenschutzgesetzes nicht berührt werden.

7.   Anforderungen an untergesetzliches Regelwerk

Der Gesetzentwurf enthält eine Ermächtigung für den Erlaß eines untergesetzlichen Regelwerks in Form einer Bodenschutz- und Altlastenverordnung. Diese Verordnung konkretisiert die Anforderungen des Gesetzes an die Untersuchung und Bewertung von Flächen mit dem Verdacht einer Bodenkontamination oder Altlast, bestimmt Sicherungs-, Dekontaminations- und Beschränkungsmaßnahmen, enthält nähere Regelungen zur Sanierungsplanung und erläutert die Anforderungen an die Vorsorge gegen künftige Bodenbelastungen.

Die Vorsorge- und Sanierungsanforderungen werden vor allem durch nutzungsbezogene Bodenwerte vorgegeben. Diese Werte sind für den Vollzug des Gesetzes durch die Länder verbindlich. Die Werte sollen einen einheitlichen und zügigen Vollzug des Gesetzes gewährleisten, Wettbewerbsverzerrung vermeiden und für die Betroffenen auch Rechtssicherheit für künftige Investitionen schaffen.

8.   Ver- und Entsiegelung

Zur Beschränkung der weiteren Versiegelung sowie zur Entsiegelung von Flächen soll das Baugesetzbuch geändert werden. Fragen der Ver- und Entsiegelung von Flächen sind spezielle Aspekte der Erstellung und Umsetzung von Bauleitplänen. Bodenversiegelungen sind künftig auf das notwendige Maß zu begrenzen. Dies ist bereits bei der Erstellung von Flächennutzungs- und Bebauungsplänen zu beachten.

9.   Landschaftsplanung

Durch Änderung des Bundesnaturschutzgesetzes wird das Instrumentarium der Landschaftsplanung – der naturschutzrechtlichen Fachplanung – zum Schutz des Bodens erweitert. Dadurch wird die Berücksichtigung von Bodenbelangen in einem früheren Planungsstadium sichergestellt. Die Umsetzung der im Rahmen der Landschaftsplanung vorgesehenen Maßnahmen erfolgt in der Regel bei der Aufstellung von Flächennutzungs- und Bebauungsplänen.

Konsequenzen für das Landesrecht nach Inkrafttreten des Bundes-Bodenschutzgesetzes

Tritt das Bundes-Bodenschutzgesetz so in Kraft, wie im aktuellen Entwurf vorgesehen, werden entgegenstehende landesrechtliche Regelungen aufgrund des Vorrangs des Bundesrechts unwirksam. Soweit Widersprüche zwischen Bundes- und Landesrecht bestehen, sind die Länder zur Anpassung ihrer Vorschriften verpflichtet.

Spielraum für landesrechtliche Regelungen bleiben gleichwohl erhalten. Insbesondere ist vorgesehen, daß Länder Vorschriften zur Aufstellung von Bodenschutzplänen erlassen können, um Schutz- und Vorsorgemaßnahmen für Gebiete, in denen flächenhaft Bodenbelastungen auftreten oder zu erwarten sind, den landesspezifischen Besonderheiten entsprechend zu ergreifen.

Das Sächsische Bodenschutzgesetz –
Erstes Gesetz zur Abfallwirtschaft und zum
Bodenschutz im Freistaat Sachsen (EGAB)

Burghard Rech

1 Verfassungsrechtliche Grundlagen

Der Freistaat Sachsen ist ein demokratischer, dem Schutz der natürlichen Lebensgrundlagen und der Kultur verpflichteter sozialer Rechtsstaat (Art. 1 Satz 2 der Sächsischen Verfassung vom 26. Mai 1992[1]).

Artikel 10 Abs. 1 der Sächsischen Verfassung legt fest, daß der Schutz der Umwelt als Lebensgrundlage, auch in Verantwortung für kommende Generationen, Pflicht des Landes und Verpflichtung aller im Land ist. Das Land hat insbesondere den *Boden*, die Luft und das Wasser, Tiere und Pflanzen sowie die Landschaft als Ganzes einschließlich ihrer gewachsenen Siedlungsräume zu schützen. Es hat auf den sparsamen Gebrauch und die Rückgewinnung von Rohstoffen und die sparsame Nutzung von Energie und Wasser hinzuwirken.

Artikel 10 der Sächsischen Verfassung ist nicht nur Programmsatz, sondern Staatszielbestimmung, die vom Land durch die Schaffung der notwendigen Rechtsgrundlagen und insbesondere die Bereitstellung von finanziellen Mitteln umgesetzt werden muß (vgl. Art 13 Sächsische Verfassung[2]).

Insbesondere Art. 10 Abs. 1 Satz 3 Sächsische Verfassung enthält Elemente der Philosophie eines *sustainable development*.[3]

---

[1] SächsGVBl. S. 243.

[2] Art. 13: "Das Land hat die Pflicht, nach seinen Kräften die in dieser Verfassung niedergelegten Staatsziele anzustreben und sein Handeln danach auszurichten."

[3] nachhaltige Entwicklung; vgl. dazu den Brundtland-Bericht, World Commission on Environment and Development (WCED), Our Common Future, 1987; Pearce/Turner, Economics of Natural Resources and the Environment; Europäische Kommission, Towards sustainability, an EC-Programme of policy and action in relation to Environment and Sustainable Development, 1992.

Gleichsam im Vorgriff auf diese Staatszielbestimmung der Verfassung beschloß am 23.07.1991 das Parlament mit dem Ersten Gesetz zur Abfallwirtschaft und zum Bodenschutz im Freistaat Sachsen, kurz EGAB genannt, als erstes Bundesland der Bundesrepublik Deutschland überhaupt eine recht knappe Kodifizierung des Bodenschutzrechtes.

Mit Inkrafttreten des EGAB und des Gesetzes zum Schutz des Bodens in Baden-Württemberg am 01.09.1991[4] trat damit das Umweltmedium Boden in der Bundesrepublik Deutschland aus dem Schatten anderer Rechtsmaterien heraus, die den Boden als Umweltgut nicht um seiner selbst, sondern nur mittelbar im Hinblick auf das jeweilige Hauptrechtsgebiet schützen.

Regelungen in anderen Gesetzen beschränken sich nämlich häufig auf die Aufnahme des Bodens in Generalklauseln (vgl. z B. § 1 BImSchG, § 2 Abs. 1 Nr. 3 AbfG) oder auf spezifische Einzelaspekte (vgl. z. B. §§ 178, 202 BauGB), die sich dem jeweiligen "eigentlichen" Thema des Gesetzes unterordnen (Pflanzgebot, Schutz des Mutterbodens im Bauplanungsrecht). Soweit Bodenschutzpostulate in Rechtsgebieten vorhanden sind (vgl. z. B. § 1 Abs. 5 Satz 3 BauGB, sparsamer und schonender Umgang mit Grund und Boden), blieben sie in der Vergangenheit weitgehend unbeachtet.[5] Nur im Naturschutzrecht ist der Schutz des Bodens stärker ausformuliert (vgl. z. B. § 2 Abs. 1 Nr. 3-5 BNatSchG, sparsame Nutzung der Naturgüter, Bodenerhaltungspostulat, Vermeidung der Bodenzerstörung beim Abbau von Bodenschätzen und Ausgleichsgebot).

2   Entwicklungen des Bodenschutzrechts in der BRD und der ehemaligen DDR

Das Bodenschutzrecht ist eine der jüngsten Rechtsmaterien des noch ebenfalls sehr jungen Umweltrechts.

Einer der Gründe für die späte Entdeckung des Bodens als Gegenstand des Umweltrechts in der Zeit vor der Wiedervereinigung Deutschlands in den alten Bundesländern ist, daß der Boden im Gegensatz zu den Umweltmedien Luft und Wasser Privateigentum war und ist.[6]

---

4   Sächs.GVBl. S. 306; gleichzeitig trat das Baden-Württembergische Bodenschutzgesetz vom 24. Juni 1991 in Kraft, dessen Vorarbeiten bei der Erstellung des EGAB sehr hilfreich waren. (GBl. S. 434).

5   Spilok; Bodenschutzgesetz Baden-Württemberg, Stuttgart 1992, S. 35, RN 8, m. w. N.

6   Hübler; Bodenschutz – eine neue Aufgabe der öffentlichen Verwaltung, u. DÖV 1985, S. 505, 508ff; Spilok, a.a.O., S. 16, RN 3.

Das herkömmliche Bodenrecht weist den Boden den natürlichen und juristischen Personen zu und regelt deren Rechtsverhältnisse in bezug auf den Boden. Wer das Recht zur Bodennutzung hat, von dem wird vermutet, daß er den Boden auch schützt, pflegt und erhält.[7] Dem liegt zugrunde, daß der Boden bis in unsere Zeit fälschlicherweise[8] als unzerstörbar angesehen wurde. Der Boden zeichnet sich nämlich dadurch aus, daß er zwar häufig eine Vielzahl von Einwirkungen zunächst aufnehmen kann, die Schäden jedoch nur vordergründig zunächst verborgen bleiben. Mit der Erkenntnis, daß auch der Boden als Naturgut dem Menschen nur begrenzt zur Verfügung steht, und mit dem Bewußtwerden einer zunehmenden durch den Menschen verursachten Veränderung der natürlichen Beschaffenheit der Umweltmedien Boden, Wasser und Luft entwickelte sich die Sorge um die natürlichen Lebensgrundlagen. Daher bestimmt nunmehr auch die Sächsische Verfassung (Art. 10 Abs. 1), daß der Schutz des Bodens als Teil der natürlichen Lebensgrundlagen für gegenwärtige wie kommende Generationen nicht nur allein eine privatnützige, sondern in ihrer Bedeutung eine verfassungsrechtlich determinierte gemeinnützige öffentliche Aufgabe[9] ist, die damit auch zum Gegenstand des öffentlich-rechtlichen Umweltrechts wird.

Anders verlief die Rechtsentwicklung in der ehemaligen DDR.[10] Den Kern des Umweltrechts der ehemaligen DDR bildete das *Landeskulturgesetz* vom 14. Mai 1970[11] mit seinen Durchführungsverordnungen[12]. Nutzung und Schutz des Bodens hatten in diesem Gesetz große Bedeutung (vgl. §§ 17-21).

Ziel war die Erhaltung, Pflege und Verbesserung sowie die Nutzung des Bodens als wichtige Grundlage für die Gestaltung der Umwelt- und Lebensbedingungen.

Es existierten z. B. Bestimmungen über die Bodennutzungspflicht und das Verbot, den Boden seiner bestimmungsgemäßen Nutzung zu entziehen, Festlegungen über Nutzungsart und Bodenbewirtschaftung zum Schutz des Bodens.

---

7   Storm; Bodenschutzrecht, in DVBl. 1985, S. 317.

8   Hübler, a.a.O., S. 5071.

9   vgl. auch Spilok, a.a.O., S. 16 RN 3; Storm, a.a.O., S. 318.

10 vgl. dazu: Baiker; Abfallwirtschafts- und Bodenschutzrecht im Freistaat Sachsen, Dresden 1994, S. 2.

11 Gesetz über die planmäßige Gestaltung der sozialistischen Landeskultur der DDR – Landeskulturgesetz – GBl I Nr. 12 S. 67.

12 1. DVO vom 14.05.1970 (GBl. II Nr. 46 S. 331) – Naturschutz;
    2. DVO vom 14.05.1970 (GBl. II Nr. 46 S. 336) - Landschaftsentwicklung;
    3. DVO vom 14.05.1970 (GBl. II Nr. 46 S. 339) – Siedlungsabfälle;
    4. DVO vom 14.05.1970; (GBl. II Nr. 46 S. 343) – Lärmschutz;
    5. DVO vom 12.02.1987 (GBl. I Nr. 7 S. 51) – Reinhaltung der Luft;
    6. DVO vom 01.09.1983 (GBl. I Nr 27 S. 257) – Abprodukte.

Aufgrund der damals herrschenden Rechts-, Staats- und Gesellschaftsstruktur konnte das Landeskulturgesetz den Boden im Osten Deutschlands jedoch nicht vor einer Vielzahl schädlicher Nutzungen in teilweise ganz ungewöhnlichem Umfang schützen. So werden z. B. in der Erzgebirgsregion in einem Gebiet, das ca. 46 km² umfaßt, an alten Industriestandorten teilweise Spitzenwerte von 9000-49 000 mg/kg Arsen im Oberboden gemessen. In der näheren Umgebung dieser Altlasten liegen die Werte oft noch bei 2000 mg/kg.

Wenn man sich vergegenwärtigt, daß sich Arsen bei ständiger Zufuhr im menschlichen Körper anreichert und wie Cadmium, Blei und Quecksilber als Enzymgift wirkt, kann man sich eine Vorstellung vom sorglosen Umgang mit der Gesundheit von Mensch und Umwelt in der ehemaligen DDR machen.

Weiter kennzeichnend für weite Gebiete Sachsens ist die flächenhafte Zerstö-rung der Landschaft durch den Braunkohleabbau und den Uranbergbau.[13] Zu den Ursachen von *flächenhaften Bodenkontaminationen* gehörten vor allem erhebli-che Emissionen aus veralteten Braunkohlefeuerungsanlagen und ein regional unterschiedlicher, aber im Ganzen beträchtlicher Ausstoß von schädlichen Indu-strieimmissionen. Hinzu kam ein über Jahrzehnte geübter unmäßiger Einsatz von Gülle und Pflanzenschutzmitteln sowie von kommunalen und industriellen Schlämmen auf landwirtschaftlichen Böden. Nicht zuletzt ist eine große Anzahl von Altlasten (z. B. ungeordnete Müllplätze, Produktionsstätten und militärische Einrichtungen) Ursache von Bodenbelastungen.[14]

Das Landeskulturgesetz verlor mit dem Inkrafttreten des Umweltrahmengeset-zes (UmwRG)[15] am 1. Juli 1990 weitgehend seine Funktion. Nach Art. 8 § 1 Abs. 3 UmwRG traten alle Bestimmungen der DDR außer Kraft, soweit sie den gleichen Gegenstand regelten, wie die übergeleiteten Vorschriften.

Mit Ausnahme der Altlastenfreistellungsregelung (Art. 1 § 4 Abs. 3 UmwRG) enthielt das Umweltrahmengesetz keine speziellen Bodenschutzregelungen. Die Bodenschutzregelungen des Landeskulturgesetzes galten somit als Landesrecht fort, bis sie mit Inkrafttreten des EGAB gegenstandslos wurden.

---

[13] vgl. Schürer, Viehweger; Einschränkungen für die Bodennutzung in: Beiträge zum Bodenschutz in der Region Chemnitz-Erzgebirge, Staatliches Umweltfachamt Chemnitz (Hrsg.), 1995, S. 35.

[14] Baiker, a.a.O. S 1, 2.

[15] Umweltrahmengesetz (Gbl. I S. 649), zuletzt geändert durch Gesetz vom 22.03.1991 (BGBl. I S. 788;ber. in BGBl. I S. 1928)

Weiterhin Bedeutung im Bereich des "strahlenden Bodens" haben die VOAS[16] und die Anordnung Strahlenschutz bei Halden und industriellen Absetzanlagen[17], die aufgrund von Art. 9 Abs. 2 Anlage II Kapitel XII Abschnitt III Nr. 2 und 3 Einigungsvertrag[18] für bergbauliche und andere Tätigkeiten weiterhin gültig sind, soweit dabei radioaktive Stoffe, insbesondere Radonfolgeprodukte, anwesend sind.

3   Das Erste Gesetz zur Abfallwirtschaft und zum Bodenschutz im Freistaat Sachsen (EGAB)

Die wesentlichen Grundlagen des Sächsischen Bodenschutzrechts sind im EGAB geregelt. Daneben existieren jedoch auch zahlreiche andere Regelungen, die sich landesrechtlich mittelbar oder unmittelbar mit dem Boden beschäftigen, wie z. B.

- § 47 Abs. 2, § 97 SächsWG[19] (Vorbeugender Gewässerschutz, Gewässerverunreinigung und Bodenbelastung)
- §§ 1 Nr. 5, 12, 21 SächsNatSchG[20] (Erhaltung derNaturhaushalts funktiondes Bodens, Abbau von Bodenbestandteilen, Naturdenkmalen)
- §§ 18, 24 SächsWaldG[21] (Pflegliche Bewirtschaftungdes Waldes unter Beachtung ökologischer Grundsätze).

Nicht unerwähnt gelassen sei jedoch, daß es hier zu interessanten Abgrenzungsproblemen kommen kann. Denn anders als § 3 des baden-württembergischen Bodenschutzgesetzes fehlt dem EGAB eine Regelung, die den Anwendungs*vorrang* anderer landesrechtlicher Vorschriften festlegt, wenn dort inhaltsgleiche oder entgegenstehende Bestimmungen enthalten sind.

---

[16] Verordnung über die Gewährleistung von Atomsicherheit und Strahlenschutz vom 11. Oktober 1994(GBl. I Nr. 30 S. 341) nebst Durchführungsbestimmung zur Verordnung über die Gewährleistung von Atomsicherheit und Strahlenschutz vom 11. Oktober 1994 (GBl. I Nr. 30 S. 348, ber. GBl. I 1987 Nr. 18 S. 196).

[17] Anordnung zur Gewährleistung des Strahlenschutzes bei Halden und industriellen Absetzanlagen und bei der Verwendung darin abgelagerter Materialien vom 17. November 1980 (GBl. I Nr. 34 S. 347).

[18] Vertrag zwischen der Bundesrepublik Deutschland und der Deutschen Demokratischen Republik über die Herstellung der Einheit Deutschlands – Einigungsvertrag – vom 31. August 1990 (BGBl. II S. 883).

[19] Sächsisches Wassergesetz (SächsWG) vom 23.02.1993 (SächsGVBl. S. 201), zuletzt geändert durch Gesetz vom 04.07.1994 (SächsGVBl. S. 1261).

[20] Sächsisches Gesetz über Naturschutz und Landschaftspflege vom 16.12.1992 (SächsGVBl. S. 571) i. d. F. der Bekanntmachung vom 11.10.1994 (SächsGVBl. S. 1601, ber. 1995, S. 105).

[21] Waldgesetz für den Freistaat Sachsen vom 10.04.1992 (SächsGVBl. S. 137).

Dies hat zur Konsequenz, daß im jeweiligen Einzelfall geprüft werden muß, ob ein Landesgesetz (z. B. das Waldgesetz für den Freistaat Sachsen) mit dem EGAB kollidiert und welchem Gesetz der Vorrang gebührt. In solchen Fällen ist mit den Grundsätzen "lex specialis derogat legi generali" und "lex posterior derogat legi priori" zu arbeiten.[22]

Die nachfolgenden Grundstrukturen des sächsischen Bodenschutzrechtes nach EGAB sollen näher behandelt werden:

a)   das Vorsorgeprinzip,
b)   der Besorgnisgrundsatz,
c)   die lex Land- und Forstwirtschaft,
d)   die Bodenbelastungsgebiete,
e)   die Freistellungsklausel des § 10 Abs. 6 EGAB.

a)   Das Vorsorgeprinzip

Dem Gedanken der Vorsorge entspricht es, das Umweltmedium Boden zu schützen, ohne daß bereits eine Gefahr für andere Rechtsgüter, z. B. eine konkrete Gefahr für Leben und Gesundheit von Menschen, bestehen muß, wie dies im klassischen Polizeirecht der Fall ist.

Die Notwendigkeit eines verstärkten Schutzes des Bodens als unverzichtbarer Lebensgrundlage über die Gefahrenabwehr hinaus ergibt sich vor allem aus

1. der erheblichen Intensivierung der Nutzungen und der Bodeninanspruchnahme und den daraus resultierenden Belastungen und Gefährdungen der Böden,
2. der begrenzten Belastbarkeit der Böden,
3. der Gefahr einer schleichenden irreversiblen Schädigung und kaum gegebener Regenerierbarkeit des Bodens,
4. der besonderen Stellung im Ökosystem als Mittler zwischen der belebten und unbelebten Umwelt sowie als Träger von Nahrungsketten.[23]

§ 7 Abs. 1 EGAB bestimmt daher die Ziele und Grundsätze[24] des Bodenschutzes. Dort heißt es: "Der Boden ist als Naturkörper und Lebensgrundlage für Menschen, Tiere und Pflanzen in seinen Funktionen zu erhalten und vor Belastungen zu schützen."

---

[22] Das speziellere Gesetz verdrängt die allgemeinen Gesetze; das spätere Gesetz verdrängt die früheren Gesetze.

[23] Spilok, a.a.O., S. 17 RN 4.

[24] vgl. zu den Rechtstermini Grundsätze und Ziele auch § 4 Abs. 3, Abs. 4 des Gesetzes zur Raumordnung und Landesplanung des Freistaates Sachsen (Landesplanungsgesetz – SächsLPlG vom 24.06.1992 (SächsGVBl. S. 259), zuletzt geändert durch Gesetz vom 04.07.1994 (SächsGVBl. S. 1261).

Das bedeutet zum einen, daß der Boden in seinen natürlichen Funktionen (Naturkörper) um seiner selbst willen erhalten werden muß (z. B. seltene Böden, wie Frost- und Tauböden im Tharandter Wald bei Dresden), aber auch in seinen Nutzungsfunktionen (z. B. als Nahrungsmittelstandort des Menschen, als Lebensraum für Bodenorganismen pflanzlichen und tierischen Ursprungs, aber auch z. B. als Ausgleichskörper im Wasserkreislauf).

Dabei darf das EGAB jedoch nicht als Rohstoffsicherungs- oder Flächensicherungsgesetz mißverstanden werden. Der Boden hat Bedeutung auch als Standort für Gewerbe, Industrie, Wohnungen, Entsorgungsanlagen, Verkehrsanlagen oder als Rohstofflagerstätte.

Es handelt sich hierbei ebenfalls um Bodennutzungsfunktionen, die jedenfalls *mittelbar* als Lebensgrundlage des Menschen dienen. Gerade solche Nutzungen schützen nicht den Boden, sondern stellen eine Inanspruchnahme des Umweltmediums Boden in erheblichem Maße dar und führen zum Ausfall anderer ökologisch sinnvoller Funktionen (als Beispiel seien nur die zahlreichen Überschwemmungen zu Anfang diesen und zum Ende letzten Jahres genannt, die nicht zuletzt aufgrund der umfangreichen Bodennutzung durch den Menschen mit entstanden sind, z. B. zu große Flächenversiegelung).

Obwohl der Wortlaut des EGAB eine solche Differenzierung nicht erkennbar deutlich macht, hat die öffentliche Hand aufgrund einer teleologischen Reduktion des Tatbestandes hier keine Möglichkeit, unter Rekurrierung auf das EGAB z. B. Rohstofflagerstätten wie natürliche Gipsvorkommen zu sichern oder andere Nutzungen zu privilegieren, weil hiermit (z. B. durch den Abbau) letztendlich ein unwiederherstellbarer Verlust an Boden mit einhergehen wird.[25] Dagegen ist zum Beispiel die land- oder forstwirtschaftliche Inanspruchnahme des Bodens nicht auf dessen Verbrauch angelegt und damit in gewissem Maße vom EGAB geschützt.

Neben dieser reinen Erhaltungsfunktion, die im übrigen auch "minderwertige Böden" erfaßt, steht parallel die sog. Schutzfunktion.

Der Boden soll keinen Veränderungen in seiner Beschaffenheit ausgesetzt sein, bei denen die Besorgnis besteht, daß die natürlichen oder Nutzungsfunktionen erheblich oder nachhaltig beeinträchtigt werden.

Vor solchen Bodenbelastungen[26] soll der Boden, der in § 8 Abs. 1 EGAB als "die obere überbaute und nicht überbaute Schicht der festen Erdkruste einschließlich des Grundes fließender und stehender Gewässer, soweit sie durch

---

[25] ebenso Baiker, a.a.O., S. 78 RN 8; Spilok, a.a.O., S. 20, RN 14.
[26] legaldefiniert in § 8 Abs. 2 EGAB.

menschliche Aktivitäten beeinflußt werden kann"[27], definiert ist, geschützt werden.

Zulässig sind also nur solche *Belastungen*, bei denen eine solche *erhebliche* oder *nachhaltige* "Beeinträchtigungsbesorgnis" der Bodenfunktionen ausgeschlossen ist.

b)   Das Besorgnisprinzip

Das EGAB stellt den Grundsatz auf, daß der Boden vor Belastungen zu schützen ist (§ 7 Abs. 1, 2. Alt. EGAB).

Eine Bodenbelastung ist eine Veränderung der (physikalischen, chemischen oder biologischen) Beschaffenheit des Bodens, bei der die Besorgnis besteht, daß die natürlichen oder die Nutzungsfunktionen des Bodens erheblich oder nachhaltig beeinträchtigt werden (vgl. § 8 Abs. 2 EGAB).

Wann eine solche "Besorgnis einer Bodenbelastung" besteht, ist in § 8 Abs. 3 EGAB enumerativ (jedoch nicht abschließend) aufgeführt. So besteht z. B. diese Besorgnis insbesondere bei altlastenverdächtigen Flächen wie Altablagerungen oder Altstandorten (§ 8 Abs. 3 Nr. 3 EGAB) oder bei Flächen, die im Zusammenhang mit bergbaulicher Nutzung belastet sind (§ 8 Abs. 3 Nr. 6 EGAB), aber auch bei Flächen, die durch Einwirkung von Schadstoffen im Zusammenhang mit Luft- oder Gewässerverunreinigungen oder durch Abwasser belastet sind (§ 8 Abs. 3 Nr. 1 EGAB).

Damit wird anders als im klassischen Polizeirecht, das für viele andere Bundesländer z. B. Grundlage für die Altlastenbeurteilung und Sanierung ist[28], nicht der Rechtsbegriff der Gefahr für die öffentliche Sicherheit oder Ordnung zur Grundlage des Eingriffsinstrumentariums eines Bodenschutzrechts bestimmt, sondern der Besorgnisgrundsatz.

Entscheidend für eine Maßnahme der zuständigen Behörden ist also nicht, ob ein Zustand der Umwelt vorliegt, der bei ungehindertem Geschehensablauf in absehbarer Zeit mit hinreichender Wahrscheinlichkeit zu einer Rechtsgutverletzung am Boden oder an sonstigen schützenswerten Rechtsgütern und letztendlich zu einem Schaden führt, es reicht vielmehr schon aus, wenn die *Möglichkeit* eines entsprechenden Schadenseintritts (hier also einer Beeinträchtigung der natürlichen oder Nutzungsfunktionen des Bodens) nach den gegebenen Umstän-

---

[27] sog. weiter Bodenbegriff im Gegensatz zum engen Bodenbegriff, der den verwitterten und belebten bzw. durchwurzelten obersten Bereich der Erdkruste umfaßt.

[28] Das EGAB sieht die Altlastenproblematik nur als einen Spezialfall der umfassenderen Bodenproblematik an.

den und im Rahmen einer auf konkreten, sachlich vertretbaren Feststellungen beruhenden Prognose *nicht von der Hand zu weisen* ist.[29]

Dies bedeutet, daß sowohl die Datenbasis als auch die daraus abzuleitenden weiteren Entwicklungen zum Schadensverlauf nicht derart zu hinterfragen sind, daß nur ein Schadenseintritt die Konsequenz des Kausalgeschehens wäre. In Anlehnung an den im Wasserrecht (vgl. § 34 WHG) bestehenden Besorgnisgrundsatz genügt es, daß eine "solide" Prognose des Geschehens die Möglichkeit eines Schadens diagnostiziert, wohl wissend, daß die Diagnose fehlerhaft sein kann und man sich letztendlich um den "Patienten" Boden zu Unrecht Sorge gemacht hat.

Das EGAB stellt hier einen spezialgesetzlichen Ordnungstatbestand auf, der insbesondere auch die Problematik der dogmatischen Zuordnung des sog. "Gefahrenverdachts" zum Begriff der polizeirechtlichen Gefahr spezialgesetzlich jedenfalls für die Praxis auf sich beruhen läßt, indem es auf den Besorgnisgrundsatz abstellt.

Die Abgrenzung zwischen Besorgnisgrundsatz (wohl eher von subjektiven Vorstellungen geprägt) und Gefahrenverdacht (oder "Gefahrerforschungseingriff") (wohl eher von objektiven Gegebenheiten ausgehend) ist für die Praxis weniger entscheidend, da das EGAB jedenfalls spezialgesetzlich durch die Rekurrierung auf den Besorgnisgrundsatz die Möglichkeit des schnellen Eingreifens in unklaren Sachverhaltslagen gibt, ohne daß gleichzeitig über der Verwaltung das "Damoklesschwert" der richterlichen Rechtswidrigkeitsentscheidung wegen fehlender ausreichender Gefahrenbeurteilung liegt.

c)   Die lex Land- und Forstwirtschaft

Bodenbelastungen haben nicht nur ökologische Auswirkungen, sondern auch eine ökonomische Bedeutung. Die heute übliche Belastung des Bodens übersteigt oft seine Regenerationsfähigkeit. Durch verzögert sichtbar werdende Schäden sind die Nutzungsmöglichkeiten teilweise bereits eingeschränkt oder sogar unwiederbringlich verloren.[30]

Dabei handelt es sich z. B. um Verunreinigungen durch Schwermetalle (Blei, Cadmium, Zink, Kupfer, Thallium u. a.) und organische Verbindungen wie polyzyklische aromatische Kohlenwasserstoffe (PAC) und chlorierte Kohlenwasserstoffe (CKW). Da diese Stoffe in der Regel nicht von Bodenorganismen abgebaut werden, reichern sie sich im Boden an. Als Hauptursachen stofflicher Belastungen läßt sich neben Einträgen über den Luftpfad (Industrie, Verkehr) die Inten-

---

[29] vgl. dazu BVerwG, ZfW 1981, S. 87, 89 und VGH Kassel, NVwZ 1993, 1009 zur bloßen Duldung von Gefahrerforschungseingriffen.

[30] Spilok, a.a.O., S. 26 RN 12 m. w. N.

sivlandwirtschaft nennen. Aber auch durch Abwasser, Klärschlamm und Kompost können dem Boden Schadstoffe zugeführt werden, die seine natürlichen und Nutzungsfunktionen beeinträchtigen.[31]

Diese Probleme erkennend hat die Land- und Forstwirtschaft auch ein erhebliches Interesse an einen Teilaspekt des Bodenschutzes, nämlich der Erhaltung der Fruchtbarkeit und Leistungsfähigkeit des Bodens als Standort für Kulturpflanzen bzw. für die Forstbewirtschaftung. Hier geht es in erster Linie um den sogenannten "produktionsbezogenen Bodenschutz", also um die Nutzungsfunktion des Bodens.

Daher lautet § 18 Abs. 1 Nr. 1 SächsWaldG: *"Zur pfleglichen Bewirtschaftung* des Waldes gehört insbesondere
1. den Waldboden und die Bodenfruchtbarkeit zu erhalten oder zu verbessern."

§ 18 Abs. 1 Nr. 1 des SächsWaldG ist Ausdruck einer ökologisch ausgerichteten forstwirtschaftlichen Produktion. Maßnahmen zur Erhaltung des Bodens und der Bodenfruchtbarkeit sind die Vermeidung von Bodenverdichtung und -erosion durch die Wahl des richtigen waldbaulichen und forsttechnischen Verfahrens (Baumartenwahl, Bestandspflege), die Vermeidung von Austrocknung durch Sonne und Wind und die Bodendegradierung (Versauerung)[32].

Ebenso für den Bodenschutz relevant ist die Verpflichtung nach Nr. 7 des SächsWaldG, Nutzungen schonend vorzunehmen. Sie bedeutet z. B., daß die technische Rationalisierung (Einsatz von Großmaschinen) dort ihre Grenzen finden muß, wo der Boden langfristig geschädigt würde (z. B. auch chemische Entrindung auf Großflächen)[33].

Das EGAB definiert daher Bodenbelastungen, die durch eine ordnungsgemäße Land- bzw. Forstwirtschaft entstehen, aus dem Anwendungsbereich des Gesetzes heraus: "Keine Bodenbelastungen im Sinne des EGAB sind Veränderungen der Beschaffenheit des Bodens, die im Zusammenhang mit einer nachgewiesenen ordnungsgemäßen Land- oder Forstwirtschaft entstehen" (§ 8 Abs. 3 Satz 2).

Was eine ordnungsgemäße Land- und Forstwirtschaft ist, legt das Gesetz nicht fest. Ordnungsgemäß ist jedenfalls das, was die einschlägigen Gesetze erlauben.

---

[31] Spilok, a.a.O., S. 26 RN 13, vgl. Kloke, Zur Konzeption eines Bodenschutzgesetzes, Entsorgungspraxis 1990, S. 98, 99.

[32] vgl. für die vergleichbare Vorschrift des § 14 des baden-württembergischen Waldgesetzes; Spilok, a.a.O., S. 80 RN 1, 2 m. w. N.

[33] vgl. für die gleichlautende Vorschrift des § 14 Abs. 1 Nr. 7 des baden-württembergischen Waldgesetzes Spilok, a.a.O., S. 81 RN 3 m. w. N.

Hier sind insbesondere die ökologischen Grundsätze bei der Waldbewirtschaftung nach § 18 SächsWaldG zu beachten.

Die Besonderheit des EGAB besteht nunmehr darin, daß der Bodenschutzbehörde die Ordnungsgemäßheit der land- oder forstwirtschaftlichen Bewirtschaftung des Bodens nachgewiesen werden muß. Damit liegt die Darlegungs- und Beweislast einer standortgerechten ökologisch richtigen Bewirtschaftung nicht bei der Bodenschutzbehörde, sondern beim Land- bzw. Forstwirt.

Gelingt dem Land- oder Forstwirt dieser Nachweis nicht, so kann die Bodenschutzbehörde auch auf dem Feld oder im Wald Maßnahmen aufgrund des EGAB anordnen (§§ 9, 12 EGAB).

Da jedoch derzeit in Sachsen normkonkretisierende Verwaltungsvorschriften in diesem Bereich fehlen, hat die Vorschrift in der Praxis bisher keine Bedeutung erlangt.

Aber auch wenn der Nachweis einer ordnungsgemäßen Land- oder Forstwirtschaft geführt wurde, sind Anordnungen dort möglich, wo die natürlichen Bodenfunktionen z. B. durch die Forstwirtschaft unwiederbringlich *zerstört* zu werden drohen. Hier greift die Erhaltungsfunktion des § 7 EGAB ein, da das Waldgesetz für den Freistaat Sachsen rein nutzungsorientiert ist, das EGAB daher für die natürlichen Funktionen lex specialis ist und eine bodenzerstörende Forstwirtschaft nicht von der Schutzklausel des § 8 Abs. 3 Satz 2 EGAB gedeckt ist.

So können z. B. im Einzelfall besonders seltene Böden auch dann durch die Bodenschutzbehörden vor einer Waldbewirtschaftung geschützt werden, wenn diese eine ordnungsgemäße im Sinne des Waldgesetzes für den Freistaat Sachsen wäre, weil gerade nur die "Belastungsfunktion" des § 7 Abs. 1 und nicht die "Erhaltungsfunktion" des § 7 Abs. 1 durch § 8 Abs. 3 Satz 2 EGAB ausgeschlossen ist.

d)   Bodenbelastungsgebiete

Um den Boden zu erhalten und vor Belastungen zu schützen, sind einzelfallabhängig unterschiedliche Maßnahmen denkbar und gemäß §§ 9 Abs. 1, 12 Abs. 1, Abs. 2 EGAB anzuordnen (z. B. Untersuchungs-, Sicherungs-, Beseitigungsmaßnahmen; das Erstellen von Sanierungsplänen; das Verbot einer bestimmten Art der Bodennutzung oder des Einsatzes bestimmter Stoffe bei der Bodennutzung).

Eine Besonderheit besteht im EGAB nunmehr darin, daß das jeweils zuständige Regierungspräsidium (§ 1 Abs. 2 Nr. 7 ABoZuV[34]) räumlich abgegrenzte sog. Bodenbelastungsgebiete durch Rechtsverordnung festlegen kann, auf denen erheb-liche Bodenbelastungen festgestellt wurden. Gleichzeitig müssen dabei die erforderlichen Verbote, Beschränkungen und Schutzmaßnahmen festgelegt werden (vgl. § 9 Abs. 2 EGAB).

Dabei unterscheidet das Gesetz 3 Anwendungsalternativen:

1. Bodenbelastungsgebiete können zum einen zum Schutz oder zur Sanierung des *Bodens* festgelegt werden. Damit können "saubere bzw. intakte" Böden vor "Altlastenausträgen" benachbarter Böden geschützt werden oder besondere Sanierungsbereiche (z. B. Altstandorte) festgelegt werden. Hier steht also der Schutz des Umweltmediums Boden im Vordergrund.
2. Zum anderen können Bodenbelastungsgebiete aus Gründen der Vorsorge für die menschliche Gesundheit festgelegt werden. Hier soll das körperliche Wohlbefinden *vor* Beeinträchtigungen durch erhebliche Bodenbelastungen der bestimmbar abzugrenzenden Flächen vermieden werden. Hier wäre z. B. denkbar, daß eine bestimmte Bodennutzung (z. B. Kinderspielplatz) auf einzelnen Flächen verboten wird, weil hier die orale Bodenaufnahme durch spielende Kinder zu Gesundheitsschäden führen kann.
3. Dritte Anwendungsalternative ist die Festlegung eines Bodenbelastungsgebiets aus Gründen der Vorsorge gegen erhebliche Beeinträchtigungen des Naturhaushalts. Sind bestimmte Flächen erheblich belastet, so können diese Flächen festgelegt werden und somit bestimmte Verbote, Beschränkungen oder Schutzmaßnahmen auf diesen Flächen angeordnet werden, um einer erheblichen Beeinträchtigung des Naturhaushaltes (z. B. von Mooren, des Grundwassers etc.) vorzubeugen.

Besonders betont werden muß, daß es sich hierbei nicht um die Ausweisung eines Schutzgebiets (Bodenschutzgebiets), vergleichbar den Wasserschutzgebieten oder Naturschutzgebieten, handelt, denn der Gesetzgeber beabsichtigte nicht, besonders wertvolle Böden vorbeugend in der Fläche unter Schutz zu stellen. Dies schließt meines Erachtens jedoch nicht aus, daß bestimmte Bodennutzungen qua Einzelfallentscheidung über § 9 Abs. 1 Ziff. 5 EGAB ausgeschlossen werden und über diese Einzelfallentscheidung zumindest partiell ein "Bodenschutzgebiet" entstehen kann, da hier keine flächendeckende Unterschutzstellung, sondern eine einzelfallabhängige Nutzungsuntersagung erfolgt. Hier ist jedoch die verfassungsrechtliche Grenze des Art. 14 GG (Art. 31, 32 Sächsische Verfassung) zu beachten. (Beispiel: Ausschluß von schwerem – den Boden beeinträchtigenden – Forstgerät bei der Waldwirtschaft auf seltenen Frost- und Tauböden).

---

34 Verordnung des Sächsischen Staatsministeriums für Umwelt und Landesentwicklung über die Regelung der Zuständigkeit bei der Durchführung abfallrechtlicher und bodenschutzrechtlicher Vorschriften vom 22.09.1993 (SächsGVBl. S. 855).

e)   Die Freistellungsklausel des § 10 Abs. 6 EGAB

Eine weitere Besonderheit sächsischen Rechts liegt in der Freistellungsklausel des § 10 Abs. 6 EGAB. Sind Bodenbelastungen vor dem 1. Juli 1990 (d. h. vor Inkrafttreten des Umweltrahmengesetzes der DDR) zu einem Zeitpunkt entstanden, zu dem der Grundstückseigentümer keine tatsächliche Gewalt über sein Grundstück inne hatte, so kann dem Eigentümer bei einer Inanspruchnahme (z. B. aufgrund einer Sanierungsanordnung, durch den Staat) insoweit Freistellung von dieser Verpflichtung gewährt werden, als eine Durchführung der Maßnahmen für ihn nicht zumutbar ist.

Der Gesetzgeber hat hier – ausgehend von der real existierenden Rechtsunsicherheit in der ehemaligen DDR – im Rahmen einer behördlichen Ermessensprüfung die Möglichkeit vorgegeben, daß der Eigentümer einer kontaminierten Fläche heute nicht zur Beseitigung von Bodenbelastungen herangezogen wird, wenn ihm dies nicht zugemutet werden kann, insbesondere z. B. dann, wenn er sein Land der Extensivnutzung der LPGs (Landwirtschaftliche Produktionsgenossenschaften) zur Verfügung stellen mußte und damit seiner Verantwortung als Eigentümer nicht gerecht werden konnte.

Die Freistellung von dieser "Opferposition" gilt jedoch nur dann, wenn der Verpflichtete umgekehrt eine "Gegenleistung" i. S. d. Art. 1 § 4 Abs. 3 des Umweltrahmengesetzes erbringt, also insbesondere Investitionen oder Arbeitsplätze auf dem Grundstück schafft oder erhält (vgl. § 10 Abs. 6 Satz 2 EGAB).

4   Ausblick

Das Bundesumweltministerium hat im Herbst 1993 einen ersten Entwurf zu einem Bundes-Bodenschutzgesetz vorgelegt, der 1994 intern nochmals überarbeitet wurde und nunmehr in der Fassung vom 18.08.1995 vorliegt.

Derzeit wird schon am untergesetzlichen Regelungswerk, d. h. an der Ausgestaltung der Rechtsverordnungen gearbeitet, obwohl der letztendlich verbindliche Gesetzentwurf noch nicht vorliegt. Ob dieser Entwurf, der anders als das EGAB im Rahmen des gängigen Polizeirechts verharrt, den Besorgnisgrundsatz nicht konsequent übernimmt und der die belastende Bodeninanspruchnahme z. B. durch Bergbau oder Verkehrswege explizit als erhaltenswerte Bodenfunktionen unter Schutz stellt, das Gesetzgebungsverfahren überleben wird, ist – wie bei jedem Gesetzentwurf – nicht sicher.

So sehr ein einheitliches Bundesrecht zum Schutze des Bodens unter dem Gesichtspunkt der Wahrung der Einheitlichkeit des Lebensverhaltens zu begrüßen ist, heißt dies nicht, daß ein solches unbedingt notwendig ist. Auch die Länder könnten dies unter Zuhilfenahme der Landesgesetze Baden-Württembergs und Sachsens z. B. anhand eines *Musterentwurfes* einheitlich regeln. Politisch entscheidend dürften neben dem *Kostenargument* auch die Kompetenzfragen sein, d. h. die Frage, ob der Bund überhaupt das Recht hat, den Bodenschutz, insbesondere den hinsichtlich der natürlichen Bodenfunktionen, abschließend zu regeln oder ob dies nicht Sache der Länder ist.

Das Bundesumweltministerium wird die Bundeskompetenz auf Grundlage des Art. 74 Nr. 18 GG unter Zuhilfenahme eines über 40 Jahre alten Gutachtens des Bundesverfassungsgerichts[35] letztendlich zu begründen versuchen.[36]

Die Literatur[37] sieht dies zum Teil anders, unter Hinweis auf die Entstehungsgeschichte sowohl des Art. 74 Nr. 18 GG als auch des sog. "Baurechtsgutachtens" des Bundesverfassungsgerichts.

Wir dürfen gespannt sein, ob sich die Befürworter einer *Einheitsregelung* oder die *Föderalisten* letztendlich durchsetzen werden. Eine Entscheidung des Freistaates Sachsen zur Kompetenzfrage ist noch nicht gefallen.

---

[35] BVerfGE 3, 407ff.

[36] vgl. Rid/Froeschle, Gesetzgebungskompetenz für ein Bundes-Bodenschutzgesetz, in: UPR 1994, S. 321ff; Peine, Die Gesetzgebungskompetenz des Bundes für den Bodenschutz, in: NUR 1992, S. 353, 356; Brandt, Altlastenrecht, Heidelberg 1993, S. 469, 477ff.

[37] Spilok, a.a.O., S. 33f, m. w. N.
Erbguth, Rapsch, Gesetzgebungskompetenz und Bodenschutz am Beispiel der Grünvolumen- und Bodenfunktionszahl, NUR 1990, S. 433, 436;
Kloepfer, Umweltrecht 1989, S. 821 "in erster Linie" nur Bodennutzungsrecht;
Heiermann, Der Schutz des Bodens vor Schadstoffeintrag, Diss. Hannover 1992, S. 312ff.

Das Bodenschutzgesetz (BodSchG)
Baden-Württemberg

Ludwig Menge

Bodenschutz ist eine Querschnittsaufgabe, bei deren Wahrnehmung sich zwangsläufig Berührungs- und Reibungsflächen zu einer Vielzahl von Nachbardisziplinen ergeben.

Wenn man sich um eine solche relativ neue Aufgabe in Politik und Verwaltungsvollzug bemüht, kommt man meistens – auch bei noch so guter fachlicher Begründung – schnell an den Punkt, wo ein Gegenüber sich nach den rechtlichen Grundlagen der Forderungen und des Handelns erkundigt.

Diese Erfahrungen mußten auch wir in Baden-Württemberg in der zweiten Hälfte der 80er Jahre machen. Wir benötigten für die Durchsetzung der Bodenschutzbelange ein Bodenschutzgesetz. Der Bund vertrat damals noch lange die Meinung, kein eigenes Bodenschutzgesetz zu brauchen. So wurde Baden-Württemberg das erste und neben Sachsen bis heute auch das einzige Bundesland mit einem Landesbodenschutzgesetz, das am 01.09.1991 in Kraft getreten ist.

Was ist nun in diesem Gesetz wie geregelt?

In § 1 ist der Zweck des Gesetzes dargelegt: Der Boden ist als Naturkörper und Lebensgrundlage für Menschen und Tiere zu erhalten und zu schützen, insbesondere in seinen Funktionen als

- Lebensraum für Bodenorganismen
- Standort für die natürliche Vegetation
- Standort für Kulturpflanzen
- Ausgleichskörper im Wasserkreislauf
- Filter und Puffer für Schadstoffe sowie als
- landschaftsgeschichtliche Urkunde.

Der Boden ist vor Belastungen zu schützen. Bereits eingetretene Belastungen sind zu beseitigen und ihre Auswirkungen auf Menschen und Umwelt sind zu verhindern oder zu vermindern.

Begriffsbestimmungen

Boden i. S. d. BodSchG ist die oberste überbaute und nichtüberbaute Schicht der festen Erdkruste einschließlich des Grundes fließender und stehender Gewässer, soweit sie durch menschliche Aktivitäten beeinflußt werden kann.

Bodenbelastungen i. S. d. Gesetzes sind Veränderungen der physikalischen, chemischen und biologischen Beschaffenheit des Bodens, bei denen die Besorgnis besteht, daß die in § 1 BodSchG genannten Funktionen aufgehoben oder erheblich oder nachhaltig beeinträchtigt werden. Dabei ist wichtig, daß mit Bodenbelastungen keine Einwirkungen, sondern Abweichungen von einem Soll-Zustand der Bodenbeschaffenheit gemeint sind.

Solche Veränderungen können z. B. sein:

- extreme Bodenverdichtungen oder schwerwiegende Erosionsschäden,
- Anreicherungen von Schadstoffen über bestimmte Werte hinaus,
- Beeinträchtigungen der Lebensbedingungen für Bodenlebewesen, z. B. von bestimmten Regenwurmarten, derart daß diese ihre Aufgabe (Abbau und Umwandlung von abgestorbenem Pflanzenmaterial zur Rückführung in den Stoffkreislauf) nicht mehr (ausreichend) wahrnehmen können.

Am weitesten sind wir gegenwärtig bei der Bewertung der Schadstoffanreicherungen. Noch wenig wissen wir über die Beeinträchtigung der Bodenorganismen in ihrem Lebensraum Boden durch die Veränderung der Bodenbeschaffenheit, wenngleich wir glauben, auch da einen erfolgversprechenden Ansatz gefunden zu haben, zumindest in Teilbereichen.

Wie bei jedem neuen Gesetz mußten wir eine akzeptierbare Regelung über den Vorrang anderer Rechtsvorschriften finden. Uns scheint die getroffene Regelung in § 3 "Dieses Gesetz findet Anwendung, soweit nicht bundes- oder landesrechtliche Vorschriften inhaltsgleiche oder entgegenstehende Bestimmungen enthalten" – besser als die Aufzählung einer Reihe von Spezialgesetzen, für deren Rechtsbereich das Bodenschutzgesetz nicht gilt, wie das im Entwurf des BBodSchG vorgesehen ist.

Vorsorgeregelungen

Das BodSchG verpflichtet jeden, bei seinem Handeln Bodenbelastungen auf das unvermeidbare Maß zu beschränken. Das gilt besonders für die Flächeninanspruchnahme, die nach wie vor das Hauptproblem in großen Teilen des Landes darstellt. Aber auch die stofflichen Beeinträchtigungen – zum Glück meistens relativ kleinräumig – sind auf das unvermeidliche Maß zu beschränken.

Im Gesetz ist auch die gegenseitige Beteiligung geregelt:

Die anderen Behörden und Körperschaften müssen bei Vorhaben und Planungen, die den Bodenschutz wesentlich berühren, die Bodenschutzbehörden beteiligen. Dabei kann es mitunter erhebliche Schwierigkeiten geben, besonders wenn bewertbare Aussagen über die Böden und ihre Eignung nicht vorgelegt werden.

Die Bodenschutzbehörden haben bei ihren eigenen Planungen und Maßnahmen die davon betroffenen Behörden und Träger öffentlicher Belange angemessen zu beteiligen.

Die behördlichen Gestattungen von Vorhaben, die zu Bodenbelastungen führen können, können nur im Benehmen mit der gleichgeordneten Bodenschutzbehörde ergehen:

Die Bodenschutzbehörde kann zum vorbeugenden Schutz des Bodens immissionsschutzrechtliche Anordnung bei der zuständigen Behörde veranlassen. Die Beschaffenheit des Bodens wird durch Bodenzustandskataster, Bodendatenbank, Dauerbeobachtungsflächen und Bodenprobenbank erfaßt und überwacht.

Schließlich ist in unserem BodSchG auch die Mitwirkung der Eigentümer und der Inhaber der tatsächlichen Gewalt, aber auch der Verursacher, derart geregelt, daß diese

- unter bestimmten Umständen den Verdacht einer Bodenbelastung den Bodenschutzbehörden zu melden haben,
- die nötigen Auskünfte erteilen müssen,
- das Betreten des Grundstücks, u. U. sogar der Wohnräume, gestatten und
- Messungen und Beprobungen zulassen müssen.

Regelungen zur Gefahrenabwehr

Im Gesetz sind die Bodenüberwachung und die Maßnahmen gegen Bodenbelastungen geregelt.

Die Bodenschutzbehörden haben

- darüber zu wachen, daß die Vorschriften des Gesetzes eingehalten werden;
- Gefahren vom einzelnen und der Allgemeinheit abzuwehren, die von Bodenbelastungen ausgehen und durch die die öffentliche Sicherheit und Ordnung bedroht wird;
- die von solchen Bodenbelastungen ausgehenden Störungen zu beseitigen, soweit es im öffentlichen Interesse geboten ist.

Der § 9 des BodSchG enthält einen – nicht abschließenden – Katalog von Maßnahmen zum Schutz und zur Sanierung des Bodens.

Die Bodenschutzbehörde kann unter den vorher "genannten Voraussetzungen insbesondere

1. Untersuchungsmaßnahmen anordnen, wenn Erkenntnisse vorliegen, aufgrund derer eine Bodenbelastung zu vermuten ist,
2. wenn eine Bodenbelastung festgestellt wird, ihre Beseitigung oder, soweit dies technisch nicht möglich ist, ihre Verminderung durch geeignete Maßnahmen verlangen,
3. bestimmte Arten der Bodennutzung und den Einsatz bestimmter Stoffe verbieten oder beschränken,
4. Maßnahmen zur Wiederherstellung der in § 1 genannten Funktionen des Bodens, insbesondere eine Rekultivierung, verlangen,
5. zur Vorbereitung von Anordnungen nach Nummer 2 die Erstellung eines Sanierungsplanes verlangen,
6. wenn die Beseitigung der Bodenbelastung nicht möglich oder unzumutbar ist, die zur Überwachung und Sicherung erforderlichen Maßnahmen anordnen."

Verpflichtete zur Duldung oder Erfüllung von Anordnungen sind der Verursacher, der Eigentümer oder der Pächter eines belasteten Grundstücks.

Die Kosten von Gefahrerforschungsaufgaben können den Verpflichteten auferlegt werden, wenn die vorliegenden Erkenntnisse eine Bodenbelastung vermuten lassen. Die Bodenschutzbehörden haben die Möglichkeit, mehrere Verpflichtete heranzuziehen, wodurch die Gefahrenabwehr sehr viel effizienter wird. Unter mehreren Verpflichteten kann der Leistungsfähigere herangezogen werden.

Die Haftung des Zustandsstörers ist beschränkt. Unbillige Härten können so vermieden werden.

Anstelle der vorher geschilderten, jeweils gegen einen Störer oder für ein Grundstück geltenden Einzelanordnungen erlaubt das Gesetz auch die Festsetzung von Bodenbelastungsgebieten. Die dabei getroffenen Regelungen richten sich gleichzeitig gegen eine Vielzahl von Verpflichteten in mehr oder weniger gleicher Situation und kann für eine unbestimmte Zahl von Grundstücken gelten, die z. B. in einer Karte dargestellt sind. Die Einzelheiten sind in einer Rechsverordnung zu regeln.

Von Interesse ist vermutlich noch, daß das BodSchG Baden-Württemberg keine Entschädigungsregelung für auferlegte Duldungen und Beschränkungen vorsieht. Man darf gespannt sein, ob und wie sich die im Gesetzentwurf des Bundes im Ansatz vorgesehenen Entschädigungsregelungen realisieren lassen.

Zum Schluß noch wenige Ausführungen zum Aufbau der Bodenschutzverwaltung. Angepaßt an die für die meisten übrigen Verwaltungsbereiche geltende Regelung haben wir auch hier eine Dreigliederung:

- Oberste Bodenschutzbehörde ist das Umweltministerium,
- Höhere Bodenschutzbehörde ist das Regierungspräsidium,
- Untere Bodenschutzbehörden sind die Landratsämter und die Bürgermeisterämter der Stadtkreise.

Für den Bereich des produktionsbezogenen Bodenschutzes (Land- und Forstwirtschaft) ist Oberste Bodenschutzbehörde das Landwirtschaftsministerium, das vor Ort zusätzlich über die Landwirtschaftsämter und Forstämter als technische Fachbehörde für die Bodenschutzbehörden verfügt.

Zusammenfassung

1. Boden erfüllt als Umweltmedium wesentliche Funktionen im Naturhaushalt, erbringt als Leistungsträger wesentliche Leistungen und ist dadurch Lebensgrundlage für Menschen und Tiere.
2. Die vielfältigen Bedrohungen, denen Böden ausgesetzt sind, waren Anlaß ein Bodenschutzgesetz in Baden-Württemberg zu schaffen.
3. Ausgehend vom zentralen Begriff der Bodenbelastung, wird ein Instrumentarium zur Vorsorge und Gefahrenabwehr bereitgestellt.
4. Das Gesetz enthält eine Beschränkung der Zustandsstörerhaftung.
5. Seit 1.9.1993 sind Verwaltungsvorschriften in Kraft, die zur Umsetzung der Vorgaben des Gesetzes unerläßlich sind.

Dritte Verwaltungsvorschrift des Umweltministeriums Baden-Württemberg zum Bodenschutzgesetz über die Ermittlung und Einstufung von Gehalten anorganischer Schadstoffe im Boden (VwV Anorganische Schadstoffe)

Emil Hildenbrand

1   Allgemeines

In Baden-Württemberg wurde 1991 das erste Bodenschutzgesetz in Deutschland verabschiedet [1]. Zweck dieses Gesetzes ist gem. § 1, den Boden als Naturkörper und Lebensgrundlage für Menschen und Tiere, insbesondere in seinen Funktionen

- als Lebensraum für Bodenorganismen,
- als Standort für die natürliche Vegetation,
- als Standort für Kulturpflanzen,
- als Ausgleichskörper im Wasserkreislauf,
- als Filter und Puffer für Schadstoffe sowie
- als landschaftsgeschichtliche Urkunde

zu erhalten und vor Belastungen zu schützen,eingetretene Belastungen zu beseitigen und ihre Auswirkungen auf den Menschen und die Umwelt zu verhindern oder zu vermindern.

Bodenbelastungen sind in § 2 definiert als Veränderungen der physikalischen, chemischen oder biologischen Beschaffenheit des Bodens, bei denen die Besorgnis besteht, daß die in § 1 genannten Funktionen (s. oben) aufgehoben oder erheblich oder nachhaltig beeinträchtigt werden. Dies bedeutet, daß ähnlich wie z. B. im Wasserrecht auch im Bodenschutzrecht der Besorgnisgrundsatz gilt. Allerdings werden im Bodenschutzgesetz keine Orientierungs-, Richt- oder Grenzwerte genannt, die quantitativ eine Bodenbelastung definieren. Derartige Werte zur Einstufung von Stoffgehalten im Boden werden deshalb in sog. untergesetzlichen Regelwerken (z. B. Verwaltungsvorschriften – VwV) festgesetzt.

Bisher wurden in Baden Württemberg insgesamt 3 Verwaltungsvorschriften zum Bodenschutzgesetz verabschiedet.

Die erste Verwaltungsvorschrift betrifft die Einrichtung einer Bodenschutz-kommission [2]. Die Bodenschutzkommission berät die für den Bodenschutz zuständigen Ministerien (Umweltministerium, Landwirtschaftsministerium) in grundsätzlichen Fragen des Bodenschutzes. Sie setzt sich zusammen aus 7 wissenschaftlichen Beratern von Fachbereichen, die für den Bodenschutz relevant sind, sowie 8 Vertretern von Interessensverbänden wie z. B. Bauernverband, Wirtschaft oder Naturschutzverband.

Die zweite Verwaltungsvorschrift regelt die Bodenprobennahme und -aufbe-reitung [3]. Sie macht Vorgaben für das Vorgehen bei der Probennahme (Geräte, Menge, Flächenabgrenzung, Mischprobe), bei der Aufbereitung und Lagerung der Proben sowie bei der Dokumentation der Probennahme.

Die dritte Verwaltungsvorschrift [4] befaßt sich schließlich mit der Bewertung von anorganischen Schadstoffen im Boden (Anlage 1).

In Kürze wird die vierte Verwaltungsvorschrift erscheinen [6]. Sie regelt das Vorgehen bei der Prüfung eines Bodens auf mögliche Beeinträchtigungen seiner Funktion als Filter und Puffer für organische Schadstoffe (Organochlorpestizide, PCB, PAK sowie Dioxine und Furane). Es wird ebenfalls zwischen Hintergrund-, Prüf- und Belastungswert als maßgebliche Beurteilungsgrößen differenziert. Es werden allerdings ausschließlich Gesamtgehalte zur Beurteilung herangezogen.

2   Begriffsdefinitionen

Anorganische Schadstoffe im Sinne der Verwaltungsvorschrift sind die Elemente Arsen, Cadmium, Chrom, Kupfer, Quecksilber, Nickel, Blei, Thallium und Zink.

Der *Gesamtgehalt* eines Stoffs ist die Menge in Milligramm pro Kilogramm (mg/kg) lufttrockenen Feinbodens, die aus einer Bodenprobe mit Königswasser aufgeschlossen wird. *Lufttrocken* bedeutet, daß die Bodenprobe bei 40 °C im Umlufttrockenschrank so lange getrocknet wird, bis eine Gewichtsveränderung nicht mehr festzustellen ist.

Der *mobile Gehalt* (pflanzenverfügbar, mit Sickerwasser transportierbar) eines Stoffs ist die Menge in Mikrogramm pro Kilogramm (mg/kg) lufttrockenen Fein-bodens, die aus einer Bodenprobe mit einer 1molaren Ammoniumnitratlösung (1 M NH_4NO_3) entsprechend der Vornorm DIN V 19730 extrahiert wird. Aus chemischer Sicht sind auch andere Extraktionsmittel wie z. B. Calciumchlorid-

($CaCl_2$), Ammoniumchlorid- (NH_4Cl) oder Natriumnitratlösungen ($NaNO_3$) vorstellbar. Gründe für die Entscheidung zugunsten von Ammoniumnitrat als Extraktionsmittel waren aber u. a. meßtechnischer Art (flammenlose ASS) und die Eigenschaft des Verfahrens, daß ebenso wie durch Pflanzen Cadmium auch im alkalischen Bereich extrahiert werden kann [7].

Der *Hintergrundwert (H-Wert)* grenzt den Hintergrundbereich, d. h. die Stoffgehalte im Boden, die überwiegend geogen sind, nach oben hin ab. Die Hintergrundwerte der Gesamtgehalte (H_{ges}) wurden überwiegend aus Daten des Bodenmeßnetzes der Landesanstalt für Umweltschutz ermittelt. Bei der Festlegung der Werte wurde differenziert nach unterschiedlichen Tongehalten, da der feinkörnige Anteil das Schwermetallbindungsvermögen eines Bodens wesentlich beeinflußt. Außerdem wurden für Böden aus Gesteinen, die geogen auffallend niedrige (z. B. Granit) oder hohe (z. B. oberer Jura) Schwermetallgehalte haben, gesonderte Hintergrundwerte definiert. Berücksichtigt wurden überwiegend nur Analysen von B- und C-Horizonten, um anthropogene Einflüsse weitgehend auszuschließen.

Die Hintergrundwerte der mobilen Gehalte (H_{mob}) wurden aus verschiedenen Erhebungsprogrammen in SW-Deutschland bestimmt. Sie werden nach unterschiedlichen Boden-pH-Werten differenziert, da dieser Parameter das Mobilitätsverhalten von Schwermetallen stark beeinflussen kann (z. B. Cadmium, Blei, Zink).

Die in der Verwaltungsvorschrift genannten Hintergrundwerte stellen das 90. Perzentil der ausgewerteten Daten dar.

Der *Prüfwert (P-Wert)* definiert den Wert, bei dessen Überschreiten eine einzelfallbezogene Prüfung hinsichtlich bestimmter Bodenfunktionen vorzunehmen ist. Prüfwerte sind für Gesamtgehalte (P_{ges}) und mobile Gehalte (P_{mob}) definiert. Die Werte der Gesamtgehalte entsprechen den Bodengrenzwerten der Klärschlammverordnung. Die mobilen Gehalte wurden über die Untersuchung von Boden-Pflanzen-Paaren ermittelt. Der jeweilige Prüfwert wurde als der Wert definiert, bei dessen Überschreitung höchstens ca. 5% der untersuchten Pflanzen den doppelten ZEBS-Wert (Richtwert für Schadstoffgehalte in Lebensmitteln; festgesetzt von der **Z**entralen **E**rfassungs- und **B**ewertungs**s**telle für Umweltchemikalien des Umweltbundesamtes) überschritten [7].

Der *Belastungswert (B-Wert)* definiert den Schadstoffgehalt im Boden, bei dessen Überschreitung eine Bodenbelastung vorliegt. Belastungswerte sind nur für mobile Gehalte (B_{mob}) definiert. Sie wurden ebenfalls aus der Untersuchung von Boden-Pflanzen-Paaren ermittelt und sind als die Werte definiert, bei deren Überschreitung ca. 60-70% der untersuchten Pflanzen den doppelten ZEBS-Wert überschritten [7].

3   Geltungsbereich

Die VwV Anorganische Schadstoffe [4] regelt das Vorgehen bei der Prüfung eines Bodens auf mögliche Beeinträchtigungen seiner Funktion als Filter und Puffer für anorganische Schadstoffe. Dabei werden die Schutzgüter Menschen, Bodenorganismen, Pflanzen und Wasser berücksichtigt. Bei Menschen spielt vor allen Dingen der Transfer von Schadstoffen durch orale Bodenaufnahme eine Rolle. Bei Bodenorganismen ist die Beeinträchtigung der Stoffwechselleistung das maßgebliche Kriterium. Im Falle von Pflanzen ist zum einen der Transfer sowohl in Nahrungs- wie auch in Futterpflanzen und damit in die Nahrungskette maßgebend. Zum anderen ist die Beeinträchtigung des Pflanzenwachstums von besonderer Bedeutung. Das Schutzgut Wasser wird insbesondere unter dem Gesichtspunkt des Schadstofftransfers in das Bodensickerwasser und damit in das Grundwasser betrachtet.

Bei der Berücksichtigung der genannten Schutzgüter werden auch die Bodenfunktionen "Lebensraum für Bodenorganismen" und "Standort für Kulturpflanzen" berührt.

4   Untersuchungen

Die Verwaltungsvorschrift sieht bei der Bewertung von Schadstoffgehalten im Boden ein stufenweises Vorgehen vor. Im ersten Schritt sind jeweils Gesamtgehalte, pH-Werte und Tongehaltsgruppe (Grunduntersuchung) zu ermitteln (VwV Nr. 2.1.1). Die Gesamtgehalte sind durch Aufschluß mit Königswasser nach DIN 38414 (Teil 7) zu bestimmen (VwV Nr. 2.2.1). Die Tongehaltsgruppe kann durch Fingerprobe entsprechend Anlage 3 der VwV Bodenproben [3], über die Korngrößenzusammensetzung (VwV Tabelle 2) oder in Ausnahmefällen durch Herleitung aus der Bodenart nach Bodenschätzung (VwV Anlage 2) ermittelt werden (VwV Nr. 2.2.2).

In Abhängigkeit von der Einstufung der Ergebnisse aus der Grunduntersuchung kann eine Folgeuntersuchung erforderlich werden. Dies ist dann der Fall, wenn Prüfwerte für den Gesamtgehalt überschritten werden. Die Folgeuntersuchung beinhaltet die Ermittlung des mobilen Schadstoffgehaltes durch Extraktion mit einer 1molaren Ammoniumnitratlösung (DIN V 19730). Sofern bereits bei der Grunduntersuchung Anhaltspunkte dafür vorliegen, daß die mobilen Gehalte zu ermitteln sind, kann es sinnvoll sein, Grund- und Folgeuntersuchung gleichzeitig zu machen.

5   Einstufung und Maßnahmen

5.1   Allgemeines

Das systematische Vorgehen bei der Untersuchung und Bewertung von Bodenproben ist im Fließschema in der Anlage 2 dargestellt. Es ist jeweils zu prüfen,
ob die ermittelten Gehalte Hintergrund-, Prüf- oder Belastungswerte überschreiten.

Die mit der Grunduntersuchung ermittelten Gesamtgehalte sind anhand der
Anlage 2 der VwV (Tabelle I-IV) einzustufen. Die Hintergrundwerte unterscheiden sich je nach Tongehalt des Bodens (Tabelle I). Zusätzlich werden für bestimmte Sedimentgesteine bzw. geologische Formationen (Tabelle II) sowie für
Böden, die aus Granit oder Gneis entstanden sind (Tabelle III), und für organische Auflagen (Tabelle IV) zusätzliche Hintergrundwerte genannt, da in diesen
Fällen deutliche Abweichungen von den allgemeinen Hintergrundwerten festzustellen sind. Sofern die in diesen Tabellen genannten Werte nicht erreicht werden, sind keine weiteren Schritte zu veranlassen.

Überschreiten ein oder mehrere Meßwerte die Hintergrundwerte für Gesamtgehalte, so ist je nach betroffenem Schutzgut zu differenzieren:

5.2   Schutzgut Mensch

Ist das *Schutzgut Mensch* maßgebend, sind die Gesamtgehalte anhand des Prüfwertes P_{ges} (VwV Tabelle 1) einzustufen, um eine mögliche Beeinträchtigung der
Funktion als Filter und Puffer für Schadstoffe gegenüber Menschen beurteilen zu
können (VwV Nr. 3.1.1). Bei dieser Betrachtung wird nach der Nutzung der
jeweiligen Fläche differenziert (Kinderspielfläche, Siedlungsfläche, Gewerbefläche). Es wird dabei berücksichtigt, daß sich auf den betreffenden Flächen unterschiedliche Menschen mit unterschiedlichem Verhalten unterschiedlich lange
aufhalten. Bei Kinderspielplätzen spielt eine wesentliche Rolle, daß Kleinkinder
mit Pica-Verhalten (Verschlucken von Sand oder Erde) eine bestimmte Schad-
stoffmenge verschlucken und im Körper anreichern können. Die Abgrenzung der
verschieden genutzten Flächen ergibt sich aus Anlage 3 zur VwV.

Sofern die jeweiligen Prüfwerte nicht erreicht werden, ist zu prüfen, ob aus
Vorsorgegründen Handlungsempfehlungen ausgesprochen werden müssen, um
eine weitere Schadstoffanreicherung zu minimieren (VwV Nr. 4.). Wird mindestens ein Prüfwert überschritten, so ist eine Bodenbelastung im Sinne des Bodenschutzgesetzes zu vermuten (VwV Nr. 4.1). Es ist deshalb eine Einzelfallprüfung
in Zusammenarbeit mit der Gesundheitsverwaltung durchzuführen. Dabei sind
die unterschiedlichen Aufnahmepfade (Hand-zu-Mund-Aktivität, Nahrung und

Inhalation von Bodenstaub) zu berücksichtigen. Gegebenenfalls ist der im Magen-Darm-Trakt resorbierbare Schadstoffanteil durch Extraktion mit Salzsäure mittels der Methode nach DIN/EN 71 abzuschätzen und bei der gesundheitlichen Bewertung zu berücksichtigen.

5.3   Schutzgüter Bodenorganismen, Pflanzen, Wasser

Ist eines der *Schutzgüter Bodenorganismen, Pflanzen oder Wasser* betroffen, so ist eine Einstufung anhand der Prüfwerte in Tabelle 2 der VwV durchzuführen (VwV Nr. 3.1.2). Diese Werte entsprechen den Bodengrenzwerten der Klärschlamm-Verordnung. Werden die Tabellenwerte nicht überschritten, so ist zu prüfen, ob aus Vorsorgegründen Handlungsempfehlungen ausgesprochen werden müssen, um die weitere Anreicherung von Schadstoffen zu minimieren (VwV Nr. 4.).

Bei Überschreitung eines oder mehrerer Werte oder Unterschreitung des pH-Wertes nach Tabelle 2 ist eine Bodenbelastung zu vermuten (VwV Nr. 4.2). Es ist deshalb der mobile Schadstoffgehalt (NH_4NO_3-Extrakt entsprechend DIN V 19730) im Boden zu bestimmen (Folgeuntersuchung) und anhand der Tabelle V in Anlage 2 zur VwV einzustufen (VwV Nr. 2.1.2). Werden die dort genannten Hintergrundwerte (H_{mob}) nicht überschritten, ist die Anordnung von Maßnahmen aus Vorsorgegründen zu prüfen, um einer weiteren Zunahme der mobilen Gehalte entgegenzuwirken. Bei Überschreitung ist im weiteren eine schutzgutbezogene Vorgehensweise zu beachten, d. h. es ist zu prüfen, welches Schutzgut im betrachteten Einzelfall maßgebend ist.

Bodenorganismen

Bezüglich des Schutzgutes *Bodenorganismen* sind vor allem die Schadstoffe Chrom, Kupfer und Quecksilber von Bedeutung, da diese Stoffe die Stoffwechselleistung von Bodenmikroorganismen beeinträchtigen können. Bei Chrom ist vorrangig der Anteil des zootoxischen Chrom(VI) maßgeblich. Ist der Prüfwert P_{mob} (VwV Tabelle 3) überschritten, ist eine Einzelfallbetrachtung durchzuführen (VwV Nr. 4.3.1). Dabei ist zu prüfen, ob gegebenenfalls das Ausmaß einer möglichen Bodenbelastung durch weitere Untersuchungen abzugrenzen ist. Anderenfalls ist zu prüfen, ob aus Vorsorgegründen Handlungsempfehlungen ausgesprochen werden sollen, um der weiteren Zunahme des mobilen Gehaltes entgegenzuwirken.

Pflanzen

Bezüglich des Schutzgutes *Pflanzen* sind das Pflanzenwachstum und die Artenvielfalt sowie der Schadstofftransfer in Nahrungs- und Futterpflanzen und damit in die Nahrungskette von Relevanz. Pflanzenwachstum und Artenvielfalt können vor allem durch phytotoxisch hohe Gehalte an Arsen, Chrom, Kupfer, Nickel und

Zink beeinträchtigt sein. Der Schadstofftransfer in die Nahrungskette spielt hauptsächlich bei Arsen, Cadmium, Kupfer, Blei, Thallium und Zink eine Rolle.

Ist einer der Prüfwerte P_{mob} gemäß Tabelle 3 der VwV überschritten, so sind die ermittelten Gehalte mit den Belastungswerten B_{mob} entsprechend Tabelle 4 der VwV zu vergleichen. Werden Belastungswerte nicht überschritten, so ist eine Einzelfallentscheidung in Abhängigkeit des Schadstoffs und der jeweiligen Nutzung erforderlich. Dies bedeutet, daß bezüglich des Pflanzenwachstums und der Artenvielfalt zu entscheiden ist, ob weitere Untersuchungen erforderlich sind (VwV Nr. 4.3.2.1). Im Hinblick auf den Transfer von Schadstoffen in Pflanzen ist der Schadstoffgehalt in den zum Verzehr oder zur Verfütterung bestimmten Pflanzenteilen zu untersuchen und darauf aufbauend der weitere Handlungsbedarf festzulegen (VwV Nr. 4.3.2.2). Im Falle von *Arsen* liegt eine Bodenbelastung dann vor, wenn die für Lebensmittel- bzw. Futtermittelrecht zuständige Behörde feststellt, daß die belasteten Pflanzen nicht zum Verzehr bzw. zur Verfütterung geeignet sind. *Kupfer* ist ausschließlich im Hinblick auf die Verfütterung von Grünfutter an Schafe zu beurteilen. Entscheidend ist die Bewertung durch die für Futtermittelrecht zuständige Behörde. Bei *Cadmium*, *Blei* und *Thallium* liegt eine Bodenbelastung vor, wenn die Schadstoffgehalte in Nahrungspflanzen den doppelten ZEBS-Wert überschreiten. Bei Futterpflanzen ist die Bewertung durch die zuständige Behörde maßgebend. Einschränkend ist festgelegt, daß der Prüfwert für Blei nur für die vegetativen (pflanzlichen) und nicht für die generativen (Blütenstände, Samen) Pflanzenteile gilt.

Werden Belastungswerte B_{mob} überschritten, so liegt eine Bodenbelastung im Sinne des Bodenschutzgesetzes vor (VwV Nr. 4.4). Weitere Untersuchungen zur Verifizierung dieser Feststellung sind nicht mehr notwendig. Allerdings sind bisher Belastungswerte hinsichtlich Nahrungs- und Futterpflanzen nur für die Stoffe Cadmium, Kupfer (nur Futterpflanzen), Blei und Thallium definiert.

Im Falle einer Bodenbelastung (Feststellung durch Einzelfallbetrachtung oder wegen Überschreitung von Belastungswerten B_{mob}) ist durch die Bodenschutzbehörde zu entscheiden, ob und welche Maßnahmen entsprechend Bodenschutzgesetz anzuordnen sind. Bei *Cadmium* als maßgeblichem Schadstoff benennt die VwV für die einzelnen Pflanzenarten, ob deren Anbau ohne Beschränkung möglich, nur mit Überwachungsmaßnahmen möglich oder nicht möglich ist. Rasen und Zierpflanzen unterliegen keiner Beschränkung (VwV Nr. 4.4.1). Im Falle von *Kupfer* ist ausschließlich die Schafhaltung betroffen. Eine Verfütterung des belasteten Grünfutters oder eine Beweidung der belasteten Flächen ist zu untersagen (VwV Nr. 4.4.2). Bei *Blei*belastung ist der Anbau von Nahrungs- und Futterpflanzen zu verbieten (VwV Nr. 4.4.3). Für *Thallium* gibt die VwV eine Differenzierung je nach Pflanzenart (VwV Nr. 4.4.4).

Wasser

Sofern das Schutzgut *Wasser* betroffen ist, ist eine differenzierte Vorgehensweise entsprechend Nr. 4.3.3 der VwV erforderlich. Die ermittelten mobilen Schadstoffgehalte sind mit den in Tabelle 3 der VwV enthaltenen Prüfwerten P_{mob} zu vergleichen. Zunächst ist der Schadstoffgehalt im Oberboden zu bewerten. Hierzu ist anzumerken, daß diese Prüfwerte für das Bodensickerwasser versuchsweise so lange gelten, bis die entsprechenden Korrelationen mit den real zu erwartenden Konzentrationen im Sicker- bzw. Grundwasser ermittelt sind. Werden Prüfwerte P_{mob} überschritten, so ist der Schadstoffgehalt im Unterboden bzw. im Untergrund zu betrachten. Sofern der entsprechende Prüfwert P_{mob} überschritten wird, ist eine Gleichgewichts-Bodenlösung entsprechend der VwV Bodenproben [3] herzustellen und die Schadstoffkonzentration im Filtrat oder Zentrifugat zu ermitteln. Die Analysenwerte sind mit den Richt- und Grenzwerten der Trinkwasserverordnung [5] zu vergleichen. Hilfsweise können auch die Hintergrundwerte für die Wässer der entsprechenden Grundwasserlandschaft herangezogen werden. Liegen Analysenwerte der Gleichgewichts-Bodenlösung über diesen Werten, so liegt eine Bodenbelastung vor. Bei der Gesamtbewertung ist allerdings auch die zeitliche Variabilität der Schadstoffgehalte im Bodensickerwasser zu berücksichtigen.

6   Schlußbemerkung

Mit der Einführung der VwV Anorganische Schadstoffe hat Baden-Württemberg im Verwaltungsvollzug einen neuen Weg beschritten, indem mobile Schadstoffgehalte als maßgebliches Kriterium zur Definition einer Bodenbelastung bestimmt wurden. Die Erfahrungen mit dieser Vorgehensweise sind bisher sehr gut.

Auch die in den letzten Jahren landes- und bundesweit, z. B. in der Länderarbeitsgemeinschaft Boden (LABO), geführten Diskussionen zeigen, daß die Vorgehensweise entsprechend der VwV der richtige Weg ist. Denn die Bewertung ausschließlich der Gesamtgehalte an Schadstoffen führt oft zu einer fehlerhaften Gefahrenbeurteilung, da diese Stoffe in unterschiedlicher chemischer Bindungsform vorliegen und auch physikalisch unterschiedlich stark an die Bodenmatrix gebunden sind. Sie sind deshalb unterschiedlich mobil und damit umweltverfügbar. Die Berücksichtigung dieser Fakten ist erforderlich, um bei der Vielzahl von Belastungen des Bodens und bei beschränkten finanziellen Mitteln die Fälle erkennen zu können, die aus gesundheitlichen und ökologischen Gründen vorrangig zu bearbeiten sind.

Literatur

[1] Gesetz zum Schutz des Bodens (Bodenschutzgesetz – BodSchG) vom 24. Juni 1991; Gesetzblatt Baden-Württemberg 1991, S. 433ff

[2] Erste Verwaltungsvorschrift des Umweltministeriums und des Ministeriums Ländlicher Raum über die Einrichtung einer Bodenschutzkommission nach § 21 BodSchG vom 4. Dezember 1991, Gemeinsames Amtsblatt 1992, S. 86

[3] Zweite Verwaltungsvorschrift des Umweltministeriums zum Bodenschutzgesetz über die Probennahme und -aufbereitung (VwV Bodenproben) vom 24. August 1993, Gemeinsames Amtsblatt 1993, S. 1017ff

[4] Dritte Verwaltungsvorschrift des Umweltministeriums zumBodenschutzgesetz über die Ermittlung und Einstufung von Gehalten anorganischer Schadstoffe im Boden (VwV Anorganische Schadstoffe) vom 24. August 1993, Gemeinsames Amtsblatt 1993, S. 1029ff

[5] Verordnung über Trinkwasser und über Wasser für Lebensmittelbetriebe (Trinkwasserverordnung – TrinkwV) vom 5. Dezember 1990, Bundesgesetzblatt 1990, Teil I, S. 2612ff

[6] Vierte Verwaltungsvorschrift des Umweltministeriums zum Bodenschutzgesetz über die Ermittlung und Einstufung von Gehalten organischer Schadstoffe im Boden (VwV Organische Schadstoffe) – Entwurf

[7] Prüeß, A., Hauffe, H.-K. Mobile (NH_4NO_3-extrahierbare) Gehalte anorganischer Schadstoffe in Böden als Grundlage für die Prognose des Schadstofftransfers in Kulturpflanzen, VDLUFA-Schriftenreihe 37, Kongreßband 199

Anlage 1: VwV Anorganische Schadstoffe

Dritte Verwaltungsvorschrift des Umweltministeriums zum Bodenschutzgesetz über die Ermittlung und Einstufung von Gehalten anorganischer Schadstoffe im Boden (VwV Anorganische Schadstoffe)

Vom 24. August 1993 – Az.: 44-8810.30-1/46 –

INHALT

1   Allgemeine Vorschriften

1.1   Regelungsgegenstand

Diese Verwaltungsvorschrift regelt das Vorgehen bei der Prüfung eines Bodens auf mögliche Beeinträchtigung seiner Funktion als Filter und Puffer für anorganische Schadstoffe, §§ 1, 2 Abs. 2 BodSchG.

Inhalt ist die Ermittlung der Gesamtgehalte und der mobilen Gehalte an anorganischen Schadstoffen, ihre Einstufung und die Festlegung von Maßnahmen.

Die Probennahme und -aufbereitung richtet sich nach der »VwV Bodenproben«.

1.2   Bodenfunktion

Maßgebliche Bodenfunktion im Sinne dieser Verwaltungsvorschrift ist die Funktion des Bodens als Filter und Puffer für Schadstoffe gegenüber den Schutzgütern

1.2.1   Menschen

Kriterium ist der Schadstoffgehalt im Boden in bezug auf den Transfer insbesondere durch orale Aufnahme von Boden.

1.2.2   Bodenorganismen

Kriterium ist der Schadstoffgehalt im Boden in bezug auf die Beeinträchtigung der Stoffwechselleistung von Bodenmikroorganismen.

1.2.3   Planzen

Kriterium ist der Schadstoffgehalt im Boden in bezug auf den Transfer in Nahrungs- und Futterpflanzen und die Beeinträchtigung des Pflanzenwachstums.

1.2.4   Wasser

Kriterium ist der Schadstoffgehalt im Boden in bezug auf den Transfer in das Bodensickerwasser.

1.3   Begriffsbestimmungen

Im Sinne dieser Vorschrift ist/sind

1.3.1   Anorganische Schadstoffe:

Arsen, Cadmium, Chrom, Kupfer, Quecksilber, Nickel, Blei, Thallium und Zink. Diese Stoffe sind natürlicher Bestandteil von Böden. Erst bei bestimmten Gehalten können sie Schadstoffwirkung haben.

1.3.2   Gesamtgehalt:

die Menge an Schadstoff in Milligramm pro Kilogramm (mg/kg) lufttrockenen Feinbodens (bei organischen Auflagen in mg/dm^3), die aus einer Bodenprobe mit Königswasser aufgeschlossen wurde.

1.3.3   Mobiler Gehalt:

die Menge an Schadstoff in Mikrogramm pro Kilogramm (µg/kg) lufttrockenen Feinbodens, die aus einer Bodenprobe mit Ammoniumnitrat-Lösung extrahiert wurde.

1.3.4   Prüfwert (P-Wert)

1.3.4.1   der Gesamtgehalt eines Schadstoffs (Pges), bei dessen Überschreiten eine einzelfallbezogene Prüfung hinsichtlich der Funktion des Bodens als Filter und Puffer für Schadstoffe gegenüber den Schutzgütern Menschen, Bodenorganismen, Pflanzen und Wasser (1.2.1–1.2.4) vorzunehmen ist.

1.3.4.2   der mobile Gehalt (Pmob), bei dessen Überschreiten eine einzelfallbezogene Prüfung hinsichtlich der Funktion des Bodens als Filter und Puffer für Schadstoffe gegenüber den Schutzgütern Bodenorganismen, Pflanzen und Wasser (1.2.2–1.2.4) vorzunehmen ist.

1.3.5   Belastungswert (B-Wert)

1.3.5.1 der mobile Gehalt (Bmob), bei dessen Überschreiten hinsichtlich der Funktion des Bodens als Filter und Puffer für Schadstoffe gegenüber dem Schutzgut Pflanzen (1.2.3) eine Bodenbelastung vorliegt.

2 Untersuchungsablauf

2.1 *Allgemeine Anforderungen*

2.1.1 Gesamtgehalt, pH-Wert und Tongehaltsgruppe sind stets zu ermitteln (Grunduntersuchung). Der Gesamtgehalt ist anhand des Hintergrundwertes (Anlage 1) einzustufen.

2.1.2 Um Maßnahmen hinsichtlich der Beeinträchtigung der Funktion als Filter und Puffer für Schadstoffe gegenüber Menschen (1.2.1) festzulegen, reicht zunächst die Grunduntersuchung aus. Der Gesamtgehalt ist anhand des Prüfwertes in Tabelle 1 einzustufen.

Um Maßnahmen hinsichtlich der Schutzgüter Bodenorganismen, Pflanzen und Wasser (1.2.2 bis 1.2.4) festzulegen, ist der ermittelte Gesamtgehalt anhand des Prüfwertes in Tabelle 2 einzustufen und zu entscheiden, ob in einer Folgeuntersuchung auch der mobile Gehalt ermittelt werden muß. Der mobile Gehalt ist anhand des Hintergrundwertes (Anlage 1) sowie des Prüf- und Belastungswertes in Tabelle 3 und 4 einzustufen.

Im Einzelfall (z.B. auf Grund von Anhaltspunkten aus ähnlichen Untersuchungen) kann es zweckmäßig sein, den mobilen Gehalt gleichzeitig mit der Grunduntersuchung zu ermitteln.

2.2 *Grunduntersuchung*

2.2.1 Gesamtgehalt

Der Gesamtgehalt (bezogen auf lufttrockenen Feinboden) ist durch Aufschluß mit Königswasser nach DIN 38414 (Teil 7) zu ermitteln.

Arsen, Blei, Cadmium, Chrom, Kupfer, Nickel und Zink sind nach DIN 38406 (Teil 22), Quecksilber nach DIN 38406 (Teil 12) und Thallium nach DIN 38406 (Teil 21) zu bestimmen. Die Schadstoffe können auch mit anderen gleichwertigen Methoden bestimmt werden.

2.2.2 Tongehaltsgruppe

Die Tongehaltsgruppe ist durch Fingerprobe (VwV Bodenproben, Anlage 3) zu ermitteln. Wurde die Korngrößenzusammensetzung nach DIN 19683 (Teil 2) oder einer gleichwertigen Methode bestimmt, ist der Tongehalt anhand von Tabelle 2 einzustufen. In Ausnahmefällen kann die Tongehaltsgruppe auch aus der Bodenart nach Bodenschätzung (Anlage 2) abgeleitet werden.

2.2.3 pH-Wert

Der pH-Wert (CaCl$_2$) ist nach VDLUFA-Methodenbuch I (1991, A 5.1.1) oder einer gleichwertigen Methode zu bestimmen.

2.2.4 Gleichwertige Methoden

Das beauftragte Labor hat zu belegen, daß die von ihm gewählte Methode gleichwertig ist. Die Zustimmung der zuständigen Fachbehörde ist vor der Untersuchung einzuholen.

2.3 *Folgeuntersuchung*

Die Folgeuntersuchung umfaßt die Ermittlung des mobilen Schadstoffgehaltes. Dieser ist grundsätzlich durch Extraktion mit einer einmolaren Ammoniumnitrat-Lösung gemäß DIN V 19730 zu bestimmen, wenn der in Tabelle 2 angegebene pH-Wert oder pH-Bereich unterschritten oder der Prüfwert überschritten ist. Ist in Waldböden der pH-Wert oder der pH-Bereich unterschritten, muß der mobile Gehalt in der Regel nicht ermittelt werden.

In einem schlecht durchlüfteten Boden sollte abweichend von den Vorgaben der »VwV Bodenproben« der mobile Gehalt an Arsen an einer feldfrischen Probe unverzüglich nach der Probennahme ermittelt werden.

3 Einstufung

3.1 *Einstufung des Gesamtgehaltes nach dem Prüfwert (Pges)*

3.1.1 Schutzgut Menschen

Um Maßnahmen hinsichtlich der Funktion als Filter und Puffer für Schadstoffe gegenüber Menschen festzulegen, ist der in der Grunduntersuchung ermittelte Gesamtgehalt nach Tabelle 1 einzustufen.

Tabelle 1: Prüfwert (Pges) hinsichtlich des Schutzgutes Menschen bei unterschiedlichen Nutzungen* (ausgenommen organische Auflagen)

	Kinderspiel- fläche mg/kg	Siedlungs- fläche mg/kg	Gewerbe- fläche mg/kg
Arsen**	20	30	130
Cadmium	3	15	60
Chrom (gesamt)	100	500	_***
Quecksilber	2	10	40
Nickel	100	100	300
Blei	100	500	4000
Thallium	1	4	15

*   Zur Abgrenzung der verschiedenen Nutzungen vgl. Anlage 3

** Kupfer und Zink sind nach derzeitigem Kenntnisstand humantoxikologisch nicht relevant

*** Es ist eine Einzelfallbetrachtung vorzunehmen

3.1.2 Schutzgüter Bodenorganismen, Pflanzen und Wasser

Um Maßnahmen hinsichtlich der Funktion als Filter und Puffer für Schadstoffe gegenüber Bodenorganismen, Pflanzen und Wasser festzulegen, ist der in der Grunduntersuchung ermittelte Gesamtgehalt nach Tabelle 2 einzustufen.

Tabelle 2: Prüfwert (Pges) hinsichtlich der Schutzgüter Bodenorganismen, Pflanzen und Wasser abgestuft nach pH und Tongehaltsgruppe

	pH-Wert/pH-Bereich $(CaCl_2)$	Tongehaltsgruppe*	Gesamtgehalt mg/kg
Arsen	$pH \geq 5$	T1	20
	$pH \geq 5$	T2–T6	40
Cadmium	$pH \geq 5$	T1	1
	$pH \geq 5$ und < 6	T2–T6	1
	$pH \geq 6$	T2–T6	1,5
Chrom	$pH \geq 5$	T1–T6	100
Kupfer	$pH \geq 5$	T1–T6	60
Quecksilber	$pH \geq 5$	T1–T6	1
Nickel	$pH \geq 5$	T1–T6	50
Blei	$pH \geq 5$	T1–T6	100
Thallium	$pH \geq 5$	T1	0,5
	$pH \geq 5$	T2–T6	1,0
Zink	$pH \geq 5$	T1	150
	$pH \geq 5$ und < 6	T2–T6	150
	$pH \geq 6$	T2–T6	200

* T1: 0–8%, T2: > 8–17%, T3: > 17–27%, T4: > 27–45%, T5: > 45–65%, T6: > 65% Ton

3.2   *Einstufung des mobilen Gehaltes nach dem Prüfwert (Pmob)*

Um Maßnahmen hinsichtlich der Funktion als Filter und Puffer für Schadstoffe gegenüber Pflanzen, Bodenorganismen und Wasser festzulegen, ist der mobile Gehalt nach Tabelle 3 einzustufen. Der Prüfwert bezieht sich auf die in 1.2.2–1.2.4 genannten Kriterien.

Tabelle 3: Prüfwert (Pmob)* hinsichtlich der Schutzgüter Bodenorganismen, Pflanzen und Wasser

	Mikro-organismen µg/kg	Nahrungs-pflanzen µg/kg	Futter-pflanzen µg/kg	Pflanzen-wachstum µg/kg	Bodensickerwasser**	
					Ober-boden*** µg/kg	Unterboden/ Untergrund*** µg/kg
Arsen	–	140	140	800	140	70
Cadmium****	–	25	25	–	100	30
Chrom	130	–	–	60	130	130
Kupfer	1200	–	1000	2400	1200	450
Quecksilber	7	–	–	–	7	7
Nickel	–	–	–	1200	1200	700
Blei	–	400	400	–	3500	250
Thallium	–	40	40	–	–	–
Zink	–	–	5000	10000	5000	1500

* Leerstellen (–): Nach derzeitigem Kenntnisstand ist eine Beeinträchtigung des Schutzgutes durch den Schadstoff zu vernachlässigen. Ergeben sich Hinweise. daß ein Schutzgut beeinträchtigt sein kann, ist eine Einzelfallprüfung durchzuführen.

** Die Prüfwerte für das Bodensickerwasser gelten versuchsweise so lange, bis die entsprechenden Korrelationen zwischen den Prüfwerten und den real zu erwartenden Konzentrationen im Sicker- bzw. Grundwasser ermittelt sind.

*** Der Wert für den Oberboden gilt für den gewichteten mittleren mobilen Gehalt der Schicht 0–30 cm eines Bodens, in den Schadstoffe nur über die Bodenoberfläche eingetragen wurden (z. B. Nutzung, Immission), der gut durchlüftet ist (keine Oxidations- und Reduktionsmerkmale) und der nicht Überschwemmungsbereich ist. Im übrigen ist im Einzelfall zu entscheiden, ob der Wert für den Oberboden oder den Unterboden bzw. Untergrund als Prüfwert zugrunde zu legen ist.

**** Für die Einstufung hinsichtlich des Schutzgutes Pflanzen ist der Prüfwert nicht anwendbar, wenn gleichzeitig der mobile Gehalt an Zink über 5000 µg/kg liegt. Bei hohem Zinkgehalt wird die Cadmiumaufnahme reduziert.

3.3　*Einstufung des mobilen Gehaltes nach dem Belastungswert (Bmob)*

Um Maßnahmen hinsichtlich der Funktion als Filter und Puffer für Schadstoffe gegenüber Pflanzen festzulegen, ist der mobile Gehalt nach Tabelle 4 einzustufen. Der Belastungswert bezieht sich auf die in 1.2.3 genannten Kriterien. Bisher können Bmob-Werte nur für die in Tabelle 4 aufgeführten Schwermetalle und das Schutzgut Pflanzen angegeben werden.

Tabelle 4: Belastungswert (Bmob) hinsichtlich des Schutzgutes Pflanzen

	Nahrungspflanzen $\mu g/kg$	Futterpflanzen $\mu g/kg$
Cadmium	40	40
Kupfer	–*	2700
Blei	12000	12000
Thallium	130	130

* Vergleiche Anmerkung zu Tabelle 3

4　Maßnahmen

In die schutzgutabhängige Festlegung der Maßnahmen (4.1 und 4.2) fließen die Ergebnisse der Einstufung nach Hintergrundwerten (Anlage 1) ein.

Wird der Hintergrundwert für den Gesamtgehalt (Anlage 1, Tabelle I bis IV) überschritten, ist zu prüfen, ob aus Vorsorgegründen Handlungsempfehlungen ausgesprochen werden, um die weitere Anreicherung zu minimieren.

Bei Überschreiten des Hintergrundwertes für den mobilen Gehalt (Anlage 1, Tabelle V) ist zu prüfen, ob aus Vorsorgegründen Handlungsempfehlungen ausgesprochen werden, um der weiteren Zunahme des mobilen Gehaltes entgegenzuwirken.

4.1　*Maßnahmen bei Überschreiten des Prüfwertes (Pges) hinsichtlich des Schutzgutes Menschen (1.2.1)*

Es liegen Erkenntnisse vor, auf Grund derer eine Bodenbelastung zu vermuten ist (§ 9 Abs. 1 Nr. 1 BodSchG). In Abstimmung mit der Gesundheitsbehörde ist eine Einzelfallprüfung durchzuführen. Dies umfaßt eine Abschätzung der aktuellen Schadstoffaufnahme über alle in Frage kommenden Aufnahmepfade. Aufnahmepfade sind die orale Aufnahme insbesondere durch Kinder (Hand-zu-Mund-Aktivität), die Aufnahme über die Nahrung und die Aufnahme durch Inhalation von Bodenstaub. Gegebenenfalls muß der durch Extraktion mit Salzsäure (Methode nach DIN/EN 71) ermittelte im Magen-Darm-Trakt resorbierbare Schadstoffanteil in die Abschätzung einbezogen werden.

Ist nach der gesundheitlichen Bewertung davon auszugehen, daß eine Bodenbelastung vorliegt, sind je nach Gestaltung des Einzelfalls Maßnahmen nach dem BodSchG einzuleiten.

4.2　*Maßnahmen bei Überschreiten des Prüfwertes (Pges) hinsichtlich der Schutzgüter Bodenorganismen, Pflanzen und Wasser (1.2.2–1.2.4)*

Es liegen Erkenntnisse vor, auf Grund derer eine Bodenbelastung zu vermuten ist (§ 9 Abs. 1 Nr. 1 BodSchG). Wird der pH-Wert oder der pH-Bereich unterschritten (vergleiche 2.3 für Waldböden) oder der nach der Tongehaltsgruppe abgestufte Prüfwert in Tabelle 2 überschritten, ist der mobile Gehalt zu bestimmen.

4.3　*Maßnahmen bei Überschreiten des Prüfwertes (Pmob) hinsichtlich der Schutzgüter Bodenorganismen, Pflanzen und Wasser (1.2.2–1.2.4)*

Es liegen Erkenntnisse vor, auf Grund derer eine Bodenbelastung zu vermuten ist (§ 9 Abs. 1 Nr. 1 BodSchG). Wird durch die Prüfung eine Bodenbelastung festgestellt, ist im Einzelfall zu entscheiden, ob und welche Maßnahmen nach dem Bodenschutzgesetz anzuordnen sind. Im einzelnen gilt folgendes:

4.3.1　Schutzgut Bodenorganismen

Die Stoffwechselleistung von Bodenmikroorganismen kann durch den Gehalt an Kupfer, Quecksilber oder Chrom beeinträchtigt sein. Im Einzelfall ist zu entscheiden, ob das Ausmaß der Beeinträchtigung hinsichtlich einer möglichen Bodenbelastung zu untersuchen ist. Bei Chrom ist der Anteil an zootoxischem Chrom (VI) maßgeblich.

4.3.2　Schutzgut Pflanzen

4.3.2.1　Pflanzenwachstum

Pflanzenwachstum und Artenvielfalt können durch einen phytotoxisch hohen Gehalt an Arsen, Chrom, Kupfer, Nickel oder Zink beeinträchtigt sein. Im Einzelfall ist zu entscheiden, ob das Ausmaß der Beeinträchtigung hinsichtlich einer möglichen Bodenbelastung zu untersuchen ist.

4.3.2.2　Schadstoffgehalt im Boden in bezug auf den Transfer in Nahrungs- und Futterpflanzen

Der zum Verzehr oder zur Verfütterung bestimmte Teil der Pflanze ist auf den jeweiligen Schadstoff zu untersuchen. Wird durch die Prüfung eine Bodenbelastung festgestellt, kommen insbesondere Maßnahmen zur Schadstoffimmobilisierung, Anbaubeschränkungen, -verbote und Überwachungsmaßnahmen in Betracht. Je nach Nutzung und Schadstoff kann sich ein abweichender bzw. zusätzlicher Handlungsbedarf ergeben:

4.3.2.2.1　Arsen

Der Arsengehalt in der Pflanze ist von der nach dem Lebensmittel- bzw. Futtermittelrecht zuständigen Behörde zu bewerten. Ergibt die Bewertung, daß die Pflanze nicht zum Verzehr oder zum Verfüttern geeignet ist, liegt eine Bodenbelastung vor.

4.3.2.2.2　Cadmium

Der Cadmiumgehalt in der Nahrungspflanze ist anhand der sogenannten ZEBS-Werte[1] zu bewer-

---

1 Richtwerte für Schadstoffe in Lebensmitteln, festgesetzt von der Zentralen Erfassungs- und Bewertungsstelle für Umweltchemikalien des Bundesgesundheitsamtes (Bundesgesundheitsblatt).

ten. Wird der ZEBS-Wert unter Berücksichtigung des Analysenfehlers um das Doppelte überschritten (vergleiche Erläuterungen zu den Richtwerten), liegt eine Bodenbelastung vor.

Der Cadmiumgehalt in der Futterpflanze ist von der nach dem Futtermittelrecht zuständigen Behörde zu bewerten. Ergibt die Bewertung, daß die Pflanze nicht zum Verzehr oder zum Verfüttern geeignet ist, liegt eine Bodenbelastung vor. Für die Anordnung von Maßnahmen ist 4.4.1 (Tabelle 5) zu beachten.

4.3.2.2.3 Kupfer

Der in Tabelle 3 angegebene Wert für Futterpflanzen bezieht sich ausschließlich auf den Transfer in Grünfutter, das an Schafe verfüttert wird. Der Kupfergehalt in der Futterpflanze ist von der nach dem Futtermittelrecht zuständigen Behörde toxikologisch zu bewerten. Ergibt die Bewertung, daß die Pflanze nicht zum Verfüttern geeignet ist, liegt eine Bodenbelastung vor.

4.3.2.2.4 Blei

Der in Tabelle 3 angegebene Wert bezieht sich ausschließlich auf den Transfer in vegetative Pflanzen(sproß-)teile. Es gelten die Festsetzungen nach 4.3.2.2.2.

Für den Transfer in generative Teile von Nahrungs- und Futterpflanzen besteht erst dann Prüfbedarf, wenn der Prüfwert um das Zehnfache überschritten ist.

4.3.2.2.5 Thallium

Es gelten die Festsetzungen nach 4.3.2.2.2. Für die Anordnung von Maßnahmen ist 4.4.4 (Tabelle 6) zu beachten.

4.3.2.2.6 Zink

Es gelten die Festsetzungen nach 4.3.2.2.3.

4.3.3 Schutzgut Wasser

Wird der Prüfwert (Pmob) für den Oberboden überschritten, ist der mobile Gehalt im Untergrund zu ermitteln. Wird der Prüfwert (Pmob) für den Untergrund überschritten, ist die Bodenlösung auf ihre Schadstoffkonzentration zu untersuchen. Hierzu ist eine Gleichgewichts-Bodenlösung nach Anlage 4 der »VwV Bodenproben« zu gewinnen und die Schadstoffkonzentration im Filtrat oder Zentrifugat zu bestimmen. Bemessungsgrundlage sind die Richt- und Grenzwerte der Verordnung über Trinkwasser und über Wasser für Lebensmittelbetriebe (Trinkwasserverordnung vom 22. Mai 1986 – BGBl. I S. 760 –), hilfsweise die Hintergrundwerte für die Wässer der entsprechenden Grundwasserlandschaft. Wird der entsprechende Wert der Trinkwasserverordnung (bzw. der Hintergrundwert) überschritten, liegt eine Bodenbelastung vor.

Bei der Untersuchung ist die zeitliche Variabilität der Schadstoffkonzentration im Bodensickerwasser zu berücksichtigen.

4.4 *Maßnahmen bei Überschreiten des Belastungswertes (Bmob) hinsichtlich des Schutzgutes Pflanzen (1.2.2)*

Es liegt eine Bodenbelastung vor. Im Einzelfall ist zu entscheiden, ob und welche Maßnahmen nach dem BodSchG anzuordnen sind. Ist der untersuchte Boden mit Cadmium, Kupfer, Blei oder Thallium belastet, gilt folgendes:

4.4.1 Cadmium

Für Anbauverbote und -beschränkungen gelten die Richtlinien der Tabelle 5. Intensität und Dauer von Überwachungsmaßnahmen hängen vom Außmaß der Überschreitung des Belastungswertes ab.

Über Nahrungs- und Futterpflanzen, die nicht in Tabelle 5 aufgeführt sind, liegen keine Erkenntnisse vor. Der Anbau von Rasen, Zierpflanzen, usw. ist ohne Einschränkungen möglich.

Tabelle 5: Richtlinien für den Anbau von Pflanzen:

Anbau nicht möglich:

Nahrungspflanzen	Endivie, Grünkohl, Hafer, Karotten, Kresse, Lauch, Mangold, Petersilie, Radieschen, Rote Beete, Salat, Schnittlauch, Schwarzwurzel, Sellerieblatt, Sellerieknolle, Sonnenblumen, Spinat, Weizen, Wirsing
Futterpflanzen	Grünmais, Rübenblatt, Sonnenblumen (Extraktionsschrot)

Anbau nur mit Überwachungsmaßnahmen möglich:

Nahrungspflanzen	Blumenkohl, Chinakohl, Kartoffel, Kohlrabi, Rettich, Rosenkohl, Rotkohl, Tomate, Zwiebel
Futterpflanzen	Ackerbohne, Grünland

Anbau möglich*:

Nahrungspflanzen	Auberginen, Baumobst, Bohnen, Erbsen, Gerste, Gurke, Kürbis, Paprika, Roggen, Süßmais, Weißkohl, Zucchini
Futterpflanzen	Bohnenstroh, Gerstenkorn, Körnermais

---

* Es ist darauf hinzuweisen, daß das Gemüse vor dem Verzehr geschält und gründlich gewaschen werden sollte

4.4.2 Kupfer

Der Anbau von Grünfutterpflanzen zur Verfütterung an Schafe und die Nutzung als Weide für Schafe sind zu untersagen.

4.3   Blei

Der Anbau von Nahrungs- und Futterpflanzen ist zu untersagen. Es dürfen nur noch Rasen, Zierpflanzen, usw. angebaut werden.

4.4   Thallium

Für Anbauverbote und -beschränkungen gelten die Richtlinien der Tabelle 6. Intensität und Dauer von Überwachungsmaßnahmen hängen vom Ausmaß der Überschreitung des Belastungswertes ab.

Über Nahrungs- und Futterpflanzen, die nicht in Tabelle 6 aufgeführt sind, liegen keine Erkenntnisse vor. Der Anbau von Rasen, Zierpflanzen, usw. ist ohne Einschränkungen möglich.

Tabelle 6: Richtlinien für den Anbau von Pflanzen:

Anbau nicht möglich:

Nahrungspflanzen	Blumenkohl, Brokkoli, Chicoree, Chinakohl, Feldsalat, Grünkohl, Kohlrabi, Kresse, Lauch, Mangold, Petersilie, Rosenkohl, Rote Beete, Rotkohl, Salat, Sellerie, Spinat, Weißkohl, Wirsing
Futterpflanzen	Grünmais, Grünraps, Körnerraps, Silomais, Stoppelrüben

Anbau möglich:

Nahrungspflanzen*	Bohnen, Erbsen, Gurke, Kartoffeln, Kürbis, Meerrettich, Melonen, Möhren, Paprika, Radieschen, Rettich, Schwarzwurzeln, Tomaten, Zwiebeln
Futterpflanzen	Mit Ausnahme von den oben genannten Futterpflanzen keine Beschränkungen

* Es ist darauf hinzuweisen, daß das Gemüse vor dem Verzehr geschält und gründlich gewaschen werden sollte.

5   Inkrafttreten

Diese Verwaltungsvorschrift tritt am 1. September 1993 in Kraft.

GABl. S. 1029

Anlage 1

Hintergrundwert (H-Wert)

1   Begriffsbestimmungen

1.1   Hintergrundwert (Hges)

Der Wert, der nach seinem Gesamtgehalt (Hges) den Hintergrundbereich der Gesamtgehalte nach oben hin abgrenzt. Der Hintergrundbereich wurde an natürlichen Böden mit unterschiedlichen Tongehalten und aus verschiedenen Ausgangsgesteinen bestimmt.

1.2   Hintergrundwert (Hmob)

Der Wert, der nach seinem mobilen Gehalt (Hmob) den Hintergrundbereich der mobilen Gehalte nach oben hin abgrenzt. Der Hintergrundbereich wurde an natürlichen Böden mit unterschiedlichen pH-Werten bestimmt.

2   Einstufung des Gesamtgehaltes nach dem Hintergrundwert (Hges)

2.1   Mineralboden

Der Gesamtgehalt von Böden aus Sedimentgesteinen ist grundsätzlich unter Berücksichtigung der Tongehaltsstufe nach dem Hges-Wert der Tabelle I einzustufen. Für Böden aus Sedimentgesteinen mit geogen erhöhten Gehalten bestimmter Schadstoffe ist Tabelle II zugrunde zu legen, für Böden aus Granit oder Gneis grundsätzlich Tabelle III. Es ist zu berücksichtigen, daß Böden aus lokal vererzten Gesteinen sehr viel höhere Hintergrundgehalte bestimmter Schadstoffe aufweisen können und daß ein Boden aus mehreren unterschiedlich (schad)stoffreichen Gesteinen entstanden sein kann.

2.2   Organische Auflagen

Der Gesamtgehalt in organischen Auflagen (unter Wald) ist nach dem Hintergrundwert in Tabelle IV einzustufen.

Tabelle I: Hintergrundwert (Hges) in mg/kg nach Tongehaltsgruppen (T1–T6, Tongehalt in %)

	T1 0–8 %	T2 > 8–17 %	T3 > 17–27 %	T4 > 27–45 %	T5 > 45–65 %	T6 > 65 %
Arsen	6	15	17	17	17	17
Cadmium	0,2	0,3	0,4	0,5	0,6	1,0
Chrom	20	35	50	60	75	90
Kupfer	10	20	30	35	50	60
Quecksilber	0,05	0,10	0,10	0,10	0,12	0,20
Nickel	15	25	40	55	70	100
Blei	25	35	40	50	55	55
Thallium	0,2	0,4	0,4	0,4	0,5	0,7
Zink	35	60	75	95	110	150

Tabelle II: Hintergrundwert (Hges)* für Böden aus bestimmten Sedimentgesteinen bzw. geologischen Formationen

| | Unterer Jura (Lias) | | Oberer Jura (Malm) |
	Ölschiefer (Lias epsilon) mg/kg	Tonstein und Tonmergel mg/kg	Boden aus Residualton mg/kg
Arsen	45	–	–
Cadmium	2,2	–	2,2
Chrom	–	–	120
Kupfer	75	–	–
Quecksilber	–	–	–
Nickel	190	130	130
Blei	–	–	–
Thallium	5,7	–	–
Zink	190	150	190

* Leerstellen (–): für diesen (Schad)stoff gilt der Hges-Wert nach Tongehaltsgruppe (Tab. I).

Tabelle III: Hintergrundwert (Hges)* für Böden aus Granit und Gneis

	Granit mg/kg	Gneis mg/kg
Arsen	–	–
Cadmium	–	–
Chrom	32	–
Kupfer	12	53
Quecksilber	–	–
Nickel	14	43
Blei	46	72
Thallium	–	–
Zink	85	118

* Leerstellen (–): Wegen unzureichender Datenlage kann kein Wert angegeben werden.

Tabelle IV: Hintergrundwert (Hges)* für organische Auflagen (ohne Streuhorizont)

	Gesamtgehalt mg/dm³
Arsen	3
Cadmium	0,2
Chrom	6
Kupfer	6
Quecksilber	0,2
Nickel	4,5
Blei	39
Thallium	0,1
Zink	26

* Zugrundegelegte Rohdichte:
– für den Zersetzungshorizont 0,2 kg/dm³
– für den Feinhumushorizont 0,4 kg/dm³

Einstufung des mobilen Gehaltes nach dem Hintergrundwert (Hmob)

Der innerhalb der Folgeuntersuchung ermittelte mobile Gehalt ist nach Tabelle V einzustufen.

Tabelle V: Hintergrundwert (Hmob)* für den mobilen Gehalt im Oberboden nach pH-Wert in µg/kg

| | pH | | | | | | | | |
	< 4	4	4,5	5	5,5	6	6,5	7	7,5
Arsen	60	50	40	40	40	40	40	45	50
Cadmium	80	65	35	18	13	8	6	5	5
Chrom	50	40	30	13	12	11	12	15	15
Kupfer	300	250	250	250	250	250	275	300	400
Quecksilber	1	1	1	1	1	1	1	1	1
Nickel	1000	1000	800	450	300	250	200	200	200
Blei	3000	2500	1000	90	25	15	8	5	4
Thallium	50	40	25	18	14	11	12	13	15
Zink	5000	4000	3500	2000	700	250	190	150	120

* Einzelne Hintergrundwerte können bei bestimmten pH-Werten über den Prüfwerten (Pmob) der Tabelle 3 liegen, da sie schutzgutunabhängig ermittelt wurden.

036   GABl. vom 29. September 1993   Nr. 30

HERAUSGEBER
Innenministerium Baden-Württemberg, Postfach 102443, 70020 Stuttgart.

SCHRIFTLEITUNG
Werner Schmidt, Oberamtsrat im Innenministerium, Fernruf (0711) 231-3080.

VERTRIEB'
Staatsanzeiger für Baden-Württemberg GmbH, Postfach 104363, 70038 Stuttgart.

DRUCKEREI
Offizin Chr. Scheufele in Stuttgart.

BEZUGSBEDINGUNGEN
Laufender Bezug durch den Vertrieb, jährlich 110 DM für die Ausgabe A (zweiseitig bedruckt) und 115 DM für die Ausgabe B (einseitig bedruckt). Im Bezugspreis ist keine Umsatzsteuer (Mehrwertsteuer) enthalten. Der Bezug kann zwei Monate vor dem 31. Dezember eines jeden Jahres gekündigt werden.

VERKAUF VON EINZELHEFTEN
Einzelhefte werden durch die Versandstelle des Gemeinsamen Amtsblattes, Postfach 104363, 70038 Stuttgart (Rotebühlstraße 64A, 70178 Stuttgart), Fernruf (0711) 66601-32, abgegeben. Preis dieses Heftes bei Barzahlung oder Voreinsendung des Betrages auf das Postgirokonto Nr. 9666-708 beim Postgiroamt Stuttgart (BLZ 60010070): 3,00 DM (einschließlich Porto und Versandkosten). Mehrwertsteuer wird nicht erhoben.

Postvertriebsstück   Gebühr bezahlt
GEMEINSAMES AMTSBLATT DES LANDES BADEN-WÜRTTEMBERG
Postfach 104363, 70038 Stuttgart   E 3189 A

Anlage 2

Herleitung der Tongehaltsgruppen
aus den Bodenarten
nach der Bodenschätzung

Bodenarten nach Bodenschätzung*	Tongehaltsgruppe
S	T1
lS, Sl	T2
SL, sL	T3
L	T4
LT	T5
T	T6

* Bodenschätzung nach dem Gesetz über die Schätzung des Kulturbodens (Bodenschätzungsgesetz) vom 16. Oktober 1934

Anlage 3

Abgrenzung der Nutzungen

1 Kinderspielfläche

Als Kinderspielfläche werden Aufenthaltsbereiche für Kinder bezeichnet, die mit Spieleinrichtungen wie z. B. Sandkasten, Rutsche und Klettergerät ausgestattet sind und regelmäßig genutzt werden.

2 Siedlungsfläche

Die Siedlungsfläche umfaßt insbesondere öffentliches und privates Grün, Parkanlagen, unbefestigte Flächen, die regelmäßig zugänglich sind. Soweit unbefestigte Flächen innerhalb von Siedlungsflächen wie Kinderspielflächen genutzt werden, sind diese als solche zu behandeln.

3 Gewerbefläche

Die Gewerbefläche umfaßt befestigte und unbefestigte Flächen um Arbeits- und Produktionsstätten, die nicht regelmäßig zugänglich sind und von den Betroffenen nur während ihrer Arbeitszeit als Aufenthaltsort genutzt werden. Soweit unbefestigte Flächen innerhalb von Gewerbeflächen als Siedlungsflächen oder wie Kinderspielflächen genutzt werden, sind diese als solche zu behandeln.

Anlage 2: Prüfschema VwV Anorganische Schadstoffe

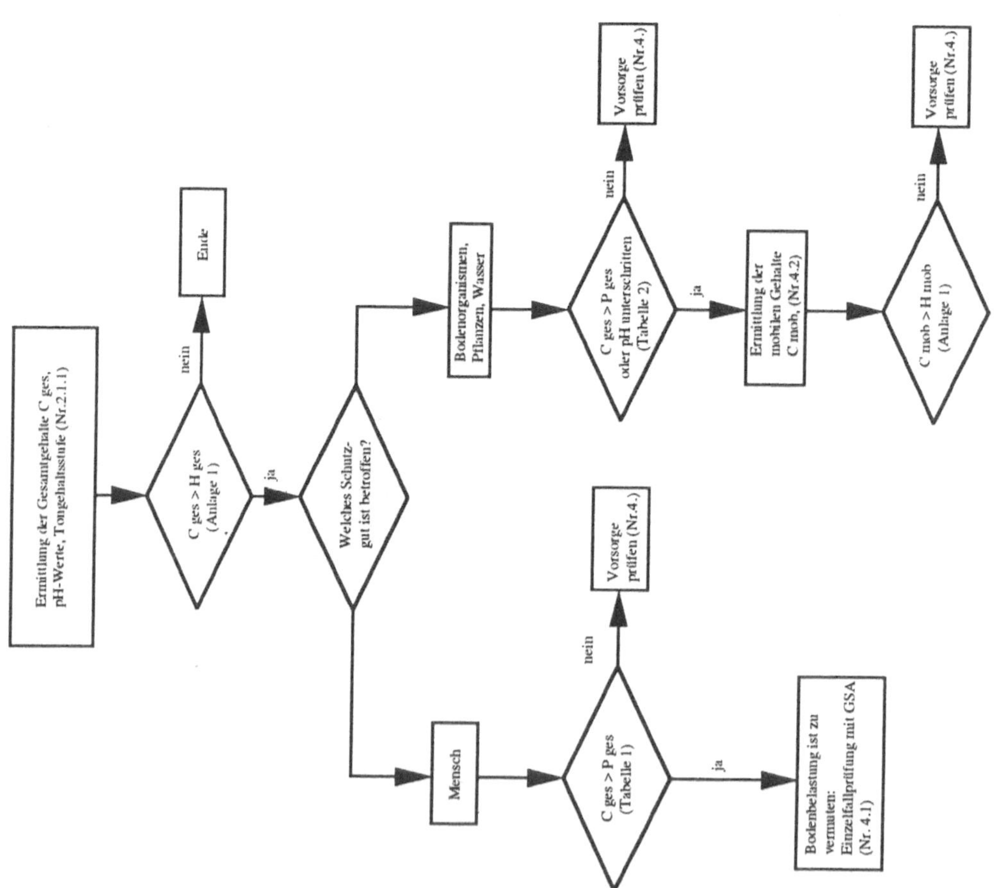

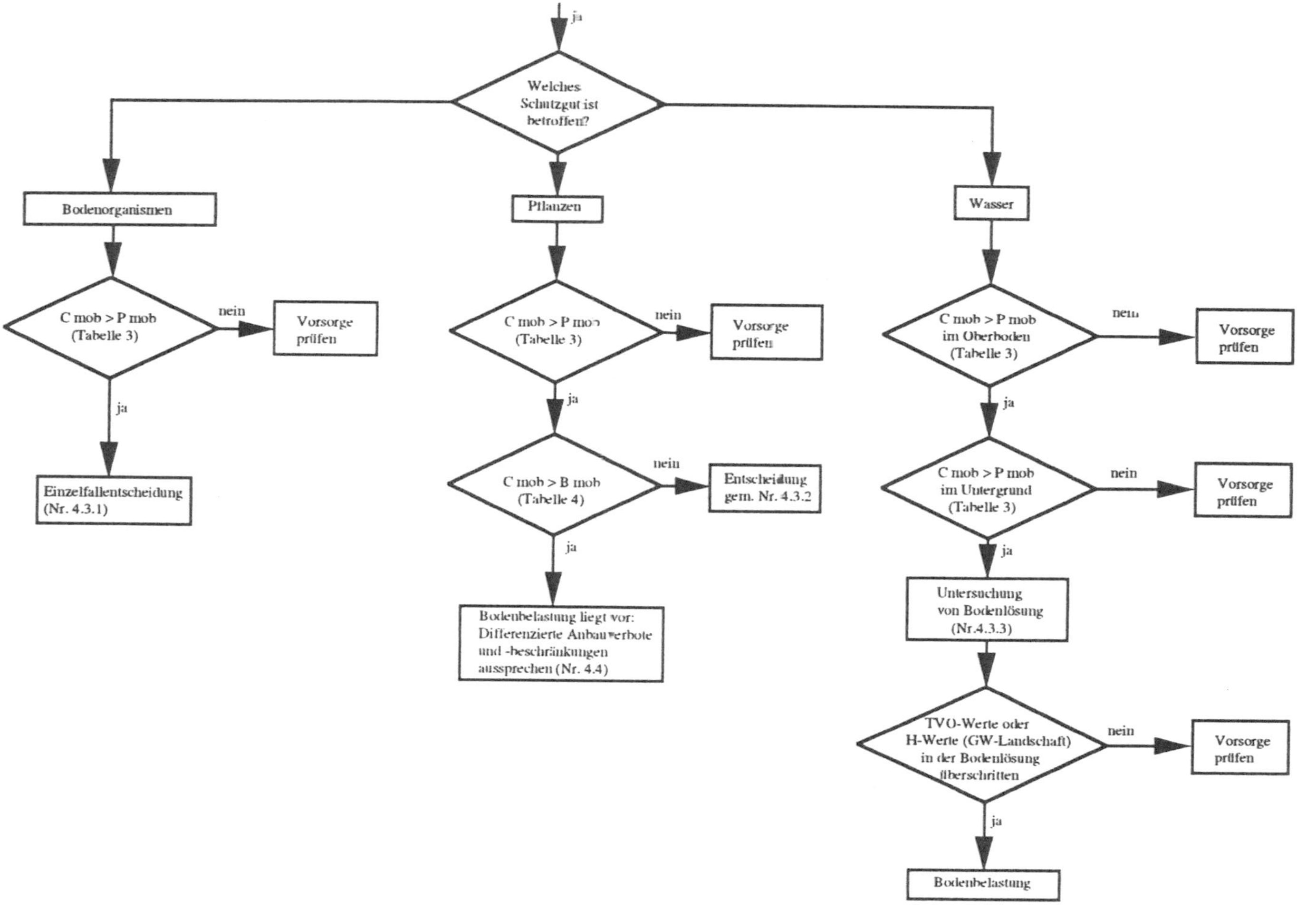

ja
Welches Schutzgut ist betroffen?
Bodenorganismen
C mob > P mob (Tabelle 3)
nein
Vorsorge prüfen
ja
Einzelfallentscheidung (Nr. 4.3.1)
Pflanzen
C mob > P mob (Tabelle 3)
nein
Vorsorge prüfen
ja
C mob > B mob (Tabelle 4)
nein
Entscheidung gem. Nr. 4.3.2
ja
Bodenbelastung liegt vor: Differenzierte Anbauverbote und -beschränkungen aussprechen (Nr. 4.4)
Wasser
C mob > P mob im Oberboden (Tabelle 3)
nein
Vorsorge prüfen
ja
C mob > P mob im Untergrund (Tabelle 3)
nein
Vorsorge prüfen
ja
Untersuchung von Bodenlösung (Nr.4.3.3)
TVO-Werte oder H-Werte (GW-Landschaft) in der Bodenlösung überschritten
nein
Vorsorge prüfen
ja
Bodenbelastung

Die Funktion von Böden – Schwankungsbereiche von Schwermetallkonzentrationen im Boden

Stefan Gäth

1   Einleitung

Böden mit ihren unterschiedlichen Anteilen an den drei Phasen Wasser, Gas und Festsubstanz erfüllen vielfältige Funktionen. Sie haben z. B. eine Lebensraumfunktion für Flora und Fauna, sie steuern den Landschaftswasser- und -wärmehaushalt, und sie sind von zentraler Bedeutung für den Stoffumsatz und den Stofftransfer (Grundwasser, Oberflächengewässer, Vegetation, Atmosphäre). Mit der Umsetzung des Kreislaufwirtschafts- und Abfallgesetzes (KrW-/AbfG, 1994) kommt auf die Böden eine weitere Funktion zu: das flächenhafte Recycling organischer Siedlungsabfälle (Kompost, Klärschlamm) (KrW-/AbfG, 1994).

Neben der Rückführung von Nährstoffen in den landwirtschaftlichen Produktionskreislauf besteht bei der Anwendung von Komposten und Klärschlämmen die Gefahr der Anreicherung anorganischer (Schwermetalle) und organischer Schadstoffe im Boden (Fricke et al. 1994, LAGA 1994, Poletschny 1994, Sauerbeck 1995, Wilcke und Döhler 1995). Der Gesetzgeber hat der Anreicherungsgefahr im Boden in dem Sinne vorgebeugt, daß bei der Aufbringung biologischer Reststoffe definierte Grenzwerte im Oberboden nicht überschritten werden dürfen (AbfKlärV 1992, Kompostierungserlaß 1994).

Schwermetalle zählen – anders als organische Stoffe – zu den natürlichen Bestandteilen der Böden. Neben dieser geogenen Grundlast sind die Böden seit Beginn der Industriallisierung durch eine anthropogene Anreicherung gekennzeichnet. Schwermetalle sind definitionsgemäß Metalle, die eine Dichte von mehr als 5 g/cm^3 besitzen. Ihre Umweltrelevanz rührt daher, daß sie sich in der Nahrungskette anreichern und nach Überschreiten einer organismen- und elementspezifischen Schwellenkonzentration toxisch wirken.

Vor diesem Hintergrund soll der folgende Beitrag die Funktion der Böden gegenüber Schwermetallen überblicksartig darstellen, die Konzentrationsbereiche verschiedener Schwermetalle im Boden aufzeigen und einen Vergleich zu bestehenden Gesetzen, Verordnungen und Regelungswerken vornehmen.

2   Schwermetalle im Boden

2.1   Formen und Verhalten von Schwermetallen im Boden

Die Funktion der Böden gegenüber Schwermetallen besteht in erster Linie in der *Filter- und Verzögerungsfunktion*, die zu einer verlangsamten Tiefenverlagerung und einer reduzierten Pflanzenverfügbarkeit führt. Die Filterleistung wird dabei von den Eigenschaften (spez. Kapazität, Sättigungsgrad) und der Größe des Filters (Anteil im Boden und Mächtigkeit des Bodens/Horizonts) bestimmt.

Schwermetalle zählen im Boden zu den reaktiven Stoffen – im Gegensatz zu den konservativen Stoffen (z. B. Nitrat, Chlorid) –, weil sie mit der Festphase des Bodens reagieren und Bindungen eingehen können. Sie liegen dabei, je nach Element und Ausgangsgestein, in verschiedenen Fraktionen des Bodens vor, die mittels differenzierter Extraktionsverfahren bestimmt werden (Tabelle 1):

- als Gitterbaustein von Mineralen,
- als Fällungsprodukt in Salzen,
- als Sorbent an Austauschern,
- als komplexiertes oder gelöstes Ion.

Tabelle 1. Extraktionsverfahren für einzelne Schwermetallfraktionen des Bodens

Schwermetallfraktion	Extraktionsverfahren
Gesamtgehalt	Königswasseraufschluß
potentiell verfügbare Schwermetalle	Na-EDTA-Extraktion
gelöste und leicht austauschbare Schwermetalle	$CaCl_2$-Lösung
gelöste Schwermetalle	Wasserextrakt

Die Bindung der Schwermetalle an der Festphase wird auch als Retardation bezeichnet. Sie ist i. d. R. reversibel und basiert im wesentlichen auf der *Sorption* (Adsorption/Desorption) und bei hohen Schwermetallkonzentrationen sowie geeigneten Randbedingungen (Redox, pH) auf der *Fällung/Lösung*. Als retardierende Oberflächen kommen im Boden in Frage:

- Tonminerale,
- organische Substanz,
- Hydroxide/Oxide,
- Carbonate.

Tonminerale besitzen zwar eine geringere spezifische Sorptionskapazität als die organische Substanz, sie liegen allerdings im Boden zumeist mit höheren Gehalten vor, so daß ihre Bedeutung für die Filterung überwiegt. Die Schwermetalladsorption von Tonmineralen sinkt in der Reihenfolge (Scheffer und Schachtschabel 1992):

$$\text{Vermiculit} > \text{Montmorillonit} > \text{Illit} > \text{Chlorit} > \text{Kaolinit}$$

Die Sorptionsneigung der Schwermetalle nimmt im allgemeinen in folgender Reihe zu (Scheffer und Schachtschabel 1992):

$$\text{Cd} < \text{Zn} < \text{Ni} < \text{Cu} < \text{As} = \text{Cr} < \text{Pb} < \text{Hg}$$

Die sorptiv gebundene Festphasenkonzentration steht in einem Gleichgewicht mit der Lösungskonzentration. Dieser Zusammenhang wird allgemein mit Sorptionsisothermen beschrieben (Abb. 1). Das Niveau und die Form der Sorptionsisothermen ist für die einzelnen Schwermetalle verschieden und wird vor allem vom Anteil der Sorptionsplätze (Humus- und Tongehalt), vom pH-Wert und von den Redox-Verhältnissen bestimmt.

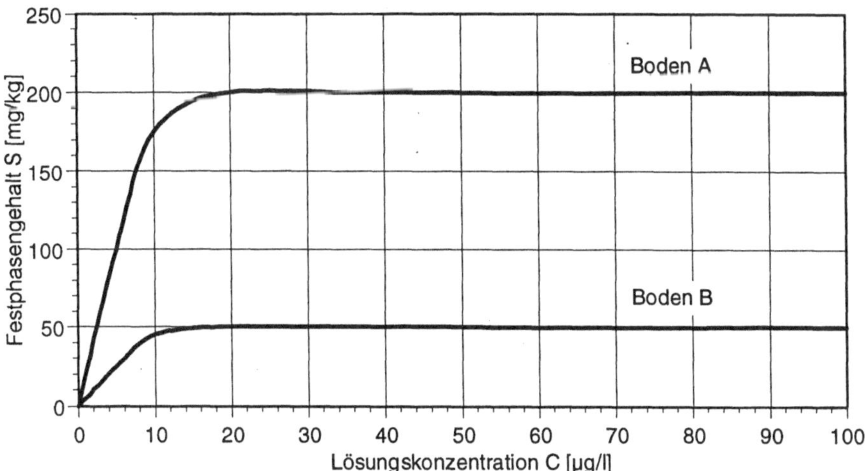

Abb. 1. Beziehung zwischen der gelösten und der adsorbierten Schwermetallkonzentration in zwei Modellböden

Sorptionsisothermen haben i. d. R. einen Sättigungsverlauf, der daher rührt, daß die Filtereigenschaften mit zunehmender Sättigung der Austauscherplätze erschöpft werden. Das Beispiel in Abb. 1 zeigt, daß der Boden A im Vergleich zum Boden B ein 4fach höheres Filtervermögen je Mengeneinheit Boden besitzt.

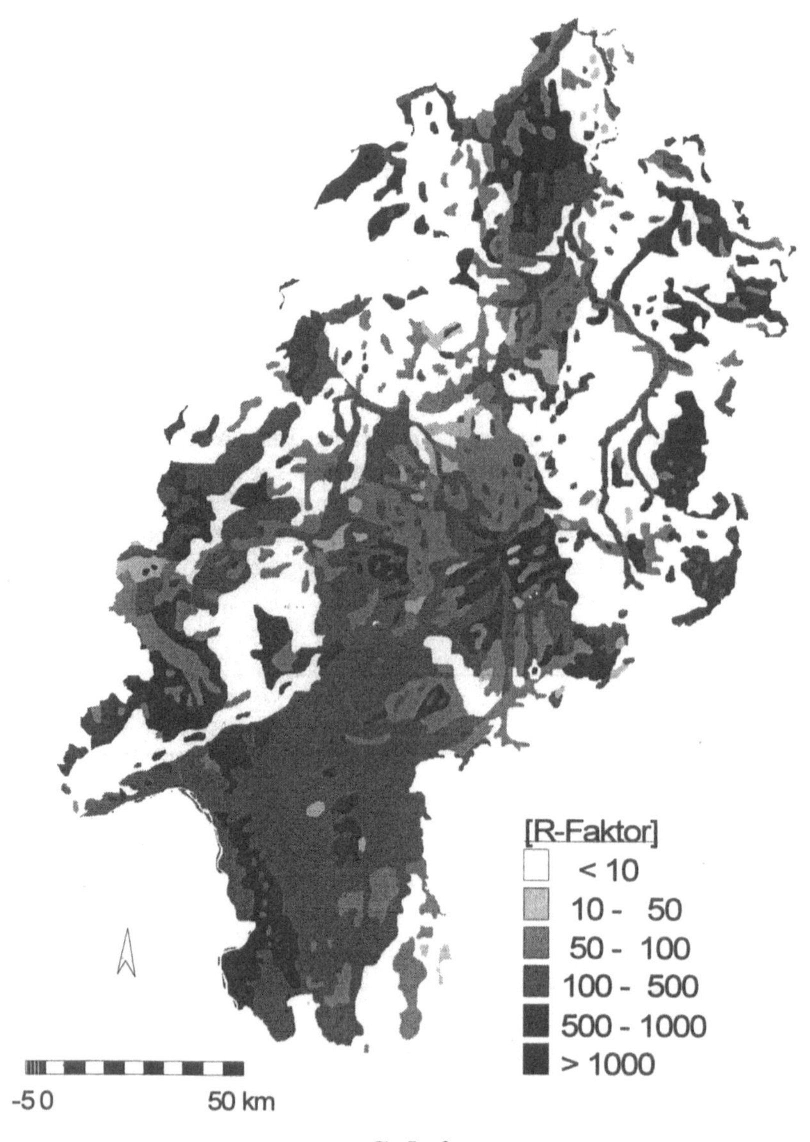

Cadmium

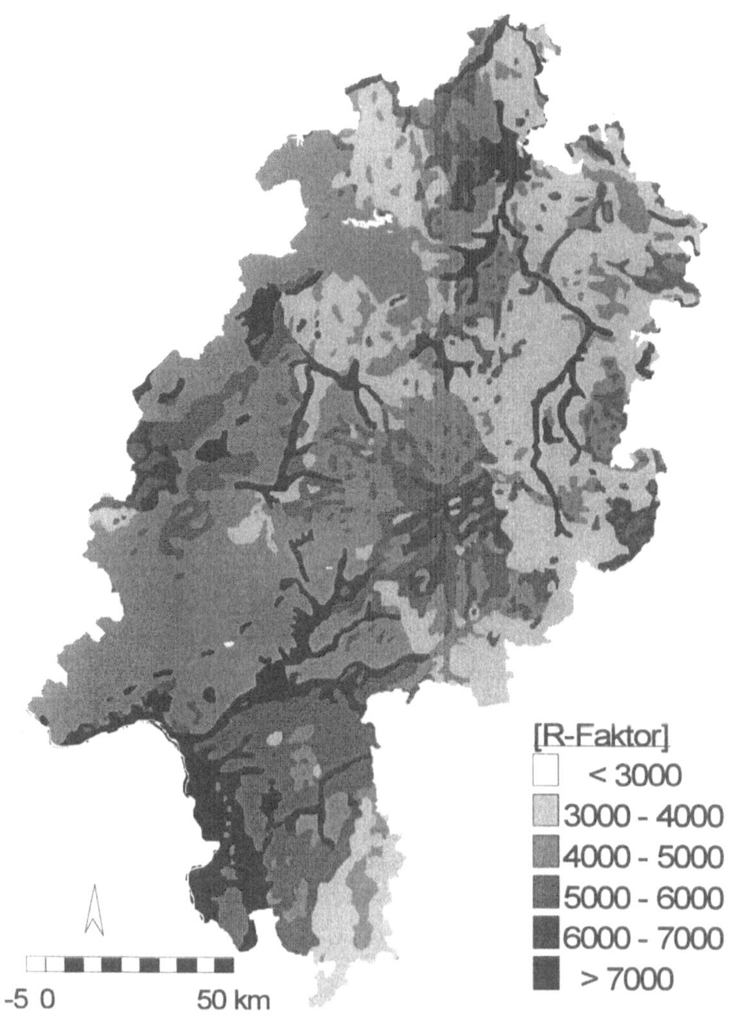

Abb. 2. Verteilung der R-Faktoren für Cd (*links*) und Pb (*rechts*) in den Böden Hessens (vgl. Gäth 1995)

Die Filterwirkung der Böden kann über den sog. Retardationsfaktor R abgeleitet werden, der sich aus der Konvektions-Dispersions-Gleichung herleiten läßt und den aktuellen "Sättigungszustand" des Filters mitbrücksichtigt (Gleichung 1) (Swartjes et al. 1991, Streck 1993).

$$R = 1 + \frac{\rho}{\Theta}\frac{\partial S}{\partial C} \tag{1}$$

mit Θ Wassergehalt [$cm^3 \cdot cm^{-3}$]

        S M-Festphasengehalt [$\mu g \cdot kg^{-1}$]

        C SM-Lösungskonzentration [$\mu g \cdot l^{-1}$]

        ρ Rohdichte [$g \cdot cm^{-3}$]

Dabei gilt, je höher der Faktor R ist, desto höher ist das Filtervermögen des Bodens bzw. desto geringer ist der mobile, auswaschungsgefährdete bzw. pflanzenaufnehmbare Schwermetallanteil. Abbildung 2 zeigt beispielhaft für Hessen die flächenhafte Verteilung des Retardationsfaktors für Cd und Pb (zur Methodik vgl. Gäth 1995).

Ein vertikaler Transport von Schwermetallen findet vorwiegend in der Lösungsphase statt. Dabei liegen die Schwermetallionen in gelöster (ionar, komplex), kolloider (organische Moleküle) oder suspendierter (sorptiv an Tonminerale gebunden) Form vor. Daneben kann ein Transport mit der Gasphase (Quecksilber, Arsen), der Festphase (Vertisole) oder mit Lebewesen (Regenwürmer) erfolgen.

Die Filterleistung oder Retardation des Bodens führt zur Verlangsamung der Tiefenverlagerung mit dem Sickerwasser, wobei die mittlere Verlagerungsgeschwindigkeit unter Berücksichtigung des R-Faktors nach Gleichung 2 kalkuliert werden kann (Gäth 1995).

$$Verlagerungsgeschwindigkeit[cm/a] = \frac{Sickerwasserrate[cm/a]}{Feldkapazität\,[cm^3/cm^3] \cdot R} \tag{2}$$

Tabelle 2 listet beispielhaft für verschiedene R-Faktoren, Sickerwasserraten und Bodenwassergehalte (Feldkapazität) die durchschnittliche Verlagerungsgeschwindigkeit auf.

Mit der Zunahme des R-Faktors sinkt die Verlagerungsgeschwindigkeit linear. Für konservative Stoffe, wie z. B. Nitrat, gilt ein Retardationsfaktor von 1, so daß bei einer Sickerwasserrate von 200 mm/a in einem Sandboden (Feldkapazität 20 Vol.%) eine mittlere Verlagerungsgeschwindigkeit von 100 cm/a resultiert; bei einem Lößboden (Feldkapazität 40 Vol.%) wären es analog dazu 25 cm. Für

Cd würde bei einem R-Faktor von 100 (vgl. Abb. 2) ein Verlagerungsbetrag von 5 mm bzw. 2,5 mm je Jahr herrschen und für Pb 0,5-0,05 mm/a (R-Faktor 1000-10 000). Dieses Beispiel verdeutlicht die Filterfunktion des Bodens gegenüber Schwermetallen, zeigt allerdings auch, daß grundsätzlich eine Abwärtsverlagerung von Schwermetallen – wenn auch sehr langsam – stattfindet (Abb. 3).

Tabelle 2. Verlagerungsgeschwindigkeit in Abhängigkeit von der Sickerwasserrate, der Feldkapazität und dem Retardationsfaktor R

R-Faktor	Verlagerungsgeschwindigkeit [cm/a]							
	100 mm/a		200 mm/a		300 mm/a		400 mm/a	
	20 Vol%	40 Vol%	20 Vol%	40 Vol%	20 Vol%	40 Vol%	20 Vol%	40 Vol%
1	50	25	100	50	150	75	200	100
10	5	2,5	10	5	15	7,5	20	10
100	0,5	0,25	1	0,5	1,5	0,75	2	1
1000	0,05	0,025	0,1	0,05	0,15	0,075	0,2	0,1
10000	0,005	0,0025	0,01	0,005	0,015	0,0075	0,02	0,01

Sofern alle Austauscherplätze belegt sind und damit der Filter "Boden" erschöpft ist, besitzt der Boden keine Retardations- oder Senkenfunktion gegenüber weiteren Schwermetalleinträgen, so daß die Verlagerungsbeträge ansteigen. Der abgesättigte Filter kann umgekehrt bei einer Reduktion der Schwermetalleinträge zu einer Quelle der Schwermetallnachlieferung werden, indem Schwermetalle – gemäß der Sorptionsisotherme – vom Austauscher desorbiert werden. Dabei gilt, je größer die Filterkapazität des Bodens ist, desto nachhaltiger ist die Quellenfunktion.

2.2   Schwermetallkonzentrationen im Boden

2.2.1 Boden- und nutzungsabhängige Schwankungen

Der Schwermetallgesamtgehalt des Bodens wird in erster Linie bestimmt über die Konzentrationen im bodenbildenden Gestein (Tabelle 3). Dabei treten Unterschiede je nach Mineralbestand zwischen magmatischen, metamorphen und sedimentischen Gesteinen auf. Ultrabasische und basaltische Gesteine sind zum Beispiel gekennzeichnet durch hohe Gehalte an Cr, Cu, Ni und Zn, während in Graniten hohe Pb- und in Gneisen, Glimmerschiefern und Grauwacken hohe As-, Hg- und Zn-Konzentrationen vorliegen. In Lockersedimenten, z. B. Löß und Geschiebemergel, kommt es zu einer Anreicherung verschiedener Schwermetalle, weil im Regelfall der Anteil feinkörniger Sedimentbestandteile aufgrund vielfältiger Transport-, Umwandlungs- und Sortierungsprozesse höher ist (Blume 1992).

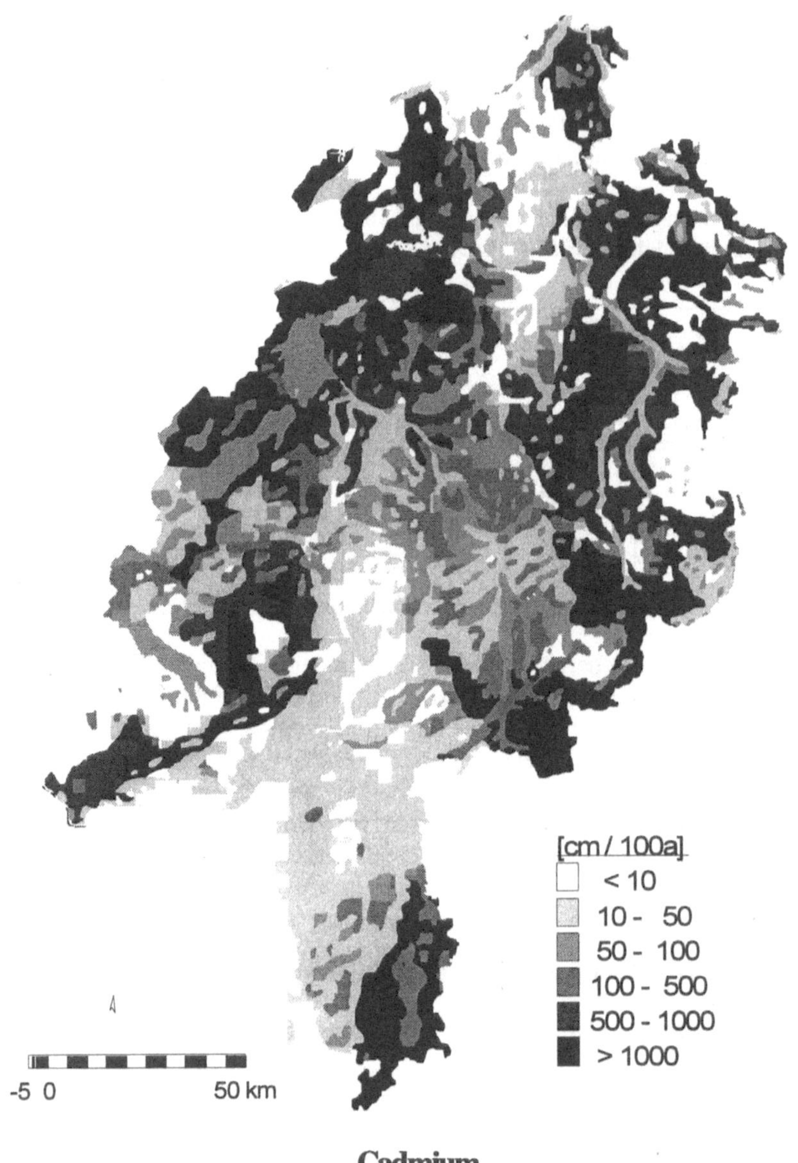

Cadmium

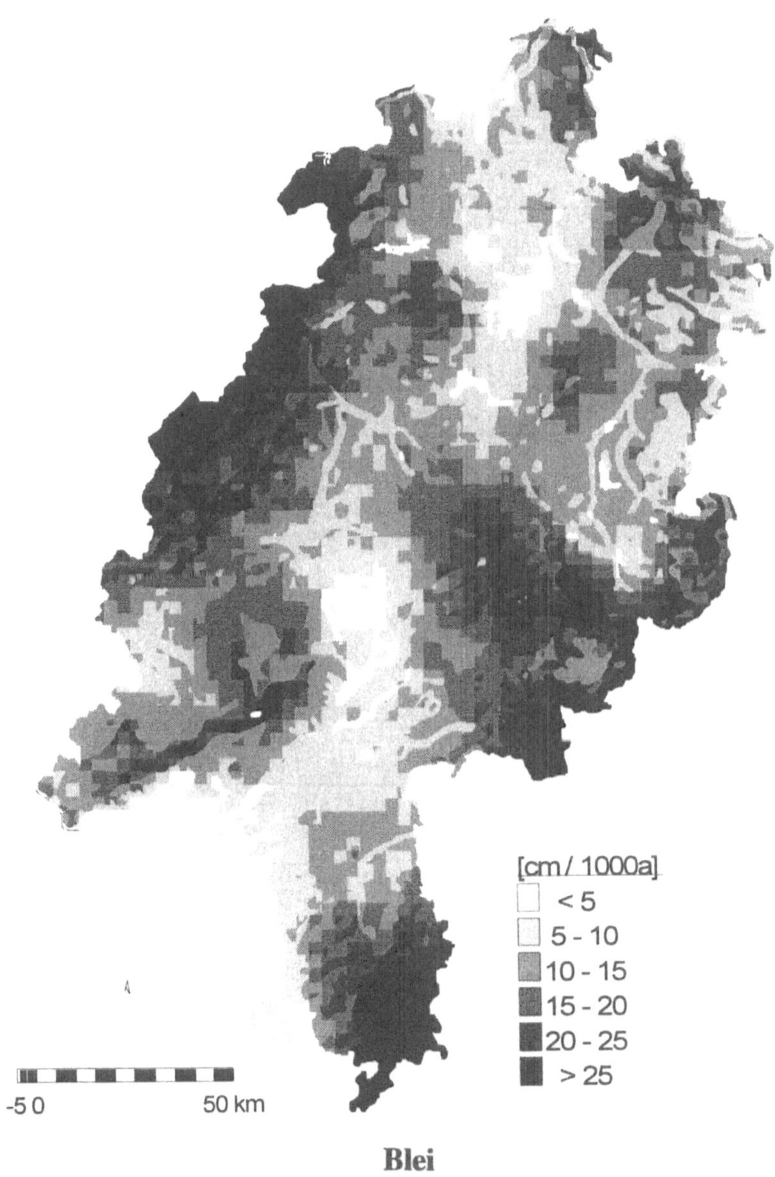

Abb. 3. Mittlere Verlagerungsgeschwindigkeit von Cd (links) und Pb (rechts) in den Böden Hessens (vgl. Gäth 1995)

56   S. Gäth

Tabelle 3. Schwermetallkonzentrationen verschiedener Gesteine (mod. nach Blume 1992)

Gestein	As	Cd	Cr	Cu	Hg	Ni	Pb	Zn
					ppm			
Kontinentale Kruste	3,4	0,10	88	35	0,02	45	15	69
Ultrabasite	1	0,05	1600	10	0,03	2000	1	50
Basalte/Gabbro	1,5	0,10	168	90	0,02	134	3,5	100
Granit	1,5	0,09	12	13	0,03	7	32	50
Gneise/Glimmerschiefer	4,3	0,10	76	23	0,02	26	16	65
Grauwacken	8	0,09	50	45	0,11	40	14	105
Tonstein	10	0,13	90	45	0,45	68	22	95
Kalke	2,5	0,16	11	4	0,03	15	5	23
Sandsteine	1	0,05	35	5	0,03	2	7	15
Löß	6,5	0,2	30	15	0,02	18	45	25
Geschiebemergel	8	0,3	35	15	0,04	18	20	40

Tabelle 4. Länderübergreifende Hintergrundwerte für Schwermetalle (Median der Gesamtkonzentrationen) in Oberböden in Abhängigkeit vom Substrat und der Landnutzung (Gebietstyp: ländlich geprägter Raum) (mod. nach LABO 1995)

Substrat	Nutzung/ Horizont	As	Cd	Cr	Cu	Hg	Ni	Pb	Zn
						ppm			
Sand	Acker/Ap	2,0	<0,3		3	0,03	<3	13	14
	Wald/Ofh	3,0	0,9		24	0,45	13	141	117
	Wald/Ah	2,0	<0,3	7	<3	0,04	4	19	14
Löß	Acker/Ap	7,0	<0,3	125	20	0,08	32	41	65
	Wald/Ofh	4,0	0,7		14	0,40	18	90	73
	Wald/Ah	6,0	<0,3	111	10	0,05	21	32	46
Tonstein	Acker/Ap	8,0	0,5		21	0,07	43	47	92
	Wald/Ofh	4,0	0,7		19	0,45	20	108	85
	Wald/Ah	8,0	0,3	105	16	0,13	40	61	85
Sand-stein	Acker/Ap	5,0	0,3		12	0,07	16	45	41
	Wald/Ofh	4,0	0,6		18	0,35	12	135	66
	Wald/Ah	4,0	<0,3	39	6	0,08	6	45	21
Basalt	Acker/Ap	3,0	0,5		49	0,06	204	42	137
	Wald/Ofh	2,0	1,0		28	0,25	57	84	106
	Wald/Ah	4,0	0,5		40	0,08	165	55	152
Hochmoortorf[a]		1,0	0,2		4	0,03	4	9	22
Niedermoortorf[a]		3,0	0,4		8	0,08	9	16	25

[a]   Torfe aus unterschiedlichen Tiefen bis 2 m.

Die Differenzierung der elementspezifischen Schwermetallkonzentrationen im Ausgangsgestein spiegelt sich auch in den daraus entwickelten Böden wider, wie es Tabelle 4 zeigt. Die Daten der Oberböden basieren auf einer aktuellen Zusammenstellung von Hintergrundwerten der Bund-Länder-Arbeitsgemeinschaft Bodenschutz (LABO 1995).

Die Böden aus basaltischen Gesteinen sind z. B. durch hohe Konzentrationen an Cu, Ni und Zn zu kennzeichnen, dagegen besitzen die Sedimentgesteine hohe As- und Cd-Konzentrationen (vgl. Tabelle 3). Die Differenzierung zwischen den Sedimentgesteinen zeigt, daß mit Zunahme des Schluff- und Tonanteils – und damit der Retardationskapazität – die Schwermetallkonzentrationen in den Böden zunehmen. So ist unter Acker im Löß die Schwermetallkonzentration je nach Element um den Faktor 3-10 höher als im Sand.

Zwischen der Wald- und Ackernutzung treten in den Mineralböden (Ap, Ah) kaum Unterschiede in den Schwermetallkonzentrationen auf. Deutliche Differenzen liegen bei gleicher Nutzungsform (Wald) allerdings beim Vergleich zwischen Auflagehorizont (Of, Oh) und Oberboden (Ah) vor. Die hohen Konzentrationen in dem nur aus der oberirdischen Streu gebildeten Auflagehorizont sind dabei nicht auf die geogene Grundlast zurückzuführen, sondern allein auf anthropogene Einträge.

Quelle der Schwermetallanreicherung im Auflagehorizont unter Wald sind allein atmosphärische Einträge, die je nach Siedlungsstruktur und Einzugsgebiet verschieden hoch sind, wie es die Tabelle 5 beispielhaft für die Böden Nordrhein-Westfalens zeigt.

Tabelle 5. Hintergrundwerte für Schwermetalle in *Ackerböden* und der *Waldauflage* Nordrhein-Westfalens (Median der Gesamtkonzentrationen) in Abhängigkeit von der Siedlungsstruktur – ohne Differenzierung nach Ausgangssubstrat (mod. nach LABO 1995)

Siedlungsdichte	Boden	Cd	Cu	Pb	Zn
		ppm			
hoch		0,53	16	44	108
mittel	Ackerböden	0,40	14	29	66
gering (ländlich)		0,40	11	27	60
hoch		1,14	50	340	183
mittel	Waldauflage	0,90	39	218	133
gering (ländlich)		0,57	38	158	97

Mit Zunahme der Siedlungsdichte steigt die Schwermetallkonzentration je nach Element in den Böden an, wobei der Anstieg in der Waldauflage aufgrund der größeren Auskämmwirkung des Waldes stärker ausfällt als in den Ackerböden.

Vergleichbare Untersuchungen zum Einfluß der Siedlungsdichte auf den Schwermetallgehalt des Oberbodens liegen auch aus Schleswig-Holstein vor. Wie die Tabelle 6 zeigt, treten in dieser Region keine Unterschiede in der Schwermetallkonzentration zwischen verschiedenen Siedlungsdichten auf; als Ursache sind im wesentlichen die insgesamt geringere Industrialisierung und der vorherrschende, "luftreinigende" Westwind zu nennen.

Tabelle 6. Hintergrundwerte für Schwermetalle in *Ackerböden* Schleswig-Holsteins (Median der Gesamtgehalte) in Abhängigkeit von der Siedlungsstruktur und dem Ausgangssubstrat (mod. nach LABO, 1995)

Siedlungs-dichte	Substrat	Cd	Cr	Cu	Hg	Ni	Pb	Zn
		ppm						
hoch	Sande	0,20	8,0	7,9	0,04	4,0	14	28
mittel		0,10	10,0	7,0	0,04	6,0	12	29
gering (ländlich)		0,15	6,0	6,0	0,03	3,0	10	20
hoch	Lehme	0,13	13,5	9,9	0,04	9,0	15	39
mittel		0,10	16,0	9,1	0,04	10,0	13	41
gering (ländlich)		0,10	19,0	10,0	0,03	15,0	17	50

Tabelle 7. Schwermetallgesamtkonzentrationen von *Lößprofilen* (geometrisches Mittel) (mod. nach Kuntze et al. 1991)

Löß Horizont	n	As	Cd	Cu	Hg	Ni	Pb	Zn
		ppm						
Ap	37	7,7	<0,3	19	0,14	29	48	75
Ah	47	5,3	<0,3	12	0,06	22	37	42
Al	81	6,0	<0,3	12	0,04	22	34	50
Bt	123	7,5	<0,3	16	0,03	32	30	60
Bv	25	6,1	<0,3	14	0,02	31	28	50
C	90	6,1	<0,3	14	0,02	27	31	42

Neben der Variation der Schwermetallkonzentrationen des Oberbodens gibt es gleichermaßen eine Variation im Profil. Die Tiefenverlagerung führt je nach Ausgangssubstrat, Pedogenese und Klimabedingungen zu einer typischen Schwermetalltiefenverteilung, wie es die folgenden Tabellen für Löß- (Tabelle 7) und Sandprofile (Tabelle 8) zeigen.

Tabelle 8. Schwermetallgesamtgehalte von Sandprofilen (geometrisches Mittel) (mod. nach Kuntze et al. 1991)

Sand Horizont	n	As	Cd	Cu	Hg	Ni	Pb	Zn
		ppm						
Ah	116	2,2	<0,3	4	0,054	4	18	15
Bhs	120	2,1	<0,3	<3	0,02	4	11	14
Bs	38	1,4	<0,3	4	<0,01	5	11	15
Bv	112	1,8	<0,3	<3	0,02	8	13	20
C	154	1,2	<0,3	<3	<0,01	5	7	10

Die Daten zeigen, daß mit der Tonverlagerung (Lessivierung) im Löß eine starke und mit der Podsolierung im Sand eine geringe Profildifferenzierung in den Schwermetallkonzentrationen stattfindet. Neben dem humushaltigen Oberboden treten dabei im tonreichen, retardationsstarken Tonanreicherungshorizont (Bt) des Löß die höchsten Schwermetallkonzentrationen auf. Die insgesamt geringen Schwermetallgehalte im Sandprofil sind sowohl auf die geringen geogenen Ausgangsgehalte als auch auf die geringe Retardationskapazität und damit die höhere Verlagerungsgeschwindigkeit zurückzuführen.

2.2.2 Bewertung der Schwermetallkonzentrationen des Bodens

Die vorgestellten Konzentrationsverhältnisse liegen nach der Einordnung von Fiedler und Rösler (1993) im Regelfall in der "normalen" Schwermetallbelastungsstufe (Tabelle 9), wobei der Gesetzgeber gemäß der Klärschlammverordnung zum Teil "stark erhöhte" Belastungen in den Böden toleriert (Tabelle 10).

Aufgrund der stetigen atmosphärischen Einträge und vor dem Hintergrund der Rückführung organischer Siedlungsabfälle muß langfristig mit einem Anstieg der Schwermetallkonzentrationen gerechnet werden. Gegenüber den gesetzlich zulässigen Schwermetallfrachten bei der Kärschlamm-/Kompostaufbringung werden mit dem Erntegut vergleichsweise geringe Mengen von der Fläche entzogen (Tabelle 11) (Wilcke und Döhler 1995). Nennenswerte Verluste können nur über die Pfade der Erosion und Auswaschung auftreten.

Tabelle 9. Häufig im Boden vorkommende Schwermetallkonzentrationen (mod. nach Fiedler und Rösler 1993)

Belastung	As	Cd	Cr	Cu	Hg	Ni	Pb	Zn
	ppm							
gering	0,1-2	0,01-0,05	1-5	0,1-5	0,01-0,05	1-5	0,1-5	1-10
normal	2-20	0,05-0,7	5-100	5-35	0,05-0,1	5-50	5-40	10-100
stark erhöht	20-70	0,7-3	100-300	35-80	0,1-1	50-200	40-100	100-300
extrem	70->300	>3-100	300-1000	80->250	1->15	200->700	100-700	300->900

Tabelle 10. Grenz- und Richtwerte für Schwermetalle im Boden, Trinkwasser und Klärschlamm

Grenzwerte Richtwerte	Gesetz	Einheit	As	Cd	Cr	Cu
Boden[a]	AbfKlärV	mg/kg		1,5 (1)	100	60
Trinkwasser	TVO	µg/l	40	5	50	100
Klärschlamm	AbfKlärV	mg/kg		10	900	800
Grenzwerte Richtwerte	Gesetz	Einheit	Hg	Ni	Pb	Zn
Boden[a]	AbfKlärV	mg/kg	1	50	100	200 (150)
Trinkwasser	TVO	µg/l	1	50	40	100
Klärschlamm	AbfKlärV	mg/kg	8	200	900	2500

[a] Grenzwerte in Klammern für Böden mit <5 % Ton und pH 5-6

Vor dem Hintergrund der Schwermetallbilanz (vgl. auch Wilcke und Döhler 1995) wird deutlich, daß es zukünftig vordringliches Ziel sein muß, einen Bilanzausgleich zu erreichen, indem der Schwermetalleintrag auf den Entzug reduziert wird, um die Filterleistung der Böden nicht zu erschöpfen, wie es die Untersuchungen zur langjährigen Abwasserverrieselung (Swartjes et al. 1991), Abwasserverregnung (Streck 1993) und Kompostanwendung (Sahin 1993) zeigen.

Außerdem muß geprüft werden, ob die gesetzlichen Regelungen/Grenzwerte ausreichen, einer Erschöpfung des Filters Boden vorzubeugen (Abb. 4).

Tabelle 11. Maximal zulässige Frachten für verschiedene Schwermetalle bei der Verbringung von Kompost und Klärschlamm auf der Fläche und mittlere Entzüge über pflanzliche Produkte (AbfKvO 1992, Kompostierungserlaß 1994, Wilcke und Döhler 1995)

	Cd	Cr	Cu	Hg	Ni	Pb	Zn
	g/ha·a						
Klärschlamm	17	1530	1360	14	333	1530	4250
Kompost	10	1000	750	10	500	1000	3000
Ernte	0,2	0,5	10	<0,1	3	1	70

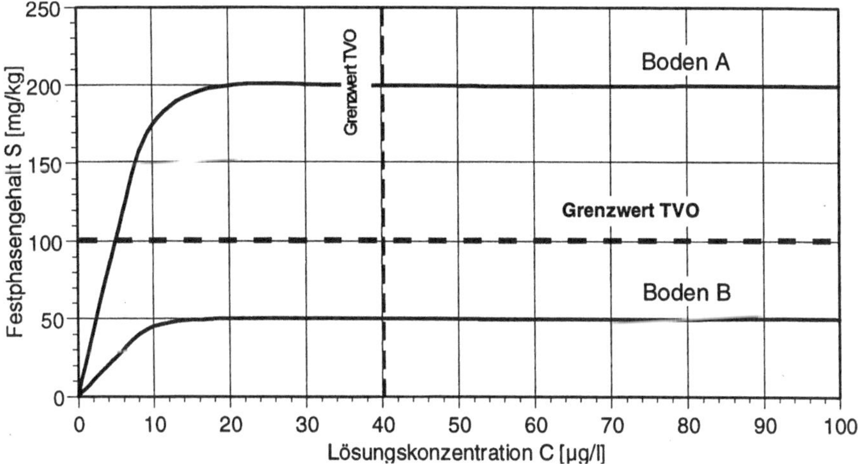

Abb. 4. Modell für das Sorptionsverhalten von Blei im Boden unter Berücksichtigung der geltenden Grenzwerte nach Klärschlammverordnung (AbfKlärV) und Trinkwasserverordnung (TVO)

In dem Modellfall (vgl. Abb. 1) handelt es sich beim Boden A um einen humus- und tonreichen Boden, der einen hohen pH-Wert und eine gute Durchlüftung besitzt. Bei diesem Boden würde ein mehrmaliges Aufbringen von Kompost/Klärschlamm zur Überschreitung des geltenden Boden-Grenzwertes führen, so daß ein Ausbringungsverbot jegliche Umweltbelastung sinnvoll einschränkt. Im Beispiel B, einem ton- und humusarmen Boden mit niedrigem pH-Wert und mangelnder Durchlüftung, ist das Adsorptionsvermögen so gering, daß das "Sättigungsniveau" unter dem gesetzlichen Grenzwert liegt. Selbst bei mehrfacher Kompostanwendung gilt der Boden als unbelastet. Das Unterbleiben eines Ausbringungsverbots muß hier zum Überschreiten des Grenzwertes der Trinkwasserverordnung führen (vgl. Scheffer und Schachtschabel 1992).

Das Beispiel verdeutlicht, daß die Berücksichtigung der Retardationseigenschaften des Bodens von großer Bedeutung für die Bewertung des Schwermetallhaushalts ist. Des weiteren sollte nicht nur der Ober-, sondern auch der Unterboden in die Bewertung mit einbezogen werden, um langfristige Verlagerungsprozesse zu erkennen.

Literatur

Blume, H.-P. (1992) Handbuch des Bodenschutzes. Ecomed Verlag, 2. Aufl., 794 S.

Fahrenhorst, C. (1993) Retardation und Mobilität von Blei, Antimon und Arsen im Boden am Fallbeispiel von Schrotschießplätzen. Bodenökologie u. Bodengenese, Heft 11, 124 S.

Fiedler, H. J., Rösler, H. J. (1993) Spurenelemente in der Umwelt. Gustav Fischer Verlag Jena, 2. Aufl., 385 S.

Fricke, K., Turk, T., Vogtmann, H. (1994) Die Qualität von Biokomposten. Müll- und Abfallbeseitigung, 6748, 20 S.

Gäth, S. (1995) Verlagerungspotentiale für Schwermetalle im Boden – Ansätze zur Regionalisierung von Schwermetallverlagerungsflächen in Hessen. Mitt. Dtsch. Bodenkundl. Ges. 76, 257-260.

Isermann, K. (1993) Cadmium-Ökobilanz der Landwirtschaft – ursachenorientierte Lösungsansätze zu ihrer weiteren Entlastung und zur Qualitätssicherung in der Pflanzen- und Tierproduktion. VDLUFA-Schriftenreihe, 37, 497-500.

Kompostierungserlaß (1994) Umweltministerium Baden-Württemberg, 10 S.

KrW/AbfG (1994) Gesetz zur Förderung der Kreislaufwirtschaft und Sicherung der umweltverträglichen Beseitigung von Abfällen – Kreislaufwirtschafts- und Abfallgesetz. dtv/Beck-Texte, 5569.

Kuntze, H., Fleige, H., Hindel, R., Wippermann, T., Filipinski, M., Grupe, M., Pluquet, E. (1991) Empfindlichkeit der Böden gegenüber geogenen und anthropogenen Gehalten an Schwermetallen – Empfehlungen für die Praxis. Bodenschutz, 1530, 86 S.

LABO (1995) Hintergrund- und Referenzwerte für Böden. Bund-Länder-Arbeitsgemeinschaft Bodenschutz (LABO), Bodenschutz, 9006, 123 S.

LAGA (1994) Qualitätskriterien und Anwendungsempfehlungen für Kompost. – Merkblatt 10 der Länderarbeitsgemeinschaft Abfall, Entwurf der LAGA-AG "Biokompost".

Poletschny, H. (1994) Organische Schadstoffe. Berichte über Landwirtschaft, Sonderheft 208, Bodennutzung und Bodenfruchtbarkeit, 6, 105-116.

Sahin, H. (1993) Einfluß langjähriger Anwendung von Müllkompost auf die chemischen und physikalischen Bodeneigenschaften sowie den Ertrag einer ackerbaulich genutzten Fläche. Wissenschaftl. Fachverlag, Gießen, 234 S.

Sauerbeck, D. (1995) Risikobewertung auf Basis der möglichen Zufuhren an Schadstoffen und ihres Verhaltens im Boden. Forum zur Förderung der landwirtschaftlichen Verwertung von kommunalem Klärschlamm in Niedersachsen., Evang. Akademie Loccum, 35-44.

Scheffer, F., Schachtschabel, P. (1992) Lehrbuch der Bodenkunde. Enke Verlag Stuttgart.

Streck, T. (1993) Schwermetallverlagerung in einem Sandboden im Feldmaßstab – Messung und Modellierung. Diss., Naturw. Fak., TU-Braunschweig, 113 S.

Swartjes, F., Fahrenhorst, C., Renger, M. (1991) Entwicklung und Erprobung eines Simulationsmodelles für die Verlagerung von Schwermetallen in wasserungesättigten Böden. Umweltbundesamt Berlin, UBA-Texte, 47/91, 152 S.

Wilcke, W., Döhler, H. (1995) Schwermetalle in der Landwirtschaft. KTBL-Arbeitspapier, 217, Darmstadt, 98 S.

Empfehlungen zur Bodenprobenahme bei Altlasten- und Verdachtsflächenuntersuchungen

Joachim Kaltwang

1   Einleitung

Mittlerweile gibt es in Deutschland eine Vielzahl von Literatur, Richtlinien, Listen usw., die sich mit der Untersuchung und Bewertung von Altlasten und Altlastenverdachtsflächen befassen. Darin wird in der Regel detailliert auf die Vorgehensweise bei der chemischen Analyse sowie auch auf die Bewertung von Analysenergebnissen eingegangen (Richtwertlisten), die Probenahme dagegen wird oft nicht oder nur am Rande erwähnt. Dies widerspricht der großen Bedeutung der Probenahme bei der Altlastenbearbeitung. Eine falsch durchgeführte Probenahme kann zu einer falschen Bewertung einer Verdachtsfläche führen, was wiederum unnütze Kosten nach sich ziehen kann (wenn z. B. fälschlicherweise Sanierungsbedarf erkannt wird) oder aber auch Schädigungen von Schutzgütern (wenn fälschlicherweise Sanierungsbedarf nicht erkannt wird).

Der Rat von Sachverständigen für Umweltfragen sieht in seinem Sondergutachten vom Februar 1995 auf dem Feld der Qualitätssicherung bei der Altlastenanalytik noch Handlungsbedarf. Er weist unter anderem auf das Fehlen von "Leitlinien für die Probenahmeplanung und Probenahme sowie Arbeitsvorschriften für die präanalytische Phase, unter anderem Probentransport, aufbewahrung und aufbereitung" hin (SRU 1995: 48).

Im folgenden soll auf einige Aspekte der Bodenprobenahme eingegangen werden. Aus der Sicht eines Anwenders der Bodenprobennahme wird erläutert, auf welche Punkte im Sinne einer Qualitätssicherung geachtet werden sollte und welche Unsicherheiten und Fehlerquellen z. Z. noch bestehen.

2   Bodenprobenahmestrategie

Viele Aspekte der Bodenprobenahme wie z. B. Probendichte, Probenmenge, Probenahmetechnik sind abhängig von der jeweils gewählten Bodenprobenahmestrategie bzw. dem Beprobungsplan. Die Bodenprobenahmestrategie wiederum ist Teil des Untersuchungskonzeptes, das abhängt (s. Abb. 1)

- vom Untersuchungsgegenstand wie z. B. Schadstoffart, Korngrößenzusammensetzung, Chemismus;
- vom Untersuchungsziel wie z. B. Gefährdungsabschätzung in bezug auf verschiedene Schutzgüter, Beweissicherung, Entsorgung von Bodenaushub, Sanierung;
- von Vorinformationen zum Untersuchungsgegenstand wie z. B. Informationen zur Nutzungsgeschichte, zum möglichen Schadstoffspektrum, zum Aufbau des Untergrundes etc.

Weiterhin muß die Bodenprobenahmestrategie sinnvoll auf andere im Rahmen des Untersuchungskonzeptes eingesetzte Untersuchungsmethoden (z. B. chemische Analysen, Grundwasseruntersuchungen, geophysikalische Untersuchungen etc.) abgestimmt sein.

Zum Beispiel wird die Bodenprobenahme bei einem Kinderspielplatz anders ablaufen als bei der Sanierung einer Grundwasserverunreinigung durch Öl, bei einer Bodenverunreinigung durch schwermetallhaltige Schlacken anders als bei einem CKW-Schaden usw.

Jede Bodenuntersuchung bedarf also einer eigenen, genau auf Untersuchungsziel, Untersuchungsgegenstand und Informationsstand zugeschnittenen Bodenprobenahmestrategie. In bestimmten Fällen können im Rahmen des Untersuchungskonzeptes Beprobungsraster zur Entnahme von Bodenproben eingesetzt werden, z. B. bei

- Erkundung einer flächenhaft verbreiteten Auffüllung,
- Auffinden einer nicht genau zu lokalisierenden Bodenverunreinigung,
- Erkundung einer diffusen Schadstoffbelastung des Oberbodens durch staubförmige Immissionen,
- Erkundung einer vermuteten Schadstoffbelastung des Oberbodens bei Hausgärten und Kleingärten.

In den meisten Richtlinien werden regelmäßige Beprobungsraster mit Probenpunktabständen von 10-50 m angegeben, wobei bei festgestellten Belastungen das Raster verdichtet werden sollte. Bezüglich der Untersuchung von vegetationsfreien Flächen auf Kinderspielplätzen werden in dem Erlaß des nordrheinwestfälischen Ministeriums für Arbeit, Gesundheit und Soziales Angaben zur Beprobungsdichte von Flächen gemacht (Tabelle 1).

Tabelle 1. Probenahmebedingungen bei der Beprobung von vegetationsfreien Flächen auf Kinderspielplätzen (aus: Ministerium für Arbeit, Gesundheit und Soziales in Nordrhein-Westfalen 1990)

	Sandkästen	Bereiche unter Spielgeräten	Wegebereiche	Vegetationsfreie Oberböden
Art der Probe		Mischprobe		
Anzahl der Mischproben	mindestens eine Probe je Material, das aufgrund seiner äußeren Beschaffenheit (Farbe, Geruch, Körnung) von anderen unterschieden werden kann (1)			
Anzahl der Einzelproben je Mischprobe	10 – 15 (2)			
Entnahmemenge je Mischprobe	> 500 g			
Flächengröße je Mischprobe	–	–	–	< 100 m²
Entnahmetiefe	Mächtigkeit der Sandauffüllung	a:Mächtigkeit des neu angeschütteten Baumaterials b:bei Boden (s. Oberböden)	maximale Eindringtiefe eines Rillenbohrers o.ä. (jedoch < 35)	< 35 cm
Entnahmeintervalle	Gesamtmächtigkeit	a:bei neu angeschüttetem Baustoff Gesamtmächtigkeit b:bei Boden oder Altauffüllung s. Oberböden	entsprechend dem Materialaufbau des Bauprofils (z.B. Deckschicht und Tragschicht)	< 0– 5 cm 5–15 cm 15–35 cm (3)
Entnahmegeräte	Nichtmetall-Handschaufel		───── od. ─────	Rillen- und Rohrbohrer (n.DIN 19672-Bl.1) und Spaten

(1) In Sandkästen: z.B. Rheinsand und Silbersand; im vegetationsfreien Umfeld: z.B. humoser Oberboden, Verwitterungslehm oder Altauffüllung; im Wegebereich: z.B. natürliche mineralische Baustoffe unterschiedlicher Körnung, industrielle Reststoffe.
(2) ansteigende Probenzahl mit zunehmender Flächengröße und Heterogenität des vegetationsfreien Bodens; die Homogenisierung sollte direkt vor Ort erfolgen.
(3) in Abhängigkeit vom Aufbau des Bodenprofils können die Lage der Grenze zwischen den Intervallen 5-15 cm und 15-35 cm variiert oder die beiden Intervalle auch zusammengefaßt werden.

Dreiecksraster sind günstiger als Rechteckraster, da weniger Probenpunkte benötigt werden.

Welcher Probenpunktabstand geeignet ist, um eine flächenhaft verbreitete Bodenmenge repräsentativ zu beproben, hängt u. a. von der Korngrößenzusammensetzung sowie von der Materialzusammensetzung der zu beprobenden Bodenmenge ab. Zum Beispiel müßte bei einer heterogen zusammengesetzten Auffüllung mit Schlacke- und Bauschuttanteilen ein dichteres Beprobungsraster gewählt werden als bei einem natürlichen, gut sortierten Flußsand. Auf die Frage, welches Beprobungsraster in welchen Fällen anzuwenden ist und welche Aussagegenauigkeit dann damit verbunden ist, wird in der Literatur in der Regel nicht eingegangen.

Zur vertikalen Probenpunktverteilung seien hier zwei Faustregeln genannt, deren Anwendung in den meisten Fällen sinnvoll ist. Das Untersuchungskonzept kann aber auch andere vertikale Probenpunktverteilungen erfordern.

1. Bohrungen erfolgen bis in eine geringdurchlässige Schicht oder bis zur Grundwasseroberfläche. Da mobile Schadstoffe sich über gering durchlässigen Schichten oder im Bereich der Grundwasseroberfläche verstärkt lateral ausbreiten, erhöht sich bei Anwendung dieser Faustregel die Wahrscheinlichkeit, eine Untergrundverunreinigung festzustellen (auch dann, wenn sich die Bohrung außerhalb der Schadstoffeintragstelle befindet).

2. Eine Probenahme erfolgt immer bei organoleptischen Auffälligkeiten, bei jedem Schichtwechsel und, wo diese Unterscheidungen nicht getroffen werden können oder größere Abstände umfassen, bei jedem Meter. Diese Faustregel entspricht weitgehend der Probenahmeempfehlung der DIN 4021, betont aber die Probenentnahme bei organoleptischen Auffälligkeiten.

3   Probenahmetechnik/Aufschlußverfahren

Bezüglich Aufschlußverfahren für Baugrunduntersuchungen und Brunnenbohrungen lagen bisher als Richtlinien nur die DIN 4021 sowie die DVGW-Merkblätter W 115 und W 121 vor. Für den Altlastenbereich sind diese Richtlinien nur bedingt anwendbar, da die Qualität der gewonnenen Bodenproben für chemische Untersuchungen bei ihrer Erstellung nicht von Interesse war. Anfang 1995 wurde vom ITVA ein Entwurf einer Arbeitshilfe "Aufschlußverfahren zur Probengewinnung für die Untersuchung von Verdachtsflächen und Altlasten" veröffentlicht. Hierin werden die Vor- und Nachteile der wichtigsten Aufschlußverfahren in bezug auf die Altlastenerkundung beschrieben, auf spezifische Fehlerquellen wird hingewiesen. Tabelle 2 zeigt zusammengefaßt die wichtigsten Stichpunkte der Arbeitshilfe.

Tabelle 2. Aufschlußverfahren zur Probengewinnung (aus: ITVA-Fachausschuß F2 1995)

| Verfahren | Durchmesser | | Güteklasse | Vorteile | Nachteile | Fehlerquellen Chemie | Erkundungsphase |
	Kern	Größtkorn					
Kleinramm-Bohrung	35–80 mm	D/5	3/2 bind. 4/3 roll.	kostengünstig schnell in Kellern, Häusern etc.	Kernverluste Stauchungen Nachfall Ausgasung	Ungenauigkeit im Profil Randkontamination Verluste flüchtiger Schadstoffe	Orientierung Abgrenzung
Rammkern-Bohrung	80–300 mm	D/3	2/1 bind. 3/2 roll.	gute Kerne auch unter Grundwasser einsetzbar	Erwärmung in festen Böden Vermischung beim Auspressen in nicht-bindigen Böden	Verluste flüchtiger Schadstoffe Verschleppung von Schadstoffen	Orientierung Abgrenzung Detail Sanierung
Schnecken-Bohrung, Rotationskernborhung	100–2000 mm 65–200 mm	D/3	4/3	kostengünstig große Durchmesser große Probenmengen	Störung der Proben Entmischung rolliger Böden ungenaue Profile Erwärmung in festen Böden	Vermischung von Probengut Verlust von Feinkorn unter Grundwasseroberfläche Verlust flüchtiger Schadstoffe	Abgrenzung (Sanierung)
Greifer-Bohrung	400–2500 mm	D/2	3 über GW 5/4 unter GW	große Durchmesser große Probenmengen auch gröbstes Material	ungenaue Profile Störung der Proben Entmischung unter GW Entsorgung	Vermischung von Probengut Verlust von Feinkorn unter Grundwasseroberfläche	Detail (Sanierung)
Schlauch-kernbohrung	800–200 mm	D/3	2/1	exakte Profile kein Luft- und Wasserzutritt zum Probenmaterial Schutz vor Entgasung	teuer Aufwand bei Transport und Öffnen anfällig gegen Störkörper	Wahl des Schlauchmaterials zu sorgloser Umgang mit Kernen	Detail Sanierung
Schurf	beliebig	—	2/1	exakte Profile Lagerung erkennbar jede Probenmenge und -güte	Arbeitsschutz Verbau Entsorgung Platzbedarf	Luftzutritt Ausgasung	Abgrenzung Detail Sanierung

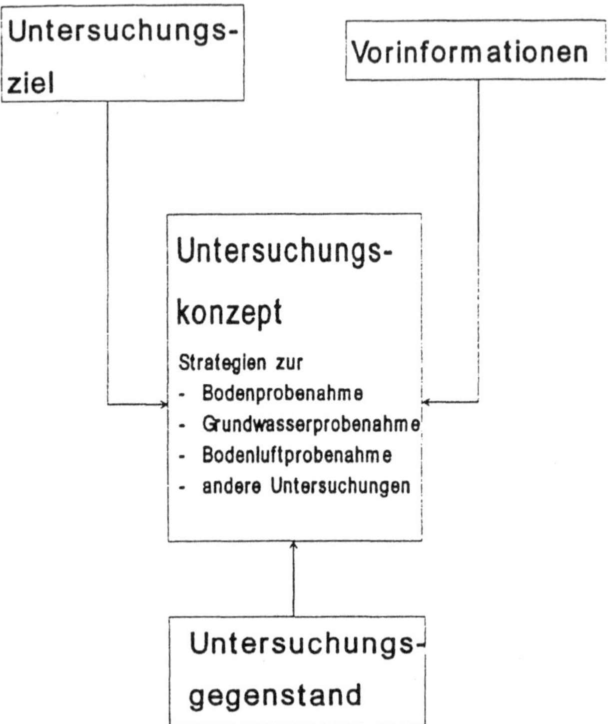

Abb. 1. Stellung der Bodenprobenahme bei der Altlastenuntersuchung

4   Probenmenge

Je heterogener das zu beprobende Bodenmaterial ist, desto größer muß die Probenmenge sein. In der Literatur werden diesbezüglich die in Tabelle 3 aufgeführten Mindestmengen angegeben. Die erforderliche Probenmenge sollte weiterhin vorab mit dem untersuchenden Labor abgestimmt werden, wobei die in Tabelle 3 aufgeführten Probenmengen in der Regel für die chemische Analytik ausreichen.

Problematisch ist es immer, heterogenes Material wie z. B. Bauschutt oder Abfall – auch bei Einhaltung der in der LAGA-Richtlinie PN 2/78 K aufgeführten Bedingungen – repräsentativ zu beproben.

Bei Kleinrammbohrungen ("Rammkernsondierungen") in grobkörnigen Boden-schichten stehen oft zu geringe Probenmengen zur Verfügung. Im Rahmen z. B. einer Orientierungsuntersuchung sollte es hier erlaubt sein, auch geringere Pro-benmengen zu verwenden. Bei wichtigen Fragestellungen jedoch sollten die ent-sprechenden Probenmengen eingehalten werden, da nur so wirklich repräsentati-ve Analysenergebnisse erreicht werden können. Gegebenenfalls muß dann ein besser geeignetes Aufschlußverfahren gewählt werden (z. B. Bohrung mit größe-rem Durchmesser oder Schurf).

Ein Problem tritt bei der Analytik auf leichtflüchtige Stoffe (z. B. CKW, BTEX) auf: Hierzu müssen direkt aus dem Bodenprofil mittels eines geeigneten Probenstechers kleine "ungestörte Proben" entnommen und sofort in ein Head-space-Glas für die spätere gaschromatographische Analyse überführt werden. Ein Headspace-Glas hat nur ein Volumen von wenigen Millilitern, daher können grobkörnige Bodenproben nicht repräsentativ beprobt werden.

Tabelle 3. Literaturangaben zu Mindestmengen für Bodenproben

Durchmesser Größtkorn (mm)	Probenmenge in g nach DIN 18 123 (Korngrößenbestimmung)	Probenmenge in g nach LAGA-Richtlinie PN 2/78 (Abfälle und abgelagerte Stoffe) nach Formel G (kg) = 0,06 x d (mm)
2	150	120
5	300	300
10	700	600
20	2000	1200
30	4000	1800
40	7000	2400
50	12000	3000
60	18000	3600

Probenahme nach DIN 4021 (Aufschluß durch Schürfe und Bohrungen): 1 l

Probenahme nach LAGA-Regeln (1994): Anforderungen an die stoffliche Verwertung von mineralischen Reststoffen/Abfällen – Technische Regeln
- in der Regel: 2000 g
- wenn untersuchungsbestimmte Parameter
  ausgeschlossen werden können: 500 g
- bei hohem "Grobkornanteil: 5000 g

5   Probenentnahme aus dem Bodenprofil – Probenbehälter, Probentransport, Probenlagerung

Die Bodenproben sollten nach der Entnahme schnell in ein geeignetes Gefäß überführt werden. Die Art des Probenbehälters, der Probentransport und die Probenlagerung sollten vorab mit dem untersuchenden Labor abgestimmt werden. Das Probenahmegefäß sollte gegenüber dem zu untersuchenden Schadstoff inert sein. Bewährt haben sich luftdicht verschließbare Glasgefäße. Die Gefäßgröße richtet sich nach der zu entnehmenden Menge und sollte so gewählt werden, daß das Probengefäß möglichst gut gefüllt ist. Transportiert und gelagert werden sollten die Proben tiefgefroren oder gekühlt (bei 4 °C) und dunkel. Die chemische Analyse sollte möglichst bald nach der Probenahme erfolgen.

Bei der Entnahme von Bodenproben aus Bohrkernen sollte das Material, das mit der Bohrlochwand oder mit dem Bohrmaterial in Kontakt gekommen ist, verworfen werden.

Um Schadstoffverschleppungen zu vermeiden, müssen sämtliche Probenahmewerkzeuge sorgfältig gereinigt werden (Lappen, Bürste, Leitungswasser, ggf. Aceton).

Zur Einsparung von Analysenkosten werden häufig Mischproben gebildet, wobei die Einzelproben stets aus Material gleicher Zusammensetzung aufgebaut sein sollten. Bezüglich der Untersuchung von vegetationsfreien Flächen auf Kinderspielplätzen werden in dem Erlaß des nordrhein-westfälischen Ministeriums für Arbeit, Gesundheit und Soziales Angaben zur Mischprobenbildung gemacht (s. Tabelle 1). In der allgemeinen Altlastenerkundung gibt es aber zur Zeit in Deutschland bei Mischproben noch keine einheitliche Vorgehensweise. Zum Beispiel ist nicht klar, welche Bodenmenge jede Einzelprobe umfassen sollte und wieviele Einzelproben zu einer Mischprobe zusammengefaßt werden dürfen, um eine beprobte Bodenmenge noch zu repräsentieren.

Bei leichtflüchtigen Schadstoffen (z. B. CKW, BTEX) dürfen keine Mischproben gebildet werden. Es müssen direkt aus dem Bodenprofil mittels eines geeigneten Probenstechers kleine "ungestörte Proben" entnommen und sofort in ein Headspace-Glas für die spätere gaschromatographische Analyse überführt werden. Die Analyse sollte noch am gleichen Tag erfolgen.

Zur Zeit befaßt sich der Fachausschuß F2 des ITVA mit dem Thema "Mischproben". Bei großen Probenmengen, z. B. bei Baggerschürfen oder Greiferbohrungen, ist vor Ort eine Probenteilung notwendig. Diese sollte durch Vierteln und Verwerfen vorgenommen werden (Abb. 2). Die Entnahme und Lagerung von Rückstellproben ist nur bei nichtflüchtigen Schadstoffen sinnvoll.

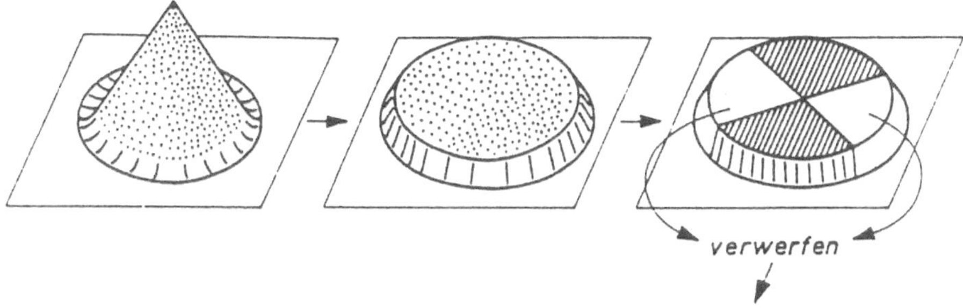

Abb. 2. Teilung von Bodenproben (aus Schroll 1975)

6   Dokumentation

Bei jeder Bodenprobenahme sollten mindestens die folgenden Parameter dokumentiert werden:

- Lage: Ausmessen mit Maßband oder Meßrad (kein "Abschreiten") ausgehend
  von Orientierungspunkten im Gelände, Eintragen auf Karte (Maßstab überprüfen); bei Fehlen von Orientierungspunkten geodätische Einmessung;
- Höhe: Einmessen der Probenahmetiefe im Profil mittels Zollstock, Einmessen der Oberkante des beprobten Profils mit Nivelliergerät ausgehend von
  Höhenfestpunkt oder sonstigem Hilfspunkt (z. B. Kanaldeckel);
- Bodenprofil: Bei der Beschreibung des Bodenprofils sollten neben den in der
  DIN 4022 geforderten Parametern wie Korngröße, Farbe etc. besonders auch
  erkennbare Verunreinigungen oder sonstige Auffälligkeiten (Ölgeruch,
  Lösungsmittelgeruch, Verfärbungen, Schlacken etc.) notiert werden. Diese
  "organoleptische Ansprache" ist ein wichtiger Bestandteil der Probenahme,
  mit dem die Bodenanalyse sinnvoll ergänzt oder überprüft werden kann.
  Allerdings bestehen, insbesondere bei der Feststellung des Geruchs einer
  Probe, hinsichtlich des Arbeitsschutzes Bedenken, da die betreffende Person
  dann toxischen Stoffen ausgesetzt ist.
- Probenmenge;
- Probenbehälter (Material, Größe, Lagerung);
- Entnahmedatum;
- Name des Probenehmers.

SCHICHTENVERZEICHNIS			Anlage:		Blatt:
			Datum:		
Projekt:			Projektnummer:		
Bohrung/Schurf:			Bearbeiter:		

Bis ...m unter Ansatz-punkt	a) Benennung und Beschreibung der Schicht / ergänzende Bemerkungen / organoleptische Auffälligkeiten			Wasserführung Kernverlust Bohrdurchmesser Bohrfortschritt (Sonstiges)	Probenahme	
					Art/Nr.	Tiefe [m] OK-UK
	b) Beschaffenheit nach Bohrgut	c) Beschaffenheit nach Bohrvorgang	d) Farbe			
	e) Geologische Bezeichnung	f) Gruppe	g) Kalkgehalt			
	a)					
	b)	c)	d)			
	e)	f)	g)			
	a)					
	b)	c)	d)			
	e)	f)	g)			
	a)					
	b)	c)	d)			
	e)	f)	g)			
	a)					
	b)	c)	d)			
	e)	f)	g)			
	a)					
	b)	c)	d)			
	e)	f)	g)			

Abb. 3. Vorschlag für Schichtenverzeichnis (aus BDG-Arbeitsgruppe Bodenprobenahme 1995)

a) Benennung und Beschreibung der Schicht / ergänzende Bemerkungen/ organoleptische Auffälligkeiten		b) Beschaffenheit nach Bohrgut (Konsistenz) Bei bindigen Böden	f) Gruppe Bodengruppe nach DIN 18 196	
Auffüllung	A	breiig	Terrassenschotter	GI
Oberbegriffe:				
Versiegelung	VS	weich	Tertiärsand	SE
Hausmüll	HM			
Erdaushub	Erd	steif (leicht plastisch)	Terrassensand	SW
Industriemüll	IM			
		halbfest (mittel plastisch)	Hangschutt	GU
Gemengteile:				
Bauschutt	B	fest (stark plastisch)	Auenlehm	SU
Ziegelstein	Zst			
Beton (-bruch)	Be	bröckelig	Löß	UL
Teer-, Dachpappe	Tp			
Kabel (-reste)	Kb	geschichtet	Lößlehm	TM
Glas (-bruch)	Gl			
Schotter	So	dünnschichtig		
Asche	Ash			
Ziegelbruch	Zb	verkittet	**g) Kalkgehalt**	
Schlacke	Sl			
Holz (-reste)	Hz		kalkfrei	0
Plastik (-teile)	Pl	**c) Beschaffenheit nach Bohrvorgang**	kalkhaltig	+
Splitt	Sp		stark kalkhaltig	++
Metall (-teile)	Me	leicht zu bohren		
Steine und Fels		mittel zu bohren		
Steine, Blöcke	X	schwer zu bohren		
Reine mineralische Bodenarten		Bohrer sackt durch	**Wasserführung, Kernverlust, Bohrdurchmesser, Bohrfortschritt**	
Kies — Grobkies	gG	Hindernisse		
Mittelkies	mG		**Wasserführung**	
Feinkies	fG		trocken	
Sand — Grobsand	gS		erdfeucht	
Mittelsand	mS		feucht	
Feinsand	fS		klopfnaß	
Schluff	U	**d) Farbe**	naß	
Ton	T			
		weiß, grau, rot, gelb, braun, grün, schwarz, graubraun, gelbgrau;	**Bohrfortschritt, Kernverlust**	
Zusammengesetzte mineralische Bodenarten		rostiggefleckt	Endteufe erreicht	EE
			kein Bohrfortschritt	KBF
Kies, sandig	G,s	grünstreifig	Bohrung abgebrochen	BA
Feinkies und Grobsand	fG,gS		Kernverlust	KV
Grobsand, mittelsandig	gS,ms	braunmarmoriert		
Sand, stark feinkiesig	S,fg+		**sonstiges**	
Schluff, schwach feinsandig	U,fs–		Aufstemmen	
Organische Bodenarten			Handschachtung	
Humus, Mudde, Torf, Kohle	h,Fm,H,K	**e) Geologische Bezeichnung**		
organoleptische Auffälligkeiten		Auffüllung		
Kohlenwasserstoffe	KW	Nieder-, Mittel-, Hauptterrasse	**Probenahme**	
Vergaserkraftstoff	VK	Hangschutt	**Probenart:**	
Polycyclische Aromatische Kohlenwasserstoffe	PAK	Löß	Glas	GL
Lösungsmittel	LM	Lößlehm		
Fäulnisgeruch	FG	Sandlöß	Head-Space	HS
unbekannter Geruch	G?	Geschiebemergel		
Geruch nicht vorhanden	o		Sonderprobe	SP
Anteil/Geruch schwach	+	Auenlehm		
Anteil/Geruch deutlich	++		Stechzylinder	SZ
Anteil/Geruch stark	+++		Kunststoffeimer (mit Deckel)	KE

Abb. 4. Vorschlag für Legende (aus BDG-Arbeitsgruppe Bodenprobenahme 1995)

7   Vorschlag für Schichtenverzeichnis

Für die Darstellung von Bohrergebnissen, Schürfen und Aufschlüssen werden im allgemeinen die DIN 4022 Teil 1 und Teil 3 (für Lockersedimente) sowie die DIN 4023 herangezogen. Diese Normen für die Bereiche Baugrund, Grundwasser und Wasserbohrung sind jedoch für das Aufgabengebiet der Umweltgeologie nicht immer ausreichend. In den hier angetroffenen Bodenproben sind oft vielfältige und äußerst unterschiedliche Anteile an ortsfremden natürlichen (z. B. Schotter, Holz) oder künstlichen (Aschen, Bauschutt, Abfall etc.) Beimengungen enthalten. Diese Beimengungen müssen aber möglichst genau beschrieben werden, da sie z. B. wichtig für die Analysenstrategie oder für die allgemeine Bewertung einer Verdachtsfläche sind (s. Abschnitt 6).

In Ermangelung einer geeigneten Vorgabe werden daher immer wieder Versuche unternommen, allein mit den vorhandenen Normen die komplexen Sachverhalte der Umweltgeologie darzustellen. Durch die Anwender ist aus der Not heraus eine Vielfalt an Darstellungsformen für Bohrprofile und Schichtenverzeichnisse entstanden.

Im Hinblick auf die Vergleichbarkeit von Daten sowie auf ihre Weiterverarbeitung mit der EDV besteht hier die Notwendigkeit einer einheitlichen Regelung. In Abb. 3 wird ein Vorschlag für ein Schichtenverzeichnis vorgestellt, der von der Arbeitsgruppe Bodenprobenahme des BDG erarbeitet wurde.

Es wird vorgeschlagen, bei der Beschreibung der Gemengteile wie bei der Aufzählung der Kornfraktionen vorzugehen und eine der Häufigkeit angepaßte Abstufung in der Reihenfolge der Benennung einzuhalten. Ist zur Charakterisierung eine weitere quantitative Beschreibung notwendig, sollte hierfür analog zu den Kurzzeichen für die Bestimmung des Kalkgehalts eine Kennzeichnung erfolgen, die als Zusatz der qualitativen Bestimmung angefügt ist (z. B. LM++: deutlicher Lösungsmittelgeruch, vgl. Legende in Abb. 4).

8   Anforderungen an den Probenehmer

Der Bodenprobenehmer sollte in der Lage sein,

- die handwerklichen Fertigkeiten, die bei der Bodenprobenahme eine Rolle spielen, auszuführen: Arbeiten im Freien, Führen eines Kfz, Abteufen von Kleinrammbohrungen, Pflege und Reinigung des Bohrwerkzeugs, sauberes Arbeiten bei der Entnahme von Bodenproben aus dem Bodenprofil und fachgerechtes Verfüllen in entsprechende Behälter etc.

– die Dokumentation der Bodenprobenahme auszuführen: Beschriften der Probenbehälter, DIN-gerechte Beschreibung des Bodenprofils und Erstellen eines Schichtenverzeichnis, lage- und höhenmäßiges Einmessen etc.;
– die Bodenprobenahmestrategie zu verstehen und ggf. – abhängig von Untersuchungsergebnissen oder sonstigen Umständen – zu ändern und der neuen Situation anzupassen. Zum Beispiel kann eine Bodenprobe an der ursprünglich geplanten Stelle wegen eines Bohrhindernisses nicht entnommen werden. In diesem Fall muß der Probenahmepunkt sinnvoll neu festgelegt oder vielleicht auch weggelassen werden, oder die Probenahmestrategie muß geändert werden, weil z. B. bei der Untersuchung eines Ölschadens zusätzlich noch eine Verunreinigung durch Lösemittel angetroffen wurde. Daher ist es immer sinnvoll, insbesondere bei komplizierten Fällen, wenn auch der Gutachter bei der Bodenprobenahme vor Ort ist bzw. wenn Probenehmer und Gutachter eine Person sind.

Literatur

BDG-Arbeitsgruppe "Bodenprobenahme" (1995) Empfehlungen zur Bodenprobenahme bei Altlasten- und Verdachtsflächenuntersuchungen. Schriftenreihe des BDG, Heft 13, 77 S. Bonn.

DIN 4021 (1990) Aufschluß durch Schürfe und Bohrungen sowie Entnahme von Proben, 27 S. Beuth Verlag (Berlin).

DIN 4022 Teil 1 (1987) Benennen und Beschreiben von Boden und Fel,. 20 S. Beuth Verlag (Berlin).

DIN 4022 Teil 3 (1982) Benennen und Beschreiben von Boden und Fels. Schichtenverzeichnis für Bohrungen, 5 S. Beuth Verlag (Berlin).

DIN 4023 (1984) Baugrund- und Wasserbohrungen. Zeichnerische Darstellung der Ergebnisse, 11 S. Beuth Verlag (Berlin).

DIN 18 123 (1983) Erd- und Grundbau; Bodenklassifikation für bautechnische Zwecke und Methoden zum Erkennen von Bodengruppen. Beuth Verlag (Berlin).

DVGW-Merkblatt W 115 (1977) Bohrungen bei der Wassererschließung. DVGW Deutscher Verein des Gas- und Wasserfaches e.V., 15 S. Eschborn.

DVGW-Merkblatt W 121 (1988) Bau und Betrieb von Grundwasserbeschaffenheitsmeßstellen. DVGW Deutscher Verein des Gas- und Wasserfaches e.V., 19 S. Eschborn.

ITVA-Fachausschuß F2 (1995) Entwurf der Arbeitshilfe "Aufschlußverfahren zur Probengewinnung für die Untersuchung von Verdachtsflächen und Altlasten" des ITVA-Fachausschusses F2 "Probenahme", Altlastenspektrum 1/95, 45-53.

LAGA (1994) Anforderungen an die stoffliche Verwertung von mineralischen Reststoffen/Abfällen. Technische Regeln. Stand: 1. März 1994, 58 S.

LAGA (1978) Richtlinie für das Vorgehen bei physikalischen und chemischen Untersuchungen im Zusammenhang mit der Beseitigung von Abfällen: Teil PN 2/78 K: Grundregeln für die Entnahme von Proben aus Abfällen und abgelagerten Stoffen, 12 S.

Ministerium für Arbeit, Gesundheit und Soziales in Nordrhein-Westfalen (1990) Metalle auf Kinderspielplätzen, 10 S.

Schroll, E. (1975) Analytische Geochemie, Bd. I Methodik. Enke, Stuttgart.

SRU (1995) Altlasten II, 285 S.; Metzler-Poeschel, Stuttgart.

Fallbeispiel 1
Untersuchungsgegenstand/Vorinformationen:
Vermutete Ölverunreinigung im Lockergestein mit bekannter Eintragstelle

Untersuchungsziel:
Gefährdungsabschätzung im Hinblick auf das Schutzgut Grundwasser

Probenahmetechnik:
Kleinrammbohrungen (Rammkernsondierungen, $d \leq 50$ mm) oder Baggerschürfe
bis zur Grundwasseroberfläche (oder bis zu einer stauenden Schicht), auf der sich
Öl lateral ausbreiten würde.

Die Bohrtiefe von Kleinrammbohrungen ist auf ca. 10 m begrenzt, was in den
meisten Fällen ausreicht. Unter günstigen Bedingungen sind noch größere Bohrtiefen möglich. Der Vortrieb sollte meterweise erfolgen, um Bohrgutverluste und
Bohrkernstauchungen gering zu halten. Kleinrammbohrungen sind in der Regel
schnell, kostengünstig und auch an schwer zugänglichen Punkten durchzuführen.

Aus den Bohrsonden können gestörte Bodenproben in ausreichender Menge
und Qualität entnommen werden.

Vor der Beprobung sollten Randbereiche des Bohrkerns verworfen werden, da
dort am ehesten Einflüsse durch Bohrwerkzeuge zu erwarten sind.

Horizontale Probenverteilung:
Im vermuteten Randbereich der Eintragstelle sollte der Rasterabstand ca. 5-10 m
betragen, ggf. sollte verdichtet werden (z. B. in grobem Kies, wo sich Öl in der
ungesättigten Zone nach einem Eintrag lateral kaum ausbreitet).

Vertikale Probenverteilung:
Entnahme von gestörten Proben nach organoleptischen Auffälligkeiten bzw. bei
Schichtwechsel bzw. meterweise (wenn gleichförmige Schichten > 1 m)

Untersuchungsparameter:
Falls die Zusammensetzung des Schadstoffs noch nicht bekannt ist, zunächst
qualitative Bestimmung der relevanten Kohlenwasserstoffe (z. B. durch gaschromatographische Kohlenwasserstoffverteilung an stark belasteter Bodenprobe).
Davon abhängig geeignete Methode zur quantitativen Bestimmung der Mineralölkohlenwasserstoffe (z. B. Bestimmung der unpolaren Kohlenwasserstoffe in
Anlehnung an DEV H 18 oder nach LAGA KW85) an geeigneten Bodenproben.

Weitere zu prüfende Untersuchungstechniken/Maßnahmen:
- Baggerschürfe: Bei frischen Ölverunreinigungen kann evtl. gleich durch
  Auskofferung saniert werden. In diesem Fall können Bodenproben aus der
  entstandenen Grubenwand entnommen werden. Weiterhin können zur Ab-

grenzung und Beweissicherung Bodenproben aus Baggerschürfen in unbelasteten Untergrundbereichen entnommen werden.
- Geophysikalische Untersuchungen: Methoden zur Kartierung der Ölverunreinigung (evtl. vor Bodenprobenahme oder ergänzend dazu).
- Bau von Grundwassermeßstelle(n) und Grundwasseranalyse(n) (notwendig zur eindeutigen Klärung, ob Grundwassergefährdung vorliegt oder nicht).

Fehlermöglichkeiten/Probleme:
- Bakterieller Abbau von Kohlenwasserstoffen in der Bodenprobe durch zu lange Lagerzeit/falsche Lagerung.
- Durchbohren/Durchteufen von stauenden Schichten im Schadenszentrum, dadurch Schaffung von Durchlässigkeiten und Vergrößerung der Untergrundverunreinigungen.
- Verschleppung von Schadstoffen durch ölkontaminiertes Gerät. Ölverunreinigtes Gerät sollte daher gründlich gereinigt werden. (Labortücher, Leitungswasser, evtl. Aceton).
- Herabtropfendes Öl oder Abgase des Motorhammers können Bodenproben kontaminieren. Daher sollten zum Abteufen der Kleinrammbohrungen Elektrohämmer eingesetzt werden.
- Schaffung von Bodenverunreinigungen durch einsickerndes Öl aufgrund unsachgemäßer Lagerung von Bodenaushubmaterial (bei Baggerschürfen).

Fallbeispiel 2
Untersuchungsgegenstand/Vorinformationen:
Vermutete CKW-Verunreinigung im Lockergestein mit bekannter Eintragstelle

Untersuchungsziel:
Gefährdungsabschätzung im Hinblick auf das Schutzgut Grundwasser

Probenahmetechnik:
Ungesättigte Zone: Kleinrammbohrungen (Rammkernsondierungen, d < =50 mm)

Die Bohrtiefe von Kleinrammbohrungen ist auf ca. 10 m begrenzt, was in den meisten Fällen ausreicht. Unter günstigen Bedingungen sind noch größere Bohrtiefen möglich. Der Vortrieb sollte meterweise erfolgen, um Bohrgutverluste und Bohrkernstauchungen gering zu halten. Kleinrammbohrungen sind in der Regel schnell, kostengünstig und auch an schwer zugänglichen Punkten durchzuführen. Gesättigte und ungesättigte Zone: Kernbohrungen mit Schlauch oder Liner (bis zum Grundwasserstauer)

Nach dem Ziehen der Sonde bzw. nach dem Öffnen des Schlauchs/Liners sofortige Entnahme der Bodenproben, um die Ausgasung der Bodenproben möglichst gering zu halten. Vor der Probenentnahme den Randbereich des Bohrkerns verwerfen. Sofortige Überführung der Bodenprobe in Headspace-Flaschen, welche luftdicht mit einer Deckelzange verschlossen werden. Auf keinen Fall sollten Mischproben hergestellt werden.

Horizontale Probenverteilung:
Im vermuteten Randbereich der Eintragstelle sollte der Rasterabstand ca. 5-10 m betragen, ggf. sollte verdichtet werden (z. B. in grobem Kies, wo sich der Schadstoff in der ungesättigten Zone nach einem Eintrag lateral kaum ausbreitet).

Vertikale Probenverteilung:
Entnahme von gestörten Proben nach organoleptischen Auffälligkeiten bzw. bei Schichtwechsel bzw. meterweise (wenn gleichförmige Schichten > 1 m)

Untersuchungsparameter:
Gaschromatographisch auf chlorierte Kohlenwasserstoffe

Weitere zu prüfende Untersuchungen/Maßnahmen:
- Baggerschürfe: Bei frischen CKW-Verunreinigungen kann evtl. gleich durch Auskofferung saniert werden. In diesem Fall können Bodenproben aus der entstandenen Grubenwand entnommen werden. Wegen der ausgasenden Schadstoffe muß bei einer Begehung besonders auf Arbeitsschutzvorkehrungen geachtet werden (s. Richtlinien der Bauberufsgenossenschaft). Zur Abgrenzung und Beweissicherung können Bodenproben aus Baggerschürfen in unbelasteten Untergrundbereichen entnommen werden.
- Wenn möglich, sollten Bodenluftuntersuchungen durchgeführt werden, die in der ungesättigten Zone bei gut bis mittel durchlässigem Substrat zur Feststellung und Eingrenzung einer CKW-Verunreinigung besser als die Bodenprobenahme geeignet sind und diese ggf. ersetzen können.
- Geophysikalische Methoden zur Kartierung der CKW-Verunreinigung (evtl. vor Bodenprobenahme oder ergänzend dazu),
- Bau von Grundwassermeßstelle(n) und Grundwasseranalyse(n) (notwendig zur eindeutigen Klärung, ob Grundwassergefährdung vorliegt).

Fehlermöglichkeiten/Probleme:
- Durchbohren/Durchteufen von stauenden Schichten im Schadenszentrum, dadurch Schaffung von Durchlässigkeiten und Vergrößerung der Untergrundverunreinigungen.
- Verschleppung von Schadstoffen durch kontaminiertes Gerät. Verunreinigtes Gerät sollte gründlich gereinigt werden (Labortücher, Leitungswasser, evtl. Aceton).
- Verflüchtigen von Schadstoffen aufgrund zu langsamer Probenahme.
- Verflüchtigen von Schadstoffen aufgrund zu langer Lagerung. Auf CKW zu untersuchende Bodenproben sollten daher noch am gleichen Tag analysiert werden.
- Verflüchtigen von Schadstoffen durch Herstellung von Mischproben.

– Gesundheitsgefährdungen bei Probenahme z. B. durch Einatmen von Schadstoffen. Besonders bei Schürfen sollten entsprechende Schutzvorkehrungen vorgesehen werden (insbesondere Atemschutz, s. Richtlinien der Bau-Berufsgenossenschaft).

Fallbeispiel 3
Untersuchungsgegenstand/Vorinformationen:
Kinderspielplatz mit vermuteter Schlackebelastung

Untersuchungsziel:
Gefährdungsabschätzung im Hinblick auf die menschliche Gesundheit bei einer Nutzung als Kinderspielplatz

Probenahmetechnik:
Spatenschürfe/Stechrahmen bis ca. 0,3 m

Horizontale Probenverteilung:
Beprobung von Spielsand, vegetationsfreien Flächen, Raster:

Vertikale Probenverteilung:
Entnahme von gestörten Proben von 0,0-0,1 m und 0,1-0,3 m.

Untersuchungsparameter:
in der Schlacke vermutete Stoffe (z. B. Schwermetalle, PAK, Arsen)

Weitere zu prüfende Untersuchungen:
 – Bodenluftuntersuchungen bei Verdacht auf leichtflüchtige Schadstoffe,
 – Kleinrammbohrungen (Rammkernsondierungen) bei Verdacht auf relevante Verunreinigungen des tieferen Untergrundes.

Fehlermöglichkeiten/Probleme:
Verschleppung von Schadstoffen durch kontaminiertes Gerät. Verunreinigtes Gerät sollte gründlich gereinigt werden (Labortücher, Leitungswasser, evtl. Aceton).

Fallbeispiel 4
Untersuchungsgegenstand/Vorinformationen:
Bodenaushub mit vermuteter Schlackebelastung
Untersuchungsziel:
Klärung der Entsorgung von Bodenaushub, der bei einer Baumaßnahme anfällt

Probenahmetechnik:
 – Rammkernsondierungen (50 mm) bis zur Baugrubensohle,
 – Baggerschürfe bis zur Baugrubensohle.

Horizontale Probenverteilung (gemäß LAGA-Regeln 1994):
Bei Flächenbauwerken: 20-40 m,
bei Linienbauwerken: 50-200 m,
bei kleinflächigen Bauwerken (100-400 m^2): mindestens 4 Beprobungspunkte.

Untersuchungsparameter:
In der Schlacke vermutete Stoffe (z. B. Schwermetalle, PAK, Arsen)

Weitere zu prüfende Untersuchungen:
Bei Bodenaushubmaßnahmen werden in der Regel vorab geotechnische Bodenuntersuchungen zur Gründungsbeurteilung etc. durchgeführt. Die hierfür mittels Schürfen oder Rammkernsondierungen gewonnenen Bodenproben sollten aus Gründen der Kostenersparnis möglichst auch für chemische Analysen verwendet werden.

Fehlermöglichkeiten/Probleme:
Bei Baggerschürfen: Schurf muß begehbar abgesichert sein (gemäß DIN 4124), evtl. aufwendiger Arbeitsschutz, evtl. hohe Entsorgungskosten für kontaminierten Bodenaushub, begrenzte Maximaltiefe (ca. 6 m bzw. bis zur Grundwasseroberfläche).

Faustregeln:
  1. Eine Probenahme erfolgt immer bei organoleptischen Auffälligkeiten, bei jedem Schichtwechsel und, wo diese Unterscheidungen nicht getroffen werden können oder größere Abstände umfassen, bei jedem Meter.
  2. Kleinrammbohrungen erfolgen bis in eine gering durchlässige Schicht oder bis zur Grundwasseroberfläche.

Literatur

ITVA (Arbeitshilfe "Aufschlußverfahren zur Probengewinnung für die Untersuchung von Verdachtflächen und Altlasten") (1994) Altlastenspektrum, 4. Jahrgang, Heft 1. Berlin.
ZH 1/183 Richtlinien für Arbeiten in kontaminierten Bereichen. Bau-Berufsgenossenschaft, Ausgabe 4/1992, Auflage 1993.
Metalle auf Spielplätzen (1991) Runderlaß des Ministeriums für Arbeit, Gesundheit und Soziales Nordrhein-Westfalen.

Technische Regel Boden – Anforderungen an die Verwertung und Folgerungen für die Verwertung

Wilhelm Vorbröker

Allgemeines
Allgemeine Vorbemerkungen zum Umgang mit Böden

Böden sind für Menschen in mehrfacher Hinsicht von existentieller Bedeutung, denn sie werden in vielfacher Weise in Anspruch genommen. Sie sind vielfältigen Umwelteinwirkungen ausgesetzt, die ihre Funktionstüchtigkeit früher oder später, vorübergehend oder nachhaltig beeinträchtigen können.

Böden werden vor allem durch Landwirtschaft, Industrie, Handel und Gewerbe, für Erholung, Wohnen und Verkehr genutzt. Sie unterliegen daher in der Regel einer zeitlich aufeinanderfolgenden Mehrfachnutzung.

Böden sind ein nicht vermehrbares Schutzgut. Schädigungen sind nach dem heutigen Stand von Wissenschaft und Technik nahezu irreparabel.

Dennoch unterliegen Böden bei weitem nicht der Aufmerksamkeit und bewußten Wertschätzung durch den Menschen wie die anderen Umweltmedien, z. B. Wasser und Luft.

Ursache und Entstehung von belasteten (verunreinigten) Böden

Die Ursache des Entstehens von anthropogen belastetem (verunreinigtem) Boden ist eng mit der Entwicklung der modernen Industrie- und Konsumgesellschaft, der betrieblichen Praxis und der Praxis der Abfallbeseitigung in früheren Jahren verbunden.

Der Umgang mit umweltgefährdenden Stoffen auf den Geländen früher betriebener Anlagen der gewerblichen Wirtschaft oder öffentlicher Einrichtungen ist eine andere Ursache für die Verunreinigungen der Böden und des Untergrundes, die im Zusammenhang mit der Bebauung dieser Flächen zutage treten und nunmehr eine Entsorgung des angefallenen Bodenaushubs verlangen.

Durch die Unterbewertung des Gefährdungspotentials, durch den oft sorglosen und leichtfertigen Umgang nicht nur mit Abfällen, sondern auch mit Betriebsstoffen und Produkten, durch undichte Leitungs- und Kanalsysteme sowie beim Abbruch von Betriebsanlagen kam es zu Verunreinigungen von Böden und Untergrund auf dem Betriebsgelände und in dessen Umgebung.

Über die Langzeitwirkung der abgelagerten Abfälle und insbesondere über die Möglichkeit des Austritts von Schadstoffen in die Umwelt wurde nicht nachgedacht. Die Selbstreinigungskräfte von Untergrund und Grundwasser wurden überschätzt. Man ging davon aus, daß die Reinigungsleistung der Böden sowie des Untergrundes und die Verdünnung im Grundwasser ausreichen würden, um weitreichende Folgen zu verhindern. Gestützt wurden diese Ansichten durch die damaligen Grenzen der Analytik. Konzentrationen im Mikrogrammbereich und darunter konnten nicht gemessen und eine Vielzahl, vor allem organischer Schadstoffe, mangels geeigneter Meßverfahren nicht einmal erkannt werden.

Technische Regel zur Verwertung von Böden

Aufbau und Inhalt des Regelwerks

In allen Bundesländern gibt es sowohl von der Seite der zuständigen Behörden als auch von der betroffenen Wirtschaft eine Vielzahl von Aktivitäten mit dem Ziel, Reststoffe bzw. Abfälle in den Stoffkreislauf zurückzuführen und als Sekundärrohstoffe zu verwerten. Bei der Umsetzung dieser Ziele besteht häufig das Problem, daß es keine einheitlichen Grundsätze zur Untersuchung und Bewertung dieser Stoffe aus ökologischer Sicht gibt bzw. bestehende Regelungen präzisiert werden müssen. Um sicherzustellen, daß es in den einzelnen Bundesländern nicht zu einer unterschiedlichen Beurteilung und Behandlung derartiger Verwertungen kommt, wurde auf Beschluß der 37. Umweltministerkonferenz am 21./22. 11. 1991 und der 57. Sitzung der Länderarbeitsgemeinschaft Abfall (LAGA) am 27./28. 11. 1991 die Bund-/Länder-Arbeitsgruppe "Vereinheitlichung der Untersuchung und Bewertung von Reststoffen" eingerichtet, die unter Berücksichtigung geltender Regelungen für ausgewählte Materialien einheitliche Kriterien für die Verwertung von mineralischen Abfällen/Reststoffen entwickelte. Das Regelwerk ist in drei Teile gegliedert:

Teil I: "Allgemeiner Teil"
beschreibt die übergreifenden Verwertungsgrundsätze und Rahmenbedingungen, die unabhängig vom jeweiligen Reststoff/Abfall zu beachten sind.

Als übergreifende Verwertungsgrundsätze gelten:

- Die Verwertung von Reststoffen/Abfällen darf keine unvertretbaren
  Umweltbeeinträchtigungen verursachen,
- die Abfallmengen müssen reduziert und damit Deponien entlastet,
- Primärstoffe und Energie eingespart und damit
- Natur und Landschaft geschont werden.

Teil II: "Technische Regeln für die Verwertung"
enthält die für die einzelnen Reststoffe/Abfälle stoffspezifisch erarbeiteten "Technischen Regeln für die Bewertung und Verwertung". Diese Systematik erlaubt es, nach einer einheitlichen Gliederung je nach Bedarf und Priorität die Reststoffe/Abfälle aufzunehmen, die einer Verwertung zugeführt werden sollen. Damit ist sowohl eine Fortschreibung als auch eine Aktualisierung nach einheitlichen Grundsätzen möglich.

Die in den Technischen Regeln festgelegten Zuodnungskriterien und -werte sind Vorsorgewerte, die vor allem aus der Sicht des Boden- und Grundwasserschutzes festgelegt wurden.

Teil III: "Probenahme und Analytik"
beschreibt die Voraussetzungen für die Vereinheitlichung der Untersuchung und Bewertung von mineralischen Reststoffen/Abfällen und die anerkannten Verfahren für die Probenahme, die Probenaufbereitung und die Analytik.

Rechtliche Grundlagen und Rahmenbedingungen

Die wesentlichen rechtlichen Grundlagen und Rahmenbedingungen für die Regelung der Verwertung von Abfällen und Reststoffen ergeben sich aus:

a. dem Bundes-Immissionsschutzgesetz (BImSchG)
   Für die Reststoffverwertung ist § 5 Abs. 1 Nr. 3 BImSchG von Bedeutung.

b. dem Abfallgesetz (AbfG)
   Nach § 2 Abs. 1 AbfG sind Abfälle so zu entsorgen, daß das Wohl der Allgemeinheit nicht beeinträchtigt wird. Dieser Grundsatz gilt auch in Verbindung mit § 1 Abs. 2 AbfG (Entsorgung) für das Verwertungsgebot nach § 3 Abs. 2 Satz 3 AbfG.

c. dem Wasserhaushaltsgesetz (WHG)
   § 1a Abs. 2 WHG verpflichtet jedermann, bei Maßnahmen, die mit Einwirkungen auf ein Gewässer verbunden sein können, die nach den Umständen erforderliche Sorgfalt anzuwenden, um nachteilige Veränderungen seiner Eigenschaften zu verhüten. Es gilt der Besorgnisgrundsatz sowohl für oberirdische Gewässer (§ 26 Abs. 2 WHG) als auch für das Grundwasser (§ 34 Abs. 2 WHG).

d. dem Bodenschutzrecht

Es ist zwar noch kein Bundes-Bodenschutzgesetz verabschiedet; dennoch sind die Grundsätze des Bodenschutzes bei der Verwertung von Reststoffen/Abfällen zu beachten.

e. dem Bundes-Berggesetz (BBergG)

Nach § 1 Nr. 1 BBergG ist nach dem Sinn und Zweck des Gesetzes zur Sicherung der Rohstoffversorgung und für das Aufsuchen und Gewinnen von Bodenschätzen gemäß § 55 Abs. 1 Nr. 7 BBergG die erforderliche Vorsorge zur Wiedernutzbarmachung der Oberfläche zu treffen. In diesem Zusammenhang können auch bergbaufremde Stoffe (Reststoffe und Abfälle) verwendet werden.

f. dem Kreislaufwirtschafts-/Abfallgesetz (KrW-/AbfG)

Nach den Vorgaben des Kreislaufwirtschafts- und Abfallgesetzes (KrW-/AbfG) hat die Verwertung von Abfällen, insbesondere durch ihre Einbindung in Erzeugnisse, ordnungsgemäß und schadlos zu erfolgen. Sie erfolgt schadlos, wenn " ... insbesondere keine Schadstoffanreicherung im Wertstoffkreislauf... " erfolgt (§ 5 Abs. 3 KrW-/AbfG).

Die angeführten einschlägigen Rechtsvorschriften machen deutlich, *daß durch die Wiederverwendung oder die Verwertung* von Reststoffen/Abfällen *keine unvertretbaren Umweltbeeinträchtigungen entstehen dürfen.*

Im Rahmen dieser Fortbildungsveranstaltung möchte ich aufgrund des mir gestellten Themas die Regelungen für Boden vorstellen und deutlich machen worauf es ankommt, wenn Boden als Reststoff/Abfall (*"zur Verwertung"*) verwertet werden soll.

Definition Boden

Im Sinne der Technischen Regeln ist:

- **Bodenaushub (AS 314 11)** natürlich anstehendes und umgelagertes Locker- und Festgestein (DIN 18196), das bei Baumaßnahmen ausgehoben oder -abgetragen wird.
- **Ölverunreinigter Boden (AS 314 23)** – Gestein und Boden –, der mit Mineralölkohlenwasserstoffen (z. B. Dieselkraftstoff) belastet ist. Er kann aus Schadensfällen (Leckagen, Heizöltanks, Unfällen bei Raffinerien) oder Altlasten stammen.
- **Boden mit sonstigen schädlichen Verunreinigungen (AS 314 24)** ist Boden, der sonstige schädlichen Verunreinigungen enthält und durch anthropogene Einflüsse (Schadensfälle, Altlasten, Emittenten) mit Schadstoffen verunreinigt ist.

Darüber hinaus wird als Boden im Sinne dieser Technischen Regeln betrachtet:

- Boden mit mineralischen Fremdbestandteilen, der bis zu 10 Vol.% mineralische Stoffe (z. B. Bauschutt, Schlacke, Ziegelbruch) enthält.
- **Boden mit mineralischen Fremdbestandteilen > 10 Vol.%** wird als **"Bauschutt"** behandelt.
- **Boden, der in Bodenbehandlungsanlagen** (z. B. Bodenwaschanlagen, Biobeeten) gereinigt worden ist.

Anforderungen an die Verwertung

Grundsätze und Ziele

Die stoffliche Verwertung von Bodenaushub ist aus abfallwirtschaftlichen und volkswirtschaftlichen Gründen notwendig, um die abzulagernden Mengen zu verringern, die vorhandenen Deponien zu entlasten und um Rohstoffe und Energie einzusparen. Um den gesamtwirtschaftlichen und ökologischen Erfolg nicht zu gefährden und um zu verhindern, daß Böden bei ihrer Verwertung zu diffusen Umweltbelastungen führen, müssen die mit der Verwertung verbundenen Auswirkungen auf die Umwelt anhand gleicher Maßstäbe beurteilt und begrenzt werden.

Aus Gründen der Vorsorge sind daher an die stoffliche Verwertung von Reststoffen/Abfällen Anforderungen zu stellen, die unabhängig vom jeweiligen Verwertungsweg folgende allgemeinen Anforderungen erfüllen:

1. Wiederverwendbare bzw. aufzubereitende Reststoffe/Abfälle sollen auf der höchstmöglichen nutzbringenden Ebene eingesetzt werden –Verwertungskaskade–.

2. Der für die Verwertung vorgesehene Reststoff/Abfall muß die Funktion eines Primärstoffs übernehmen und die an ihn zu stellenden technischen Anforderungen weitestgehend erfüllen können. Die technischen Anforderungen sind durch die jeweiligen Anwender vorzugeben – begründete Abweichungen können zugelassen werden.

3. Der Einsatz von Reststoffen/Abfällen darf bei der
   - weiteren Verwendung,
   - Verwertung oder
   - weiteren Behandlung und/oder Ablagerung nicht zu unvertretbaren Umweltbeeinträchtigungen führen. Regional vorhandene Hintergrundwerte (geogen, pedogen, anthropogen) sind zu berücksichtigen.

4. Die für die schadlose Verwertung maßgeblichen Konzentrationen an Schadstoffen dürfen weder durch Zugabe von geringer belastetem Material gleicher Herkunft noch durch Vermischung mit anderen umweltbelastenden Stoffen eingestellt werden (Verdünnungsverbot).

5. Werden die für die Verwertung maßgeblichen Konzentrationen überschritten, kann der für die Verwertung vorgesehene Reststoff/Abfall unter Beachtung der Verwertungsgrundsätze so behandelt werden, daß die Schadstoffe
   - abgetrennt und umweltverträglich entsorgt oder
   - durch geeignete Verfahren und chemische Umsetzungen dauerhaft in stabile, schwer lösliche und damit unschädliche Verbindungen umgewandelt werden.

Ist dieses nicht möglich oder zweckmäßig, kommt nur eine umweltverträgliche Ablagerung in Frage.

Anforderungen an die Untersuchung und Bewertung von Boden

Anforderungen an die Untersuchung

Boden kann, bedingt durch seine Herkunft oder Vorgeschichte, mit sehr unterschiedlichen Stoffen belastet sein. Seine Verwertungsmöglichkeit hängt vom Schadstoffgehalt, der Art und Mobilisierbarkeit der Schadstoffe, der vorgesehenen Nutzung und den Einbaubedingungen ab.

Bevor im Rahmen einer Baumaßnahme Boden ausgehoben wird, ist zunächst durch Inaugenscheinnahme des Materials und Auswertung vorhandener Unterlagen zu prüfen, ob mit einer Schadstoffbelastung gerechnet werden muß. Auf der Grundlage der sich aus dieser Vorerkundung ergebenden Erkenntnisse ist zu entscheiden, ob zusätzlich analytische Untersuchungen durchzuführen sind.

Untersuchungen sind in der Regel nicht erforderlich, wenn

- keine Hinweise auf anthropogene Veränderungen und geogene Stoffanreicherungen vorliegen, z. B. bei der Ausweisung von Baugebieten auf Flächen, die bisher weder gewerblich, industriell noch militärisch genutzt wurden;
- Boden aus Gebieten mit anthropogen erhöhter Hintergrundbelastung in gleicher Tiefenlage eingebaut wird und die Verwertung am Ausbauort oder an verleichbaren Standorten in der Region erfolgt, dabei sind bestehende Nutzungseinschränkungen zu beachten;
- geringe Mengen (bis 200 m^3) an nicht spezifisch belastetem Boden mit geringem Anteil (bis 10 Vol.%) an mineralischen Fremdbestandteilen wie Bauschutt, Ziegelbruch oder Schlacken in gleicher Tiefenlage eingebaut werden und die Verwertung am Ausbauort oder an vergleichbaren Standorten in der Region erfolgt.

Tabelle 1. Mindestuntersuchungsprogamm für Boden bei unspezifischem Verdacht

Parameter	Boden ohne Fremdbestandteile		Boden mit mineralischen Fremdbestandteilen (bis 10 Vol.%)	
	Feststoff	Eluat[a]	Feststoff	Eluat[a]
Kohlenwasserstoffe	X		X	
EOX	X		X	
Arsen	X	X[b]	X	X[b]
Blei	X	X[b]	X	X[b]
Cadmium	X	X[b]	X	X[b]
Chrom (gesamt)	X	X[b]	X	X[b]
Kupfer	X	X[b]	X	X[b]
Nickel	X	X[b]	X	X[b]
Quecksilber	X	X[b]	X	X[b]
Zink	X	X[b]	X	X[b]
Chlorid				X
Sulfat				X
pH-Wert	X	X[b]	X	X[b]
el. Leitfähigkeit		X		X
organolept. Prüfung	X		X	
HCl-Test (10%)	X		X	

[a]   In begründeten Einzelfällen (Belastungen aufgrund der Herkunft oder Nutzung unter atypischen Umgebungsbedingungen) kann es erforderlich sein, den verfügbaren (mobilen) Anteil mit bodenrelevanten Methoden zu untersuchen.

[b]   Wenn Feststoff > ZO oder pH-Wert im Feststoff < 5.

Untersuchungen sind in der Regel erforderlich, wenn
aufgrund der Vorerkundung ein Verdacht auf Schadstoffbelastungen besteht. Der Umfang dieser Untersuchungen richtet sich nach den Vorkenntnissen:

- Bei spezifischem Verdacht ist die Analytik auf die Schadstoffbelastungen auszurichten, die mit der Nutzung verbunden gewesen sein können bzw. den Schaden verursacht haben.
- Bei konkretem Verdacht sind die im Boden vermuteten Schädstoffe auch hinsichtlich der Verfügbarkeit und der für ihr Verhalten wesentlichen Bodenparameter (pH-Wert, Anteil organischen Materials, Tongehalt) zu untersuchen.
- Für Boden aus Altlastenverdachtsflächen ist bei deren Untersuchung die fachspezifische Vorgehensweise aus dem Altlastenbereich anzuwenden.
- Handelt es sich um einen allgemeinen, unspezifischen Verdacht, wie z. B. im Fall langandauernder, wechselnder gewerblicher Nutzung, und läßt sich das Stoffspektrum nicht eindeutig abgrenzen, ist zunächst ein Mindestuntersuchungsprogramm (Tabelle 1) durchzuführen.

– Bei Boden aus Bodenaufbereitungsanlagen ist auf die Stoffe zu untersuchen, die die Notwendigkeit der Behandlung begründet haben. Dabei kann sich durch die Aufbereitung die Verfügbarkeit für die Aufnahme in Pflanzen und die Auswaschung in den Untergrund ändern. Darüber hinaus sind die Vorgaben zu beachten, die sich aus der Zulassung der jeweiligen Behandlungsanlage ergeben. Die Untersuchungsergebnisse, die im Zusammenhang mit der Bodenbehandlung gewonnen werden, sind bei der Beurteilung der Verwertung zu berücksichtigen.

Anforderungen an die Bewertung

Die Bewertung von Schadstoffen in Böden ist sowohl im Zusammenhang mit der Verwertung von Böden als auch beim Umgang mit Altlasten von großer Bedeutung. Dabei unterscheiden sich Verwertung und Sanierung dadurch, daß im Bereich der Altlastensanierung vor allem die Gefahrenabwehr in Verbindung mit einer ökotoxikologischen Bewertung im Vordergrund steht, während sich die (Abfall-)Verwertung an dem Vorsorgegedanken und damit in erster Linie an der natürlichen Hintergrundbelastung orientiert.

Verknüpfungen der beiden Arbeitsfelder ergeben sich dann, wenn z. B. Bodenmaterial aus der Sanierung von Altlasten unmittelbar oder nach der Behandlung Verwertungsmaßnahmen zugeführt werden soll. In solchen Fällen ist der Bodenaushub genauso wie andere mineralische Reststoffe/Abfälle zu bewerten.

Vor einer Untersuchung und Bewertung des Bodens ist eine aussagekräftige Beschreibung der Herkunft und des geplanten Verwertungsvorhabens vorzulegen (Deklarationspflicht).

Bei der Untersuchung und Bewertung der zu verwertenden Böden sind folgende Bedingungen zu beachten:

1. Die Probenahme ist entsprechend den Technischen Regeln nach den allgemeinen Vorschriften und den dort festgelegten stoffspezifischen Regelungen durchzuführen. Probenzahl, Probenmengen und Probenaufbereitung ergeben sich aus den allgemeinen Vorschriften zur Durchführung der Probenahme. Für die Durchführung der Analysen sind die einschlägigen Verfahren angegeben und die zulässigen stoffbezogenen Abweichungen beschrieben.

2. Böden, die verwertet werden sollen, sind getrennt zu halten. Sie dürfen grundsätzlich vor der Untersuchung und Beurteilung nicht vermischt werden, auch wenn sie den gleichen Reststoff-/Abfallschlüssel aufweisen (Vermischungsverbot).
   Eine Vermischung nach der Bewertung kann zugelassen werden, wenn dies in Verbindung mit dem Entsorgungs-/Verwertungsnachweis nach der

Abf/RestÜberwV im Auftrag und nach Maßgabe des Betreibers der Entsorgungs- bzw. Verwertungsanlage oder -maßnahme erfolgt.

3. Entscheidend für die Bewertung des Gefährdungspotentials sind die Mobilisierbarkeit und der Transfer von Schadstoffen. Die Feststellung des Schadstoffgehalts genügt allein nicht, um Gefährdungen quantitativ und qualitativ zu erkennen. Die Schadlosigkeit der Verwertung ist daher in der Regel anhand von Analysen der maßgebenden Parameter im Hinblick auf
   – den verfügbaren (mobilen) Anteil der Schadstoffe (*Eluatanalyse*),
   – den Gesamtgehalt an Schadstoffen (*Feststoffanalyse*) sowie ggf.
   – unter Berücksichtigung der sonstigen Randbedingungen zu bewerten.

4. Die Untersuchung, Bewertung, der Einbau und die sonstige Verwertung von Böden (Abfälle/Reststoffe) erfordern, soweit eine Verwertung (Einbau) oberhalb der Zuordnungswerte Z 1.1 vorgesehen ist, eine
   – Qualitätssicherung und
   – Kontrolle.

Festlegung der Zuordnungswerte

Stoff- und konzentrationsbezogene Kriterien zur Beurteilung der Verunreinigungen als allgemeine anerkannte Zahlenwerte in Form von schadstoffspezifischen Konzentrationsangaben, die als Maßstab für die Beurteilung der Verunreinigungen im Boden dienen könnten, liegen für die Bundesrepublik nicht vor.

In der Praxis werden jedoch für die Beurteilung und Belastung Maßstäbe mit Zahlenwerten benötigt. Bisher wurden zur stoffbezogenen Beurteilung hilfsweise Kriterien und Zahlenwerte verwendet, die aus Gesetzen, Verordnungen, Regelwerken und Richtlinien stammen und die unter ganz bestimmten Bedingungen und mit Zielsetzungen festgelegt worden sind. Ihre Anwendbarkeit auf den Bereich der Verwertung von Boden muß in jedem Einzelfall sorgfältig überprüft werden. Beim Fehlen solcher normativen Anhaltspunkte für die Bewertung werden daher zum Vergleich auch Einzel- oder Durchschnittswerte herangezogen, die Aussagen über die nichtanthropogen beeinflußten Umweltmedien treffen.

Die in dem Regelwerk benutzten Kriterien und Zahlenwerte können daher nur als Orientierungswerte – das sind nicht verbindliche Werte – also lediglich als Vergleichsgrößen und als Hilfe bei der medien- bzw. schutzorientierten Beurteilung herangezogen werden. Diese Orientierungswerte – auch als Richtwerte bezeichnet – sind bei der Aufstellung der Zuordnungskriterien für die Verwertung von Reststoffen/Abfällen medienbezogen, schutzgut- und nutzungsabhängig so festgelegt worden, daß bei ihrer Überschreitung noch keine Gefährdungen bestehen. Sie gelten daher immer nur für ein bestimmtes Schutzgut und auch nur unter Berücksichtigung der Einbaubedingungen und für die Funktion, in der sie eingesetzt werden.

Zur Vereinheitlichung des Vollzugs sind für den Einbau von Böden Zuordnungswerte festgelegt, die unter Berücksichtigung des Gefährdungspotentials eine umweltverträgliche Verwertung ermöglichen. Die Zuordnungswerte bilden jeweils die obere Grenze für die Verwertung, wobei die Hintergrundbelastungen von Wasser und Böden sowie die Wirkungen auf die natürlichen Bodenfunktionen zu berücksichtigen sind.

Zur Bestimmung des kurzzeitig umweltverfügbaren Stoffanteils wird als Lösungsmittel deionisiertes Wasser nach DIN 38 414-S4 verwendet, das zur Abschätzung des mobilen (wasserlöslichen) Schadstoffpotentials ausreichende Werte (Eluatwerte) liefert. Die Werte für Feststoffe gelten vorwiegend für das Schutzgut Boden, die für das Eluat überwiegend für das Schutzgut Wassser.

Hohe Werte im Feststoff bedeuten zwar eine mögliche (potentielle) Gefahr für das Grundwasser, die aber nur dann zur tatsächlichen (aktuellen) Gefährdung wird, wenn diese Stoffe in umweltverfügbarer Form vorliegen, also der mobile Stoffanteil erhöht ist.

Die Zuordnungswerte sind Orientierungswerte. Abweichungen können zugelassen werden, wenn im Einzelfall der Nachweis erbracht wird, daß das Wohl der Allgemeinheit nicht beeinträchtigt wird.

Zuordnungswerte für Boden

Aufgrund der Untersuchungsergebnisse ist unter Berücksichtigung der Zuordnungswerte (s. Tabelle 2 und 3) zu entscheiden, ob der Boden nach den Anforderungen der Einbauklassen 0-2 verwertet werden kann. Bei auffälligen organoleptischen Befunden und/oder Überschreitung der Z2-Werte einzelner Parameter bzw. Proben ist das weitere Vorgehen mit der zuständigen Behörde abzustimmen.

Die Zuordnungswerte Z0-Z2 stellen die Obergrenze der jeweiligen Einbauklasse dar. Besonders wichtig für die Beurteilung und die daraus zu ziehenden Folgerungen für die Verwertung von Böden ist das Verständnis für die Einbauklassen mit den dazugehörenden Zuordnungswerten.

Festlegung der Einbau(Verwertungs-)klassen

1. Die Wiederverwendung von Böden ist – soweit wie möglich – anzustreben.
2. Der Einbau bzw. die Verwertung hat unter Beachtung des Wohls der Allgemeinheit und insbesondere zum Schutze der natürlichen Bodenfunktionen und des Grundwassers zu erfolgen.

Tabelle 2. Zuordnungswerte für Boden – gemessen in der Originalsubstanz

Feststoff	Zuordnungswerte				
Parameter	Dimension	Z0	Z1.1	Z1.2	Z2
pH-Wert [a]		5,5-8	5,5-8	5-9	–
EOX	mg/kg	1	3	10	15
Kohlenwasserstoffe	mg/kg	100	300	500	1000
BTEX	mg/kg	< 1	1	3	5
LHKW	mg/kg	< 1	1	3	5
PAK nach EPA	mg/kg	1	5[b]	15[c]	20
PCB nach DIN 51527	mg/kg	0,02	0,1	0,5	1
Arsen	mg/kg	20	30	50	150
Blei	mg/kg	100	200	300	1000
Cadmium	mg/kg	0,6	1	3	10
Chrom (gesamt)	mg/kg	50	100	200	600
Kupfer	mg/kg	40	100	200	600
Nickel	mg/kg	40	100	200	600
Quecksilber	mg/kg	0,3	1	3	10
Thallium	mg/kg	0,5	1	3	10
Zink	mg/kg	120	300	500	1500
Cyanide (gesamt)	mg/kg	1	10	30	100

[a] Niedrigere pH-Werte stellen allein kein Ausschlußkriterium dar. Bei Überschreitungen ist die Ursache zu prüfen.
[b] Einzelwerte für Naphthalin und Benzo-[a]-Pyren jeweils < 0,5.
[c] Einzelwerte für Naphthalin und Benzo-[a]-Pyren jeweils < 1,0.

In Abhängigkeit von den festgestellten Schadstoffgehalten wird der zu verwertende Bodenaushub Einbauklassen zugeordnet. Nach den Technischen Regeln ist eine Verwertung in drei Einbauklassen möglich. Es werden unterschieden:

Einbauklasse 0 → Uneingeschränkter Einbau
Einbauklasse 1 → Eingeschränkter offener Einbau
Einbauklasse 2 → Eingeschränkter Einbau mit definierten technischen Sicherungsmaßnahmen

Die verschiedenen Einbauklassen entsprechend den Zuordnungswerten sind in Abb. 1 dargestellt.

Tabelle 3. Zuordnungswerte für Boden – gemessen im Eluat

Eluat		Zuordnungswerte			
Parameter	Dimension	**Z0**	**Z1.1**	**Z1.2**	**Z2**
pH-Wert[a]		6,5-9	6,5-9	6-12	5,5-12
el. Leitfähigkeit	µS/cm	500	500	1000	1500
Chlorid	mg/1	10	10	20	30
Sulfat	mg/1	50	50	100	150
Cyanid (gesamt)	µg/1	< 10	10	50	100[c]
Phenolindex[b]	µg/1	< 10	10	50	100
Arsen	µg/1	10	10	40	60
Blei	µg/1	20	40	100	200
Cadmium	µg/1	2	2	5	10
Chrom (gesamt)	µg/1	15	30	75	150
Kupfer	µg/1	50	50	150	300
Nickel	µg/1	40	50	150	200
Quecksilber	µg/1	0,2	0,2	1	2
Thallium	µg/1	< 1	1	3	5
Zink	µg/1	100	100	300	600

[a]   Niedrigere pH-Werte stellen allein kein Ausschlußkriterium dar.
      Bei Überschreitungen ist die Ursache zu prüfen
[b]   Bei Überschreitungen ist die Ursache zu prüfen. Höhere Gehalte, die
      auf Huminstoffe zurückzuführen sind, stellen kein Ausschlußkriterium dar.
[c]   Verwertung für Z2 > 100 µg/1 ist zulässig, wenn Z2 Cyanid (leicht freisetzbar)
      < 50 µg/1

Einbauklasse 0 – Uneingeschränkter Einbau
Die Gehalte bis zum Zuordnungswert Z0 kennzeichnen in erster Linie den natürlichen Gehalt an Schwermetallen und decken den weit überwiegenden Teil des natürlichen Schwankungsbereichs ab. Für die organischen Schadstoffe sind Werte angegeben, die in anthropogen wenig beeinflußten Böden vorkommen können.

Bei Unterschreiten der Z0-Werte ist davon auszugehen, daß die in § 2 Abs. 1 AbfG genannten Schutzgüter nicht beeinträchtigt werden. Für die Bewertung sind in der Regel die Feststoffwerte sowie die Parameter pH-Wert und elektrische Leitfähigkeit ausreichend. Liegen weitere Eluatwerte vor, gelten die entsprechenden Z0-Werte der Tabelle 3.

In bestimmten Fällen ist es vertretbar, Bodenaushub, der die Anforderungen an den uneingeschränkten Einbau nicht erfüllt, unter Beachtung definierter Randbedingungen einzubauen. Dabei wird unterschieden zwischen eingeschränkten offenen Einbau und eingeschränkten Einbau mit definierten technischen Sicherungmaßnahmen.

Einbauklasse 1 – Eingeschränkter offener Einbau
Der eingeschränkte offene Einbau – Zuordnungswerte Z1 – stellt die Obergrenze für den offenen Einbau unter Berücksichtigung bestimmter Nutzungseinschränkungen dar. Maßgebend für die Festlegung der Werte ist in der Regel das Schutzgut Grundwasser. Grundsätzlich gelten die Z1.1-Werte. Bei Einhaltung dieser Werte ist selbst unter ungünstigen hydrogeologischen Voraussetzungen davon auszugehen, daß keine nachteiligen Veränderungen des Grundwassers auftreten.

Darüber hinaus kann – sofern dieses landesspezifisch festgelegt ist – in hydrogeologisch günstigen Gebieten eine Verwertung/Einbau bis zu den Zuordungswerten Z1.2 durchgeführt werden. Dieses gilt z. B. bei Bodenaustausch und Bodenersatz jedoch nur für Flächen, die bereits eine Vorbelastung des Bodens > Z1.1 aufweisen (Verschlechterungsverbot).

Hydrogeologisch günstig sind u. a. Standorte, bei denen der Grundwasserleiter nach oben durch flächig verbreitete, ausreichend mächtige Deckschichten mit hohem Rückhaltevermögen gegenüber Schadstoffen überdeckt ist. Dieses Rückhaltevermögen ist in der Regel bei mindestens 2 m mächtigen Deckschichten aus Tonen, Schluffen oder Lehm gegeben. Sofern diese hydrogeologisch günstigen Gebiete durch die zuständigen Behörden nicht verbindlich festgelegt sind, müssen der genehmigenden Behörde die geforderten günstigen Standorteigenschaften durch ein Gutachten nachgewiesen werden. Gegebenenfalls kann aufgrund der höheren Schadstoffgehalte bei einer Verwertung bis zur Obergrenze Z1.2 ein Erosionsschutz (z. B. geschlossene Decke) gefordert werden.

Einbauklasse 2 – Eingeschränkter Einbau mit definierten technischen Sicherungsmaßnahmen

Die Zuordnungswerte Z2 stellen die Obergrenze für den Einbau/Verwertung von Böden mit definierten technischen Sicherungsmaßnahmen dar, durch die der Transport von Inhaltsstoffen in den Untergrund oder in das Grundwasser verhindert werden soll.

Maßgebend für die Festlegung der Zuordnungswerte ist das Schutzgut Grundwasser.

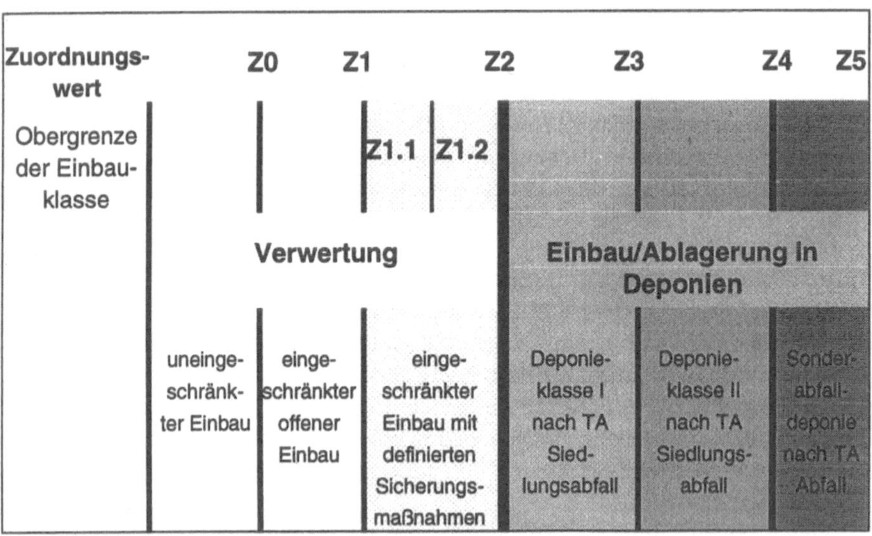

Abb. 1. Darstellung der verschiedenen Einbauklassen mit den dazugehörigen Zuordnungswerten

Folgerungen für die Verwertung von Bodenaushub

Eine Wiederverwendung von Bodenaushub ist – soweit wie möglich – anzustreben. Gegebenenfalls ist eine getrennte Gewinnung von Einzelbestandteilen, wie Sande und Kiese, vorzunehmen. Der Einbau hat insbesondere unter Beachtung des Schutzes der natürlichen Bodenfunktionen zu erfolgen. Dabei ist in Abhängigkeit von den festgestellten Schadstoffgehalten der zu verwertende Boden entsprechend den Einbauklassen zu verwerten. Aufgrund der Zuordnungswerte Z0-Z2 ist anhand der einzelnen Parameter, gemessen im Feststoff und im Eluat, die jeweilige Einbauklasse festzulegen. Die Verwertung/Einbau erfolgt nach Maßgabe der Kriterien der zugehörigen Einbauklasse (s. Abb. 2).

Folgerungen für die Verwertung von Bodenaushub nach Einbauklassen			
0	**1**		**2**
uneinge-schränkter Einbau	**eingeschränkter offener Einbau** **1.1 1.2** **(optional)**		**eingeschränkter Einbau mit definierten technischen Sicherungsmaßnahmen**
keine hydrogeo-logischen Ein-schränkungen	keine hydro-geologischen Einschrän-kungen	nur zulässig in hydrogeo-logisch günstigen Gebieten nach landes-spezifischer Regelung	nur zulässig bei Einbau unter technischen Sicherungsmaß-nahmen, die den Eintrag von Schadstoffen in das Grund-wasser ausschließen
Einbau in allen Flächen zulässig mit Ausnahme von Boden aus Bodenbehand-lungsanlagen	Einbau nicht in Flächen mit empfindlicher Nutzung Mindest-abstand > 1 m zum Grund-wasser	Einbau in Flächen mit unempfindli-cher Nutzung und bei Deck-schichten aus Tonen und Lehm > 2 m	Einbau nur bei bestimmten kontrollierten Baumaßnah-men mit darüberliegender mineralischer Oberflächen-abdichtung $d > = 0,5$ m und $k_f < = 10^{-8}$ m/s
ausgeschlossen in Wasserschutz-gebieten der Zonen I und II und aus Vorsor-gegründen in besonders sensi-blen Flächen z. B. Kinderspielplätze	ausgeschlossen in Wasser-schutzgebieten der Zonen I bis IIIA Über-schwemmungs-Naturschutz-gebieten	ausgeschlos-sen sind die Gebiete nach Einbau-klasse 1.1 und Flächen mit agrari-scher Nut-zung	ausgeschlossen in Wasser-schutzgebieten der Zonen I bis IIIB Wasservorranggebieten, Überschwemmungs- und Naturschutzgebieten und in Karstgebieten
Verwendung und Verwertung multifunktional möglich	Verwertung für Rekultivierun-gen im Straßen- und Erdbau	Verwertung wie in Ein-bauklasse 1.1	bei Verwertungen in anderen Maßnahmen ist die Gleichwertigkeit der Sicherung nachzuweisen

Abb. 2. Übersicht über die Einbauklassen für die Verwertung von Bodenaushub

Folgerungen für die Verwertung bei uneingeschränktem Einbau

Bei Unterschreitung der Zuordnungswerte Z0 ist im allgemeinen ein uneingeschränkter Einbau von Boden möglich.

Auf den Einbau von Boden aus der Bodenbehandlung und der Altlastensanierung soll in der Regel auf besonders sensiblen Flächen aus Vorsorgegründen verzichtet werden.

Besonders sensible Flächen sind:

- Kinderspiel- und Bolzplätze,
- Sportanlagen und Schulhöfe (nicht versiegelt),
- Klein- und Hausgärten,
- gärtnerisch und landwirtschaftlich genutzte Flächen sowie
- festgesetzte oder geplante Trinkwasserschutzgebiete oder Heilquellenschutzgebiete (Zone I und II).

In Gebieten, in denen die natürliche Hintergrundbelastung einschließlich der allgemein vorhandenen anthropogenen Zusatzbelastung über den Z0-Werten liegt, ist in der Regel die Verwertung des dort anfallenden Bodens bis zu diesen höheren Werten möglich. Diese Gebiete sollten von den zuständigen Behörden dargestellt und festgelegt werden. Bestehende Nutzungsbeschränkungen und Vorschriften (z. B. für Kinderspielplätze und Sportanlagen) sowie spezielle Anforderungen, die sich aus der angestrebten Nutzung ergeben, sind zu beachten.

Folgerungen für die Verwertung bei eingeschränktem offenem Einbau

1. Für die Verwertung ist aufgrund der o. g. Ausführungen folgendes zu beachten:
   Bei Unterschreiten der Zuordnungswerte Z1 (Z1.1 und ggf. Z1.2) ist ein offener Einbau in Flächen möglich, die im Hinblick auf ihre Nutzung als unempfindlich anzunehmen sind. Dieses sind z. B.
   - bergbauliche Rekultivierungsgebiete,
   - Straßenbau und begleitende Erdbaumaßnahmen,
   - Industrie-, Gewerbe- und Lagerflächen,
   - Parkanlagen, soweit diese eine geschlossene Vegetationsdecke haben,
   - und "Ruderalflächen", soweit nicht Gründe des Biotopschutzes dem entgegenstehen.

2. In der Regel soll der Abstand zwischen Schüttkörperbasis und dem höchsten Grundwasserstand mindestens 1 m betragen.

3. Ausgenommen sind:
   - festgesetzte, vorläufig sichergestellte oder fachbehördlich geplante Trinkwasserschutzgebiete der Zonen I-IIIA,
   - festgesetzte, vorläufig sichergestellte oder fachbehördlich geplante Heilquellenschutzgebiete der Zonen I-III,
   - Gebiete mit häufigen Überschwemmungen (Hochwasserrückhaltebecken, eingedeichte Flächen),
   - Naturschutzgebiete, Biosphärenreservate sowie besonders sensible Flächen (Kinderspielplätze, Sportanlagen, Schulhöfe).

Darüber hinaus ist eine Verwertung bei Überschreitung der Z1.1-Werte in Gebieten mit agrarischer Nutzung (Kleingärten und landwirtschaftlich genutzte Flächen) unzulässig.

Folgerungen für die Verwertung bei eingeschränktem Einbau mit definierten technischen Sicherungsmaßnahmen

Bei Unterschreitung der Zuordnungswerte Z2 ist ein Einbau von belastetem Boden unter definierten technischen Sicherungsmaßnahmen bei bestimmten Baumaßnahmen möglich:

a. bei **Erdbaumaßnahmen** (kontrollierten Großbaumaßnahmen) in hydrogeologisch günstigen Gebieten als
   - Lärmschutzwall mit mineralischer Oberflächenabdichtung $d > 0,5$ m und $k_f < 10^{-8}$ m/s und darüberliegender Rekultivierungsschicht und
   - Straßendamm (Unterbau) mit wasserundurchlässiger Fahrbahndecke und mineralischer Oberflächenabdichtung $d > 0,5$ m und $k_f < 10^{-8}$ m/s im Böschungsbereich mit darüberliegender Rekultivierungsschicht.

b. ggf. auch im **Straßen- und Wegebau**, bei der Anlage von befestigten Flächen in Industrie- und Gewerbegebieten (Parkplätze, Lagerflächen) sowie sonstigen Verkehrsflächen (z. B. Flugplätze, Hafenbereiche, Güterverkehrszentren) als
   - Tragschicht unter wasserundurchlässiger Deckschicht (Beton, Asphalt, Pflaster)
   - gebundene Tragschicht unter wenig durchlässiger Deckschicht (Pflaster, Platten).

Prinzipiell gilt:

1. Der Abstand zwischen der Schüttkörperbasis und dem höchsten zu erwartenden Grundwasserstand soll mindestens 1 m betragen.

2. Der Einsatz bei Großbaumaßnahmen ist zu bevorzugen.

3. Bei den unter b) genannten Maßnahmen sind die bautechnischen Anforderungen des Straßenbaus (Regelbauweise) zu beachten. Darüber hinaus sollten

solche Flächen ausgewählt werden, bei denen nicht mit häufigen Aufbrüchen (z. B. Reparaturarbeiten an Ver- und Entsorgungsleitungen) zu rechnen ist.

4. Bei anderen als den unter a) und b) genannten Bauweisen ist in der Abstimmung mit den zuständigen Behörden deren Gleichwertigkeit nachzuweisen.

5. Eine bautechnische Verwendung von Boden im Deponiekörper, z. B. als Ausgleichsschicht zwischen Abfallkörper und Oberflächenabdichtung, ist ebenfalls möglich.

6. Ausgeschlossen sind Verwertungsmaßnahmen
   - in festgesetzten, vorläufig sichergestellten oder fachbehördlich geplanten Trinkwasserschutzgebieten (I-IIIB),
   - in festgesetzten, vorläufig sichergestellten oder fachbehördlich geplanten Heilquellenschutzgebieten (I-IV),
   - in Wasservorranggebieten, die im Interesse der Sicherung der künftigen Wasserversorgung raumordnerisch ausgewiesen sind,
   - in Gebieten mit häufigen Überschwemmungen (z. B. Hochwasserrückhaltebecken, eingedeichte Flächen),
   - in Karstgebieten ohne ausreichende Deckschichten und Randgebieten, die im Karst entwässern, sowie in Gebieten mit stark klüftigem besonders wasserwegsamem Untergrund und
   - aus Vorsorgegründen auch auf Flächen mit sensibler Nutzung, wie Kinderspielplätzen, Sportanlagen, Bolzplätzen und Schulhöfen.

7. Bodenmaterial dieser Einbauklasse darf nicht in Dränschichten verwendet werden.

Eigenkontrolle, Qualitätssicherung und Dokumentation

Die Vorgaben für die Untersuchung, Bewertung, den Einbau und die sonstige Verwertung von Reststoffen/Abfällen erfordern eine Qualitätssicherung und Kontrolle. Das entsprechende Verfahren und die zuständigen Stellen werden landeseinheitlich festgelegt.

Der Einbau von Boden mit Gehalten > Z1.1 (Einbauklassen Z1.2 und Z2) ist zu dokumentieren. Dieses hat nach den Vorgaben für den Umfang der Dokumentation zugeschehen. Einzelheiten zum Verfahren sind durch die zuständigen Länder festzulegen. Beim Einbau von Mindermengen (< 200 m^3) in der Einbauklasse Z1.2 kann mit Ausnahme von gereinigtem Boden aus Bodenbehandlungsanlagen auf die Dokumentation verzichtet werden.

Zusammenfassung

Der Umgang mit Böden, insbesondere mit Bodenaushub, erfordert vor dem Hintergrund eines Bodenschutzgesetzes, den Boden vor schädlichen Veränderungen zu schützen und entsprechende Vorsorge zu treffen. Darüber hinaus ist nach den Grundsätzen und Pflichten des Kreislaufwirtschafts- und Abfallgesetzes die Wiederverwendung und Verwertung von Abfällen/Reststoffen geboten und so vorzunehmen, daß keine Umweltbeeinträchtigungen entstehen. Beides erfordert in gleichem Maße hohe Anforderungen an das Wissen und Können aller Beteiligten.

Während für die Umweltmedien Luft und Wasser relativ umfassende, verbindlich in Gesetzen und Verordnungen festgelegte Bewertungsverfahren vorliegen, existieren solche – weder international noch auf Bundes- und Landesebene – für den Boden (noch) nicht.

Aufgrund der räumlichen und stofflichen Auswirkungen von Bodenkontaminationen haben sich bisher einfache Bewertungsverfahren nicht uneingeschränkt durchsetzen können, da

- nutzungsbezogene Bodenbewertungen für jeden Schadstoff eine Fülle von (nutzungsbezogenen) Bodenwerten bedingen,
- die notwendige laborintensive Boden/Schadstoff-Analytik sehr kostenaufwendig ist,
  die Vielfalt von Richt-, Grenz-, Hintergrund-, Vorsorge-, Prüf- und Gefahrenwerte und
- dazu die Anzahl der nicht mehr überschaubaren Wertelisten

eine nach einheitlichen Grundsätzen notwendige Abschätzung des standortspezifischen Risikos einer Bodenbelastung unmöglich machen.

Eine einfache und praktikable Handhabung sowie die Nachvollziehbarkeit, Objektivität und Transparenz von Regelungen zur Verwertung von Böden, die zumindest für die Bewertung der von einer Bodenkontamination ausgehenden potentiellen Gefährdung ausreicht, ist m. E. mit der „Technischen Regel Boden" der LAGA erreicht worden.

Neben den Schadstoffgesamtgehalten werden bei der Klasseneinteilung (den Einbauklassen) anhand von Zuordnungswerten die Spannweiten der ermittelten Werte sowie durch die Einbeziehung der Eluatwerte auch die verfügbaren Schadstoffe berücksichtigt.

Eine solche Bewertung ist ohne detaillierte, fachspezifische Kenntnisse durchführbar. Sie liefert jedoch nur Anhaltspunkte und läßt noch einen Entscheidungsspielraum offen.

Nicht alle Auswirkungen von Bodenverunreinigungen lassen sich jedoch durch einfache, mathematisierte Zahlen ausdrücken und bewerten. So sind bei einer Verwertung des Bodens immer

- die Standortverhältnisse am Wiedereinbauort,
- die bestehenden Hintergrundwerte sowie
- die vorgegebenen technischen Einbaubedingungen und -anforderungen

zu beachten.

Literatur

[1] Der Rat von Sachverständigen für Umweltfragen; Altlasten – Sondergutachten Dezember 1989; Wiesbaden im Dezember 1989; (ISBN 3-8246-0059-5) erschienen im Verlag Metzler-Poeschel, Stuttgart
[2] LAGA Länderarbeitsgemeinschaft Abfall; Anforderungen an die stoffliche Verwertung von mineralischen Reststoffen/Abfällen; Hamburg 1.3.1994 und 7.9.1994; erschienen als Mitteilung der Länderarbeitsgemeinschaft Abfall (LAGA) 20/1 (ISBN 350 303 6555) und 20/2 (ISBN 350 303 8116) im Erich Schmidt Verlag, Berlin
[3] Bertram, H.-U., Zubiller, C.-O. (1995) Anforderugen an die stoffliche Verwertung von mineralischen Reststoffen/Abfällen; erschienen in TerraTech, Heft 5
[4] Vorbröker, W. Entsorgung von belasteten Böden – Technische Regeln zur Verwertung; unveröffentlichtes Vortragsmanuskript, Fortbildungsveranstaltung des FB Bauingenieurwesen der OFD Frankfurt am 22. August 1995 in Rotenburg a.d. Fulda

Verwertung gereinigter oder schwach kontaminierter Böden

Karl Kolb

Die Verwertung gereinigter oder schwach kontaminierter Böden, die nach Aushubmaßnahmen oder nach Behandlung in Bodenreinigungsanlagen erhalten werden, ist derzeit ein überaus kontrovers diskutiertes Thema. Nicht zuletzt aufgrund einer noch fehlenden eindeutigen bundesgesetzlichen Regelung sind die Vorgehensweisen der einzelnen Bundesländer sehr verschieden. Der nachfolgende Bericht zeigt anhand mehrerer Beispiele die Handhabung von schwach kontaminierten Böden im Freistaat Bayern.

Allgemeines

Im Altlastenkataster des Bayerischen Landesamtes für Umweltschutz werden derzeit 11478 Verdachtsflächen (Abb. 1) registriert (Stand 31.03.1995). Eine Priorisierung gemäß "Altlasten – Leitfaden für die Behandlung von Altablagerungen und kontaminierten Standorten in Bayern" ergab, daß über 24% mit den höchsten Untersuchungsprioritäten 1 und 2 geführt werden.

In der überwiegenden Zahl dieser Verdachtsflächen handelt es sich um Belastungen des Bodens mit wassergefährdenden Substanzen.

Durch ungehinderten Zutritt von Oberflächen- und Niederschlagswässern können die Schadstoffe gelöst und mobilisiert werden und somit ins Grundwasser gelangen.

Dadurch werden die Vorschriften des Wasserhaushaltgesetzes über die Benutzung der Gewässer (§§ 2ff. WHG), die Haftung für Verunreinigung des Wassers (§ 22 WHG), die gewässernahe Lagerung und Ablagerung von Stoffen (§§ 26 Abs. 2, 32b und 34 Abs. 2 WHG) sowie Art. 68a BayWG tangiert.

Verbleibt das kontaminierte Erdreich an Ort und Stelle, so handelt es sich nach geltendem Recht nicht um Abfall.

Tabelle 1. Stationäre Bodenbehandlung in Bayern (Kenntnisstand 10.95)

<u>**Bodenwaschanlage**</u>
- **AB Umwelttechnik GmbH**
  Lindberghstraße 6
  809393 München
  Tel.: 089/3242109; Fax: 089/3234101

<u>**Bodenwaschanlage und Bioreaktor**</u>
- **Fa. Gebr. Huber**
  Tannenwaldstr. 2
  81375 München
  Tel.: 089/701037; Fax: 089/708359

<u>**Bodenwaschanlage und Vakuumdestillation**</u>
- **Harbauer GmbH & Co KG**
  Heerstraße 24
  14052 Berlin
  Standort der Anlage: 95615 Marktredwitz
  (Einschränkung: Es darf nur Material aus der ehemaligen Chemischen
  Fabrik Marktredwitz angenommen werden.)

<u>**Biologische Behandlungsanlagen**</u>
- **BORAG Bodenrecycling Allgäu GmbH**
  Röntgenring 15
  87616 Marktoberdorf
  Tel.: 08342/42611; Fax: 08342/42637
- **Boden-Sanierung Franken (BSF) GmbH i. G.**
  Postfach
  91480 Markt Taschendorf
  Tel.: 09552/6530 (Hr. Wehr); Fax: 09552/6261
  Tochterunternehmen von: Pokker Bodensanierung GmbH und
  Deutsche Perlite GmbH
- **FBS Fuchs Bau und Sanierungs GmbH**
  Bayerbacher Str. 17
  84061 Ergoldsbach
  Tel.: 08771/1471; Fax: 08711/3252
- **Fa. Herrmann; Kfz-Umwelttechnik GmbH**
  Mittelweg 12
  93413 Cham
  Anlagenstandort: Obertraubenbach
  93489 Schorndorf
  Tel.: 09971/880121; Fax: 09971/32552
- **ARGE Recycling-Centrum Regenstauf**
  Peter-Henlein-Str. 2
  93128 Regenstauf

vertreten durch: CTP Dück GmbH und   Fa. Thema-Bau GmbH Pilz
                 Bodenseestr. 29   Peter-Henlein-Str.2
                 81241 München   93128 Regenstauf

– **Zentrum für biologische Bodenreinigung Roth**
  Weinleite 8
  97483 Eltmann-Roßstadt
  Anlagenbetreiber: Tel. 09503/92240 (Hr. Klein)
  Informationen zum Verfahren bei Bilfinger & Berger
  Hr. Dr. Albrecht: Tel. 089/748170
  Anlagenstandort: Roth
– **Züblin Umwelttechnik GmbH**
  Zweigstelle Nürnberg:
  Isarstraße 34 a
  90451 Nürnberg
  Tel.: 0911/6426446 oder 6426447; Fax: 0911/6426448

Übersicht über die Verdachtsflächen 1994-1995:

	Altablagerungen	Altstandorte	Gesamt
Stand 31.03.1994	6840	1215	8055
Stand 31.03.1995	8857	2621	11478

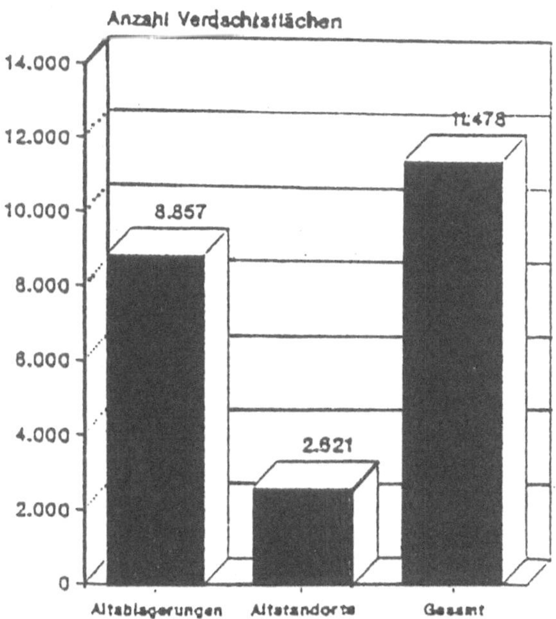

Abb. 1. Altlastenerhebung in Bayern; Übersicht über die Verdachtsflächen in Bayern
(Stand: 31.03.1995)

Tabelle 2. Mobile Bodenbehandlung in Bayern (Kenntnisstand Nov. 95)

<u>Bodenreinigung</u>

- **Bauer und Mourik Umwelttechnik GmbH & Co.**
  Wittelsbacher Str. 5
  86522 Schrobenhausen
  Tel.: 08252/971463; Fax: 08252/971136
  Verfahren: Biologische On-site-, Off-site- und In-situ-Sanierungen;
  Bodenstrippanlage mit Aktivkohlefilter
  Schadstoffe: CKW, PAK, BTEX, Schwermetalle, Mineralöle und Benzine,
  Pestizide
  Bodenreinigungszentrum Hirschfeld
  Reinsberger Str. 11
  09634 Hirschfeld
- **bds – Boden- und Deponie-Sanierungs GmbH**
  Carl-Zeiss-Ring 13
  85731 Ismaning bei München
  Tel.: 089/9624210
  Verfahren: Trockenmechanische Bodenaufbereitung durch Siebung und
  Sortierung
  Schadstoffe: Schrotkugeln, Wurftaubenscherben, Patronenhülsen
  Standort: Schießplatz Allersberg
- **Bio-System – Gesellschaft für Anwendung biologischer
  Verfahren mbH**
  Blarerstr. 56
  78462 Konstanz
  Tel.: 07531/200530; Fax: 07531/200522
  Verfahren: Biobeet
  Schadstoffe: MKW
  Standort: Lindau
- **Linde AG**
  Dr.-Carl-von-Linde-Str. 6-14
  82049 Höllriegelskreuth bei München
  Tel.: 089/74452288; Fax: 089/74454940
  Verfahren: Clinsoil (Dampfdesorption)
  Schadstoffe: flüchtige Schadstoffe
  Standort: Tacherting
  Kooperation mit:
  Dyckerhoff & Widmann AG
  Erdinger Landstr. 1
  81829 München
  Tel.: 089/92551; Fax: 089/92552127
  Verfahren: DYWINEX (Naßklassierung)

- **WU – Walter Umwelttechnik GmbH**
  Böheimstr. 8
  86153 Augsburg
  Tel.: 0821/5582412; Fax: 0821/5582486
  Verfahren: Naßklassierung
  Schadstoffe: MKW
  Standort: Erding
- **Leonhard Weiss GmbH & Co. Bauunternehmung**
  Brunnenstr. 36
  74564 Crailsheim
  Tel.: 07951/330; Fax: 07951/33112
  Verfahren: Trommel-Thermo-Desorptionsanlage
  Schadstoffe: (flüchtige) organische Schadstoffe
  Standort: Ansbach
- **Umweltschutz Süd**
  Angererstr. 38
  80796 München
  Tel.: 089/3008565; Fax.: 089/3008465
  Verfahren: Biobeet
  Schadstoffe: PAK
  Standort: Gaswerk Nürnberg

<u>Bodenbehandlung</u>

- **PBS – Pokker Bodensanierung GmbH**
  Eibacher Hauptstr. 121
  90451 Nürnberg
  Tel.: 0911/9637928; Fax: 0911/9637929
  Verfahren: Immobilisierung d. Bodenverfestigung
  Schadstoffe: Schwermetalle und PAK
  Standort: Nürnberg

Muß jedoch die Altlast aus baulichen Gründen oder aufgrund der Verletzung der Wasserhaushaltgesetze ausgehoben, also bewegt werden, so tritt der Abfallbegriff gemäß § 1 Abs. 1 AbfG dann in Kraft, wenn sich der Besitzer des Materials entledigen will oder muß. Eine ordnungsgemäße Verbringung des belasteten Materials in eine Abfallentsorgungsanlage ist in der Regel erforderlich.

Vermeidung einer Deponierung

Die Deponierung kontaminierter Böden sollte aus folgenden Gründen vermieden werden: Die Entsorgung von belastetem Aushubmaterial stellt lediglich eine Verlagerung des Schadstoffs dar, insbesondere bei Bodenverunreinigungen mit Schwermetallen, die im Laufe der Zeit weder verrotten noch abgebaut werden können. Es ist sogar vorherzusehen, daß Schwermetalle, wie z. B. Quecksilber und Cadmium etc., die Haltbarkeit von Deponieabdichtungen überdauern.

Ferner führt eine Entsorgung dazu, daß der vorhandene Deponieraum immer knapper wird, der für die normale Abfallentsorgung in den Landkreisen gebraucht wird. Daher kann durch Verwertung belasteter Böden kostbarer Deponieraum gespart werden. Des weiteren ist zu berücksichtigen, daß in manchen Landkreisen die ordnungsgemäße Verbringung belasteten Bodens in geeignete Abfallentsorgungsanlagen, z. B. abgedichtete Deponien, kostenintensiver ist als die Dekontaminierung in Bodenbehandlungsanlagen. Heute werden die Bodenbehandlung sowie die Verwertung von belasteten Böden angestrebt.

Diesem Gedanken wird sowohl im Bundesabfallgesetz wie auch im Bayerischen Abfallwirtschafts- und Altlastengesetz (BayAbfAlG) oberste Priorität eingeräumt. Gemäß Art 2 des BayAbfAlG hat die öffentliche Hand vorbildhaft dazu beizutragen, daß die Ziele der Abfallgesetze erreicht werden.

1. Verwertung von belastetem Material nach Behandlung in Bodenbehandlungsanlagen

Die Behandlung von belastetem Bodenmaterial kann sowohl in stationären (Tabelle 1) als auch in mobilen (Tabelle 2) Bodenbehandlungsanlagen erfolgen. Die in Bayern in Betrieb befindlichen stationären Bodenbehandlungsanlagen sind in Abb. 2 dargestellt.

Es stehen folgende 5 Verfahren zur Verfügung:

- Naßklassierung,
- Biologische Behandlung,
- Thermische Behandlung,
- Trockenseparierung,
- Immobilisierung.

Ziele der Bodenbehandlung

- Reduzierung der Schadstoffe im Bodenmaterial mit dem Ziel, das gereinigte Material zu verwerten;
- Verminderung der Kubaturen des zu deponierenden Materials;
- Verbringung auf eine Deponie mit niedrigerer Klasse;
- Kostenreduzierung.

Abb. 2. Stationäre Bodenbehandlungsanlagen in Bayern (Stand: 09.1995)

Rechtliche Beurteilung von Bodenbehandlungsanlagen

Für die Errichtung und den Betrieb einer Bodenbehandlungsanlage ist eine Genehmigung erforderlich. Die eingesetzten Anlagen wurden in der Vergangenheit entweder nach Baurecht oder nach Abfallrecht genehmigt.

Seit September 1991 sind Anlagen zur Behandlung von Böden nach § 4 BImSchG zu genehmigen.

In manchen Fällen wird auch zu prüfen sein, ob neben einem immissionsschutzrechtlichen Genehmigungsverfahren auch ein abfallrechtliches Zulassungsverfahren erforderlich ist. Ein abfallrechtliches Zulassungsverfahren ist immer dann erforderlich, wenn das kontaminierte Bodenmaterial nach der Reinigung (in einer ortsfesten Anlage) nicht ausschließlich als Wirtschaftsgut, beispielsweise im Landschafts- und Wegebau, eingesetzt werden kann und somit ein Teil des gereinigten Materials als Abfall, beispielsweise auf Deponien, entsorgt werden muß.

Ist also aufgrund des erreichbaren Reinigungsgrades die geordnete Entsorgung auch nur eines Teils erforderlich, wird ein abfallrechtliches Zulassungsverfahren durchzuführen sein. Die bei der Reinigung entstehenden Rückstände sind bei dieser Betrachtungsweise jedoch nicht mit einzubeziehen. Diese sind in der Regel als besonders überwachungsbedürftige Abfälle zu entsorgen.

Für die Erteilung einer Genehmigung für den Betrieb einer Bodenbehandlungsanlage sind die Kreisverwaltungsbehörden zuständig.

Als Gutachter für die Genehmigung von Bodenbehandlungsanlagen nach § 4 BImSchG sind der TÜV-Bayern und die LGA Nürnberg zu nennen. Nachfolgend einige Beispiele zur Behandlung kontaminierter Böden:

1. Beispiel: **Behandlung und Verwertung von mit Schwermetallen belasteten Böden in einer stationären Bodenwaschanlage**

Naßklassierung

Naßklassierverfahren eignen sich besonders zur Dekontamination von Böden, die mit Mineralölkohlenwasserstoffen (MKW) oder Schwermetallen belastet sind.

Verfahrensbeschreibung

Bodenwaschverfahren sind in der Regel Naßklassierverfahren. Durch diese Verfahren lassen sich die am Feinstkorn absorbierten Schadstoffe zusammen mit dem Feinkorn von der Grobfraktion abtrennen. Die Schadstoffe, die auf diese Weise an der Feinstfraktion, dem sogenannten Schlammanteil, in aufkonzentrierter Form vorliegen, müssen in der Regel in eine entsprechende Abfallentsorgungsanlage verbracht oder weiterbehandelt werden. Derzeit gibt es Bestrebungen, daß Schwermetalle aus schwermetallhaltigen Schlämmen, z. B. durch Komplexbildner oder durch Säuren-Laugen-Behandlung, entfernt werden können.

Ergebnis nach der Bodenwäsche
Kiesfraktionen: Als Ergebnis der Bodenwäsche kann festgehalten werden, daß die Grobkorn- und Kiesfraktionen (je nach Bodenverhältnissen bis zu 90%) als Wirtschaftsgut zur Geländeauffüllung oder zur Herstellung von Beton freigegeben werden konnten.

Schlammanteil: Der erhaltene Schlamm wurde entwässert. Der Filterkuchen hat in der Regel einen TS-Gehalt von ca. 80%. Er ist stichfest bis krümelig und kann daher problemlos in eine Deponie verbracht oder weiterbehandelt werden.

Reststoffe: Als Reststoffe dieser Bodenwäsche fallen ca. 10% Filterkuchen aus der Wasseraufbereitung an. Dieser Filterkuchen enthält neben Ton, Feinstsand und organischen Bodenbestandteilen auch Anreicherungen von Mineralölen und Schwermetallen. Der erhaltene Filterkuchen konnte bei der Herstellung von Zement verwendet werden.

Seit der Inbetriebnahme im Mai 1991 wurden in vorgenannter Anlage aus über 200 Einzelprojekten ca. 127 000 t Bodenmaterial behandelt. Analog zur Reinigung von Böden, die mit Schwermetallen belastet sind, können mittels Naßklassierung auch Böden gereinigt werden, die mit Kohlenwasserstoffen belastet sind.

2. Beispiel: **Behandlung und Verwertung von MKW-haltigen Böden in einer kombinierten Bodenbehandlungsanlage**

Bei dieser stationären Bodenbehandlungsanlage zur Reinigung von ausschließlich MKW-haltigem Bodenmaterial handelt es sich um eine Kombination bestehend aus Naßklassiereinheit und Bioreaktor. Der Vorteil dieser Anlage besteht darin, daß der bei der Naßklassierung anfallende Schlamm, der die MKW in aufkonzentrierter Form enthält, nicht auf einer Sonderabfalldeponie entsorgt werden muß, sondern im Bioreaktor behandelt werden kann.

Sanierungsziel
Das Sanierungsziel gilt dann als erreicht, wenn der Stufe-1-Wert des Altlasten Leitfadens (1000 mg/kg) deutlich unterschritten wird. Für die Verwendung eines mit Mineralölen kontaminierten Bodens werden derzeit für MKW 300 mg/kg bzw. gelegentliche Spitzenwerte bis zu 500 mg/kg akzeptiert.

Von einem Reinigungserfolg ist auch dann zu sprechen, wenn das Material nach einer Behandlung im Bioreaktor in einer niedrigeren als der Sonderabfalldeponieklasse entsorgt werden kann (z. B. in einer Hausmülldeponie).

Ergebnis der Bodenbehandlung mit anschließender Verwertung

Kiesfraktionen: Die Grobkornanteile > 4 mm weisen nach der Naßklassierung in der Regel eine Restkonzentration von etwa 50 mg/kg auf. Schließt man die Fraktion 0,2-4 mm mit ein, liegt die Restbelastung im Mittel zwischen 50 und 100 mg MKW/kg.

Als Ergebnis der Behandlung kann festgehalten werden, daß gereinigte Kiesfraktionen (je nach Bodenart bis zu 90%) entweder zur Bodenauffüllung oder zur Herstellung von Beton freigegeben wurden. Dieser Beton konnte auf Industriestandorten für folgende Bauzwecke verwendet werden:

- Hinterfüllung,
- Böden oder Säulen in Lagerhallen usw.

Behandlung des Schlammanteils im Bioreaktor

Die Schlammfraktion < 0,2 mm enthält nach der Naßklassierung die Schadstoffe in aufkonzentrierter Form. In der Schlammfraktion wurde ein MKW-Gehalt von etwa 11 000 mg/kg gemessen. Nach Behandlung des Schlammanteiles im Bioreaktor zeigte sich, daß nach einer Verweilzeit von 20 Tagen der MKW-Gehalt auf etwa 2000 mg/kg reduziert werden konnte (Abb. 3).

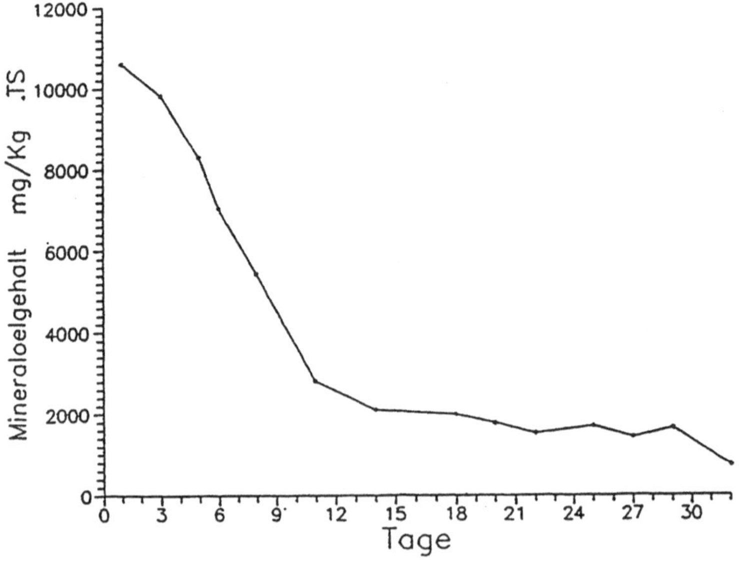

Abb. 3. Abbau von mineralölkontaminiertem Schlamm im Bioreaktor

Innerhalb von weiteren zwei Wochen konnte eine Restkonzentration von unter 1000 mg/kg erreicht werden. Damit lag der Schadstoffgehalt nach Behandlung im Bioreaktor noch deutlich über 300 mg/kg.

Ein weiterer Abbau des Materials ist durch Änderung der Milieubedingungen, wie z. B. pH-Wert, Temperatur, Sauerstoffgehalt, Bakterienlösung usw., technisch möglich, aber infolge des hohen technischen und energetischen Aufwandes nicht wirtschaftlich. Daher muß der Schlamm derzeit noch entsorgt werden. Nach Firmenangabe wurden bisher weit über 100 Schadensfälle saniert.

3. Beispiel: Behandlung von mit Quecksilber belasteten Böden in einer kombinierten Bodenreinigungsanlage

Verfahrensbeschreibung
Die Anlage, die nach § 7 AbfG genehmigt wurde, verfügt über zwei Reinigungsstufen – eine naßmechanisch extraktive sowie eine nachgeschaltete thermisch destillative Behandlungsstufe.

In der ersten Reinigungsstufe der extraktiven Bodenreinigung (Waschanlage) werden die löslichen Schwermetallverbindungen mit Wasser abgetrennt und die verbleibenden Kontaminationen in der Feinstfraktion angereichert. Der stark belastete Schlamm wird in der zweiten Reinigungsstufe, der Schlammtrocknung und Hochtemperaturvakuumdestillation, von den Schadstoffen befreit. Die Reststoffe aus beiden Reinigungsstufen werden auf einer eigens dafür errichteten Monodeponie abgelagert.

Bis zum 30.09.1995 wurden 37 400 t Material in der Bodenreinigungsanlage behandelt und an die Monodeponie abgegeben. An metallischem Quecksilber konnten bisher über 11 t an die Industrie zur Verarbeitung abgegeben werden.

4. Beispiel: Biologisches Verfahren (Biobeet)

Verfahrensbeschreibung
Für die Reinigung von Böden, die mit MKW belastet sind, eignet sich insbesondere die Behandlung im Biobeet. Die mikrobiologische Zersetzung der MKW kann aerob oder anaerob erfolgen. Der Abbau hat das Ziel, das MKW-Gerüst in Kohlendioxid und Wasser umzuwandeln. Ein vollständiger Abbau der MKW ist sehr zeitaufwendig und meist auch nicht wirtschaftlich. Daher verbleibt am Bodenmaterial in der Regel eine Restbelastung.

Für die Verwendung von belastetem Restmaterial nach einer mikrobiologischen Behandlung wurden in Abstimmung zwischen der Wasserwirtschaftsverwaltung und dem LfU folgende Richtwerte festgelegt:

a) Bei einem Gesamtkohlenwasserstoffgehalt von < 100 mg/kg und einem KW-Gehalt im Eluat < 0,2 mg/l ist der Boden ohne Einschränkung verwertbar (ausgen. Trinkwasserschutzgebiete).

b) Bei einem Gesamtkohlenwasserstoffgehalt von 100-400 mg/kg und/oder einem KW-Gehalt im Eluat < 0,4 mg/l ist eine eingeschränkte Verwertung des Bodens möglich. Der Einbau dieser Böden ist mit dem Wasserwirtschaftsamt abzuklären (Einzelfallbewertung). Die Einbausohle des sanierten Bodens muß mindestens 1 m über dem höchsten Grundwasserstand liegen.

c) Bei einem Gesamtkohlenwasserstoffgehalt von > 400 mg/kg oder einem KW-Gehalt im Eluat > 0,4 mg/l ist eine Verwertung nicht möglich. Diese Böden sind auf einer abgedichteten Deponie abzulagern. Der Abbau von MKW-haltigem Material im Biobeet erfolgt in Analogie zum Bioreaktor (s. Abb. 3).

Genehmigung

Für den Betrieb einer Anlage zur Behandlung von verunreinigten Böden ist eine immissionsschutzrechtliche Genehmigung erforderlich.

Die Genehmigung bezieht sich auf folgende Anlagenteile: wischenlager für Böden und Substrate, Bodensanierungshalle, Ausgangslager, Zu- und Abluftsystem mit Biofilter (Abgasvolumenstrom 50 000 m^3/h), Sammlung von Sickerwässern und Regenwasser sowie Reinigung von Abwässern.

Bei dem hier beschriebenen Verfahren handelt es sich um ein mikrobiologisches Wendebeetverfahren, das in einer stationären Halle ausgeführt wird. Die Hallenluft wird abgesaugt und mittels Biofilteranlage gereinigt.

Seit Inbetriebnahme der Anlage Ende Juli 1993 wurden aus über 250 Schadensfällen bisher über 40 000 t Bodenmaterial behandelt.

5. Beispiel: Trockenseparierverfahren

Dieses trockenmechanische Bodenaufbereitungsverfahren wurde zur Sanierung eines Schießplatzes eingesetzt. Mit der angewandten Anlagentechnik konnte eine schonende Separierung der vorliegenden Schad- und Belastungsstoffe – Schrotkugeln, Tontaubenscherben und Schrottaschen – von unbelastetem Bodenmaterial erreicht werden.

Die Aufbereitung des zu sanierenden Bodenmaterials erfolgt verfahrenstechnisch über vier aufeinanderfolgende und durch Förderbänder verbundene Behandlungs- bzw. Trennstufen. Die ausgesonderten Fremdstoffe werden in Container aufgenommen und einer Verwertung bzw. Entsorgung zugeführt.

Verwertung und Entsorgung der getrennten Materialien
Es erfolgte eine Trennung von Wurzelwerk und Erdreich sowie von Bleischrot, Patronenhülsen und Wurftaubenscherben. Von den 20 000 m^3 Erdreich konnten etwa 10 000 m^3 auf dem Gelände zur Aufforstung und Rekultivierung wieder aufgetragen werden; etwa die gleiche Menge mußte wegen des Bleigehaltes von 400-1000 mg/kg TS auf eine Bauschuttdeponie verbracht werden. Die erhaltenen 70 t Patronenhülsen wurden ebenso wie etwa 1000 t Erdreich mit einem Bleigehalt von über 1000 mg/kg TS auf einer Hausmülldeponie entsorgt. Die nach der Separierung gewonnenen 132 t Bleischrot konnten zur Verwertung einer Verhüttung (Bleischmelze) zugeführt werden. Die etwa 300 t Tontaubenscherben sind bestens für den Straßen- und Wegebau geeignet.

6. Beispiel: Immobilisierungsverfahren

Verfahrensbeschreibung
Immobilisierungsverfahren werden in der Literatur als Alternative zu den klassischen Bodenbehandlungsverfahren, wie z. B. der Bodenwäsche oder den biologischen Verfahren, beschrieben.

Dieses Verfahren eignet sich bei Bodenbelastungen insbesondere mit Schwermetallen, nach Firmenangabe auch bei Belastungen mit organischen Schadstoffen. Ziel dieses Verfahrens ist es, die im Boden vorhandenen Schadstoffe durch Verfestigung und Einbindung in eine chemische Matrix so zu immobilisieren, daß vom behandelten Bodenmaterial für die Umwelt keine Gefährdung zu besorgen ist. Die Auslaugbarkeit des immobilisierten Materials wird durch diese Maßnahme im Vergleich zum Originalmaterial deutlich vermindert. Es ist jedoch zu bedenken, daß der Schadstoff als solcher unverändert erhalten bleibt.

Der **Verfahrensablauf** kann wie folgt dargestellt werden:
- Rasterbeprobung der Aushubfläche,
- Aushub von belastetem Bodenmaterial,
- Verbringung auf ein Zwischenlager und Beprobung,
- hochbelastetes Material in Sonderabfallanlage,
- Vorbehandlung des Materials (z. B. Brechen, Sortieren),
- Zumischen von Zuschlagsstoffen,
- Wiederverfüllung des Materials in eine besonders abgedichtete
  Aushubgrube.

In dem Altlastfall, in dem das Immobilisierungsverfahren zur Sanierung eines belasteten Betriebsgeländes zum Einsatz kam, wurde die Aushubsohle vor dem

Rückbau des verfestigten und verdichteten Materials mit einer verschweißbaren Folie abgedeckt und bis zur Geländeoberkante hochgezogen.

Folgenutzung
Der behandelte Boden wird bei Wiedereinbau so verdichtet, daß für die nachfolgende Baunutzung auch anspruchsvolle Gründungsanforderungen erfüllt werden (z. B. Hochhaus).

Im konkreten Fall wurden auf dem Industriegelände Gebäude und Lagerhallen errichtet. Die restliche Oberfläche wurde mit einer Asphaltdecke versiegelt.

Genehmigung
Seit dem 01.05.1993 ist das Gesetz zur Erleichterung von Investitionen und der Ausweisung von Wohnbauland (Kurz: Investitions- und Wohnbaulandgesetz) in Kraft getreten.

Mit diesem Gesetz wurden u. a. die Voraussetzungen für ein beschleunigtes Genehmigungsverfahren für Bodenbehandlungsanlagen geschaffen.

Für den Betrieb von Anlagen zur Behandlung von verunreinigtem Boden, der ausschließlich am Standort der Anlage entnommen wird, ergibt sich eine erhebliche Verfahrenserleichterung. Entsprechend Art 9 ist für eine solche Anlage keine Genehmigung nach dem BImSchG mehr erforderlich, wenn den Umständen nach zu erwarten ist, daß die Anlage weniger als 12 Monate, die auf die Betriebnahme folgen, an demselben Standort betrieben wird. Bislang waren solche Anlagen entsprechend Ziff. 8.7, Spalte 2, noch genehmigungsbedürftig.

Der Betrieb einer derartigen Bodenbehandlungsanlage ist jedoch anzeigepflichtig. Bevor ein solches Immobilisierungsverfahren zur Anwendung kommt, sollte über eine Eignung im Einzelfall entschieden werden.

2. Verwertung von belastetem Material ohne vorherige Behandlung in einer Bodenbehandlungsanlage

Technische Regeln der Länderarbeitsgemeinschaft Abfall
Die Länderarbeitsgemeinschaft Abfall (LAGA) verabschiedete im März 1994 Empfehlungen zur Einführung der "Anforderungen an die stoffliche Verwertung von mineralischen Reststoffen/Abfällen". In diesen Technischen Regeln sind für die Behandlung von Altlasten Kriterien und Zuordnungswerte, sogenannte Z-Werte, (Tabelle 3 und 4 sowie Abb. 4) für mineralische Abfälle/Reststoffe aufgestellt worden, die zeigen, unter welchen Bedingungen anfallendes Aushubmaterial einer Verwertung zugeführt werden kann.

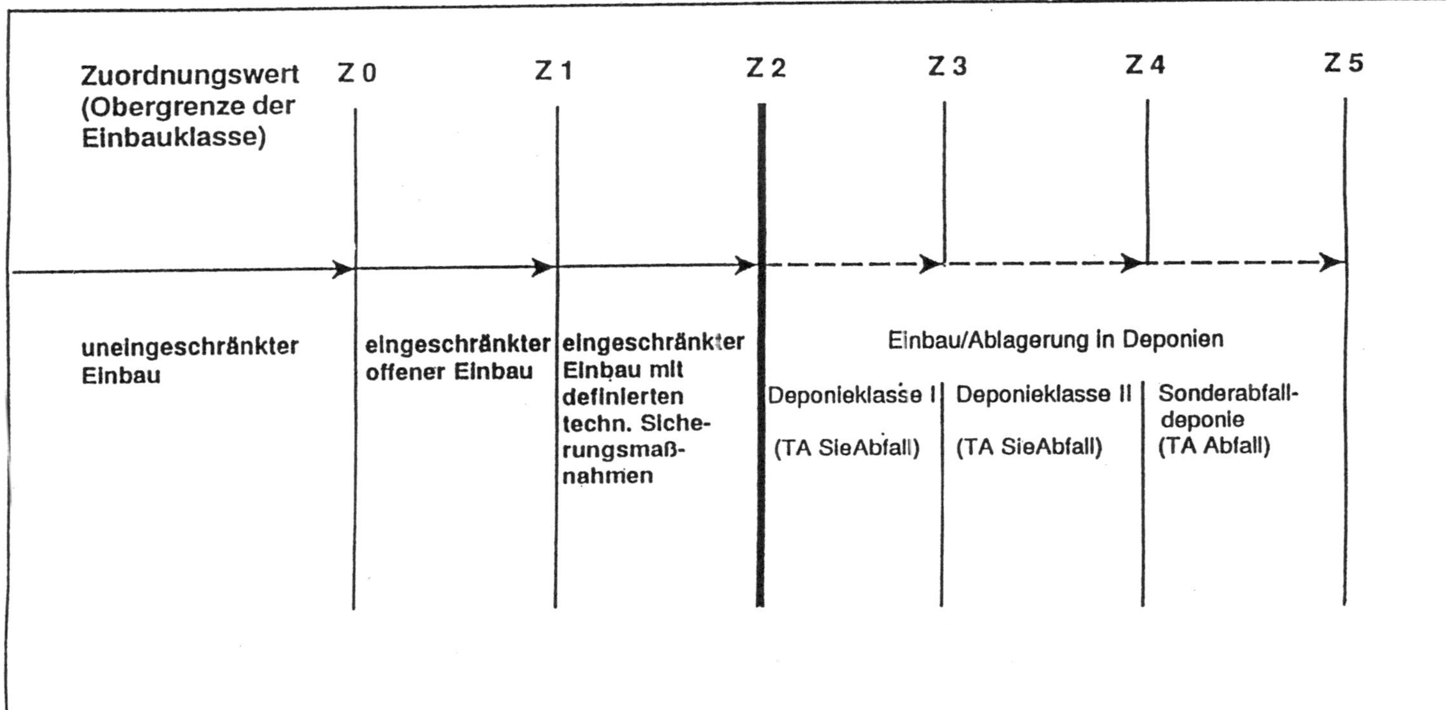

Abb. 4. Darstellung der einzelnen Einbauklassen mit den dazugehörigen Zuordnungswerten gemäß TR-LAGA

Tabelle 3. Zuordnungswerte Feststoff für Boden

Parameter	Dimension	Zuordnungswert			
		Z 0	Z 1.1	Z 1.2	Z 2
pH-Wert[1]		5,5-8	5,5-8	5-9	--
EOX	mg/kg	1	3	10	15
Kohlenwasser-stoffe	mg/kg	100	300	500	1000
Σ BTEX	mg/kg	<1	1	3	5
Σ LHKW	mg/kg	<1	1	3	5
Σ PAK n. EPA	mg/kg	1	5 [2]	15 [3]	20
Σ PCB (Congenere nach DIN 51527)	mg/kg	0,02	0,1	0,5	1
Arsen	mg/kg	20	30	50	150
Blei	mg/kg	100	200	300	1000
Cadmium	mg/kg	0,6	1	3	10
Chrom (ges.)	mg/kg	50	100	200	600
Kupfer	mg/kg	40	100	200	600
Nickel	mg/kg	40	100	200	600
Quecksilber	mg/kg	0,3	1	3	10
Thallium	mg/kg	0,5	1	3	10
Zink	mg/kg	120	300	500	1500
Cyanide (ges.)	mg/kg	1	10	30	100

1)   Niedrigere pH-Werte stellen allein kein Ausschlußkriterium dar.
      Bei Überschreitungen ist die Ursache zu prüfen.
2)   Einzelwerte für Naphthalin und Benzo-[a]-Pyren jeweils kleiner 0,5.
3)   Einzelwerte für Naphthalin und Benzo-[a]-Pyren jeweils kleiner 1,0.

Tabelle 4. Zuordnungswerte Eluat für Boden

Parameter	Dimension	Zuordnungswert			
		Z 0	Z 1.1	Z 1.2	Z 2
pH-Wert[1]		6,5–9	6,5–9	6–12	5,5–12
el. Leitfähigkeit	µS/cm	500	500	1.000	1.500
Chlorid	mg/l	10	10	20	30
Sulfat	mg/l	50	50	100	150
Cyanid (ges.)	µg/l	< 10	10	50	100[3]
Phenolindex[2]	µg/l	< 10	10	50	100
Arsen	µg/l	10	10	40	60
Blei	µg/l	20	40	100	200
Cadmium	µg/l	2	2	5	10
Chrom (ges.)	µg/l	15	30	75	150
Kupfer	µg/l	50	50	150	300
Nickel	µg/l	40	50	150	200
Quecksilber	µg/l	0,2	0,2	1	2
Thallium	µg/l	< 1	1	3	5
Zink	µg/l	100	100	300	600

[1]   Niedrigere pH-Werte stellen allein kein Ausschlußkriterium dar.
      Bei Überschreitungen ist die Ursache zu prüfen.

[2]   Bei Überschreitungen ist die Ursache zu prüfen. Höhere Gehalte,
      die auf Huminstoffe zurückzuführen sind, stellen kein Ausschluß-
      kriterium dar.

[3]   Verwertung für Z 2 > 100 µg/l ist zulässig, wenn
      Z 2 Cyanid (leicht freisetzbar) < 50 µg/l.

Nach Auffassung der LAGA sollen diese Technischen Richtlinien in einer drei-
jährigen Erprobungsphase getestet werden. Bevor es zu einer Anordnung nach
Bundesrecht kommt, sollten die Technischen Richtlinien im Ländervollzug, wie
von der LAGA empfohlen, in allen Bundesländern schnellstmöglich eingeführt
werden.

Verwendung im Straßen- und Wegebau

Für die Verwendung von belastetem Material im Straßen- und Wegebau werden
im Freistaat Bayern gemäß einer Bekanntmachung der Obersten Baubehörde im
Bayerischen Staatsministerium des Innern vom 17.11.1992 sowie einer Ergänzung vom 31.01.1995 (AllMBl Nr 25/1992 und AllMBl Nr. 4/1995) "Technische
Lieferbedingungen und Richtlinien für aufbereiteten Straßenaufbruch und Bauschutt zur Verwendung im Straßenbau in Bayern" zugrundegelegt.

Tabelle 5. Richtlinien für die einzuhaltenden wasserwirtschaftlichen Gütemerkmale bei der Verwendung von Recyclingbaustoffen im Straßenbau in Bayern

	1	2	3	4	5
	Parameter	Richtwert 1	Richtwert 2	Zulässige Toleranz (%)	Analysenverfahren
Feststoff	Äußere Beschaffenheit	ist anzugeben			
	EOX (mg/kg)	1,0	4,0	20	DIN 38 414 – S 17
	Kohlenwasserstoffe. (mg/kg)[1]	100	400	20	DIN 38 409 – H 18
	PAK (EPA) (mg/kg)[2]	2,0	20		DIN 38 407 – F 8
Eluat	Färbung, Trübung, Geruch	sind anzugeben			
	pH-Wert	ist anzugeben[3]		–	DIN 38 404 – C 5
	El. Leitfähigkeit (20 C; mS/m)	200	800	5	DIN 38 404 – C 8
	Sulfat (mg/l)[4]	250	1400	10	DIN 38 405 – D 19
	Chlorid (mg/l)	125	500	10	DIN 38 405 – D 19
	Arsen (μg/l)	10	40	20	DIN 38 405 – D 18 DIN 38 406 – E 22
	Cadmium (μg/l)	5,0	20	20	DIN 38 406 – E 19-3 DIN 38 406 – E 22
	Chrom, ges. (μg/l)	50	200	10	DIN 38 406 – E 10-2 DIN 38 406 – E 22
	Kupfer (μg/l)	50	200	10	DIN 38 406 – E 7 DIN 38 406 – E 22
	Nickel (μg/l)	50	200	10	DIN 38 406 – E 11 DIN 38 406 – E 22
	Blei (μg/l)	40	160	10	DIN 38 406 – E 6-3 DIN 38 406 – E 22
	Zink (μg/l)	200	800	10	DIN 38 406 – E 22
	Quecksilber (μg/l)	1,0	4,0	20	DIN 38 406 – E 12
	Phenole (μg/l)[5]	20	100	20	DIN 38 409 – H 16
	Kohlenwasserstoffe (μg/l)[6]	100	600	20	DIN 38 409 – H 18

1) Sofern Kohlenwasserstoffe auf Bitumenanteile zurückzuführen sind, kann ihre Bestimmung im Feststoff entfallen.

2) Sofern PAK auf Bitumenanteile zurückzuführen sind, ist eine uneingeschränkte Verwertung bis zu einem Wert von 10 mg/kg zulässig.

3) für Recycling-Baustoffe typischer Bereich: 6,5–12,5 (kein Richtwert); bei Abweichungen im Rahmen von Eigenüberwachungsprüfungen ist der Fremdüberwacher einzuschalten.

4) Bei Bauschutt für gipshaltiges Material uneingeschränkte Verwertung bis zum Richtwert 2 unter der Bedingung zulässig, daß die Ca-Konzentration im Eluat mindestens die 0,43fache Sulfat-Konzentration erreicht.

5) Sofern Phenole ausschließlich auf Bitumenanteile zurückzuführen sind, ist eine uneingeschränkte Verwertung bis zum Richtwert 2 zulässig.

6) nur zu bestimmen bei bitumenhaltigen Recycling-Baustoffen oder wenn die Feststoffanalyse mehr als 100 mg/kg Kohlenwasserstoffe ergibt.

Die Tabelle 5 enthält eine Zusammensetzung der in der Regel im Hinblick auf die wasserwirtschaftlichen Gütemerkmale bei Recycling- und Baustoffen maßgebenden Parameter, unterteilt in Feststoff- und Eluatanalysen.

Verwertungsmöglichkeit

1. Uneingeschränkt verwertungsfähig:
   Die Richtwerte 1 werden nicht überschritten.
   Das untersuchte Material gilt als so gering belastet, daß es
   ohne grundsätzliche Einschränkungen verwertet werden kann.
2. Eingeschränkt verwertungsfähig:
   Richtwerte 1 werden überschritten; Richtwerte 2 werden nicht überschritten.
   Eine Verwertung ist nur in Abhängigkeit von den wasserwirtschaftlichen
   Randbedingungen und der Einbauweise möglich.
3. In der Regel nicht verwertungsfähig:
   Richtwerte 2 werden überschritten. Eine Verwertung ist aus
   wasserwirtschaftlicher Sicht nicht möglich.

Errichtung, Betrieb und Überwachung von Deponien für gering belastete mineralische Abfälle – Bauschuttdeponien

Das Merkblatt informiert konkret zur TA Siedlungsabfall hinsichtlich der Richtwerte (RW1 und RW2) sowie der Anforderung an die Errichtung, den Betrieb und die Überwachung von Bauschuttdeponien (s. Tabelle 6 und 7).

Wiederverfüllung von Sand- und Kiesgruben

Das vorliegende Merkblatt richtet sich an die Betreiber von Sand- bzw. Kiesgruben, soweit der öffentlich-rechtliche Bescheid eine Wiederverfüllung vorsieht. Es nennt die zu beachtenden rechtlichen Vorschriften sowie die technischen und wasserwirtschaftlichen Voraussetzungen für eine umweltgerechte Wiederverfüllung von Sand- und Kiesgruben.

Die Verfüllmaterialien müssen schadstofffrei und hinsichtlich ihrer Herkunft unbedenklich sein (Herkunftsnachweis).

Bestehen Zweifel hinsichtlich der Unbedenklichkeit des Materials, so hat der Anlieferer durch einen unabhängigen Sachverständigen nachzuweisen, daß das vorgesehene Verfüllmaterial die im LAGA-Merkblatt "Anforderungen an die stoffliche Verwertung von mineralischen Reststoffen/Abfällen" vom März 1994 festgelegten Zuordnungswerte Z0 bzw Z1.1 einhält.

Tabelle 6. Richtwerte 1 und 2 (RW1/RW2) für den Gesamtgehalt in der Originalsubstanz von gering belasteten mineralischen Abfällen zur Ablagerung auf nicht abgedichteten Deponien – Bauschuttdeponien

– Grunduntersuchung –

Parameter der Grunduntersuchung	Einheit	RW 1	RW 2
Äußere Beschaffenheit (Farbe, Konsistenz, Geruch)	ist anzugeben		
Glühverlust [1]	Gew.%ng	1	3
Arsen (As)	/kg	30	150
Blei (Pb)	mg/kg	150	1000
Cadmium (Cd)	mg/kg	2	10
Chrom, gesamt (Cr)	mg/kg	150	600
Kupfer (Cu)	mg/kg	100	600
Nickel (Ni)	mg/kg	100	600
Quecksilber (Hg)	mg/kg	2	10
Zink (Zn)	mg/kg	500	1500
Cyanid, gesamt (CN⁻)	mg/kg	30	100
Extrahierbare org. Halogenverb. (EOX)	mg/kg	3	15

Tabelle II: – ergänzende Parameter im Einzelfall –

Parameter für im Einzelfall bei entsprechender Herkunft erforderlicher ergänzende Untersuchungen (siehe II, Nrn. 4.2 und 5)	Einheit	RW 1	RW 2
Antimon (Sb)	mg/kg	30	150
Barium (Ba)	mg/kg	400	1600
Beryllium (Be)	mg/kg	5	20
Kobalt (Co)	mg/kg	50	300
Molybdän (Mo)	mg/kg	40	200
Selen (Se)	mg/kg	30	150
Thallium (Tl)	mg/kg	1	10
Vanadium (V)	mg/kg	40	200
Zinn (Sn)	mg/kg	50	300
Fluorid (F⁻)	mg/kg	400	2000
Sulfid (S)	mg/kg	20	80
PAK, gesamt [2]	mg/kg	5	20
– Naphthalin als Einzelstoff	mg/kg	< 0,5	< 1
– Benzo-[a]-Pyren als Einzelstoff	mg/kg	< 0,5	< 1
LHKW, gesamt [3]	mg/kg	1	5
PBSM, gesamt [4]	mg/kg	1	4
PCB, gesamt, gemäß LAGA [5]	mg/kg	0,5	1
Chlorphenole, gesamt	mg/kg	1	5
Phenole, gesamt (Phenolindex), wasserdampfflüchtig	mg/kg	1	10
Tenside (MBAS und BiAS)	mg/kg	100	400
Kohlenwasserstoffe (außer Aromaten)	mg/kg	100[6]	400[6]
BTX-Aromaten, gesamt [7]	mg/kg	5	20
– Benzol als Einzelstoff	mg/kg	0,5	3

Fußnoten siehe nächstes Blatt

Fußnoten

[1] Die Richtwerte gelten nur für den Glühverlust, der auf die Verbrennung organisch-chemischer Substanzen, ausgenommen natürlicher Bodeninhaltsstoffe (z.B. Humus), zurückzuführen ist.

[2] PAK, gesamt: Summe der polycyclischen aromatischen Kohlenwasserstoffe; in der Regel Summe von 16 Einzelsubstanzen nach der Liste der US Environmental Protection Agency (EPA); ggf. unter Berücksichtigung weiterer relevanter Einzelstoffe (z.B. Methylnaphthaline) und Weglassen von Acenaphthylen

[3] LHKW, gesamt: Summe der leichtflüchtigen Halogenkohlenwasserstoffe (halogenierte C_1- und C_2-Kohlenwasserstoffe)

[4] PBSM, gesamt: Summe der organisch-chemischen Stoffe zur Pflanzenbehandlung und Schädlingsbekämpfung einschließlich ihrer toxischen Hauptabbauprodukte

[5] PCB, gesamt: Summe der polychlorierten Biphenyle; in der Regel 6 Kongenere nach DIN 51 527 multipliziert mit dem Faktor 5 (entsprechend LAGA)

[6] Handelt es sich um einen gereinigten (z.B. mikrobiologisch) Boden, so können in Abhängigkeit von der Art der im Boden verbliebenen Kohlenwasserstoffe auch höhere Konzentrationen zugelassen werden

[7] BTX-Aromaten, gesamt: Leichtflüchtige aromatische Kohlenwasserstoffe (Benzol, Toluol, Xylole, Ethylbenzol, Styrol, Cumol etc.); besondere Festlegung für Benzol

Tabelle 7. Richtwerte 1 und 2 (RW1/RW2) für das Eluat von gering belasteten mineralischen Abfällen zur Ablagerung auf nicht abgedichteten Deponien – Bauschuttdeponien

– Grunduntersuchung –

Parameter der Grunduntersuchung	Einheit	RW 1	RW 2
Färbung und Trübung (visuell), Geruch (qualitativ)		ist anzugeben	
El. Leitfähigkeit (bei 20° C)	µS/cm.	2000	8000
pH-Wert [1]		5,5 - 12	5,5 - 12
Arsen (As)	µg/l	10	60
Blei (Pb)	µg/l	40	100
Cadmium (Cd)	µg/l	5	10
Chrom, gesamt (Cr)	µg/l	50	150
Kupfer (Cu)	µg/l	50	250
Nickel (Ni)	µg/l	50	100
Quecksilber (Hg)	µg/l	1	2
Zink (Zn)	µg/l	200	600
Cyanid, leicht freisetzbar (CN^-)	µg/l	10	50
Gel. organisch geb. Kohlenstoff (DOC)	mg/l	5	20

Tabelle II: – ergänzende Parameter im Einzelfall –

Parameter für im Einzelfall bei entsprechender Herkunft erforderlicher ergänzender Untersuchungen (siehe II, Nrn. 4.2 und 5)	Einheit	RW 1	RW 2
Antimon (Sb)	µg/l	10	40
Ammonium (NH_4^+)	µg/l	500	2000
Barium (Ba)	µg/l	400	1000
Beryllium (Be)	µg/l	5	20
Eisen, gesamt (Fe)	mg/l	2	8
Kalium (K^+)	mg/l	12	50
Kobalt (Co)	µg/l	50	200
Mangan (Mn)	µg/l	100	400
Molybdän (Mo)	µg/l	20	100
Natrium (Na^+)	mg/l	150	600
Selen (Se)	µg/l	10	40
Thallium (Tl)	µg/l	1	5
Vanadium (V)	µg/l	20	80
Zinn (Sn)	µg/l	30	150
Chlorid (Cl^-)	mg/l	125	500
Cyanid, gesamt (CN^-)	µg/l	50	100
Fluorid (F^-)	mg/l	1,5	3
Nitrat (NO_3^-)	mg/l	25	100
Nitrit (NO_2^-)	mg/l	0,1	0,4
Sulfat (SO_4^{2-}) [2]	mg/l	250	1000
Sulfid (S^{2-})	mg/l	0,1	0,4
LHKW, gesamt [3]	µg/l	5	20
PBSM, gesamt [4]	µg/l	0,5	2
PCB, gesamt, gemäß LAGA [5]	µg/l	0,5	2
Phenole, gesamt (Phenolindex)	µg/l	20	100
Chlorphenole, gesamt	µg/l	0,5	2
Tenside (MBAS und BiAS)	µg/l	200	800
Kohlenwasserstoffe (außer Aromaten)	µg/l	100[6]	600[6]
BTX-Aromaten, gesamt [7]	µg/l	15	60
– Benzol als Einzelstoff	µg/l	3	10

Fußnoten siehe nächste Seite

Fußnoten

1) Orientierungswert ohne Richtwertcharakter

2) Gilt nicht für Bauschutt bzw. gipshaltiges Baumaterial

3) LHKW, gesamt: Summe der leichtflüchtigen Halogenkohlenwasserstoffe (halogenierte C_1- und C_2-Kohlenwasserstoffe)

4) PBSM, gesamt: Summe der organisch-chemischen Stoffe zur Pflanzenbehandlung und Schädlingsbekämpfung einschließlich ihrer toxischen Hauptabbauprodukte

5) PCB, gesamt: Summe der polychlorierten Biphenyle; in der Regel 6 Kongenere nach DIN 51 527, multipliziert mit dem Faktor 5 (entsprechend LAGA)

6) Handelt es sich um einen gereinigten (z.B. mikrobiologisch) Boden, so können in Abhängigkeit von der Art der im Boden verbliebenen Kohlenwasserstoffe auch höhere Konzentrationen zugelassen werden

7) BTX-Aromaten, gesamt: Leichtflüchtige aromatische Kohlenwasserstoffe (Benzol, Toluol, Xylole, Ethylbenzol, Styrol, Cumol etc.); besondere Festlegung für Benzol

Verwendung des belasteten Aushubmaterials vor Ort
Als Beispiel: Bau der U-Bahn in München
Für den Bau der U-Bahn wurden bei der Trassenführung zwei wiederverfüllte
Kiesgruben angeschnitten. Die aufgrund der Beprobung erhaltenen Analysener-
gebnisse zeigten, daß beim Ausheben mit belastetem Material zu rechnen ist. Der
Schadstoffgehalt lag zwischen den Werten der Stufe 1 und 2 des Altlastenleitfa-
dens. Die Kubatur wurde auf über 70 000 m^3 geschätzt.

Problem der Verbringung des belasteten Materials
Bei der Planung der auszuführenden Aushubarbeiten entstand das Problem der
Entsorgung, da Ablagerungsmöglichkeiten nur in sehr geringem Umfang vor-
handen waren.

Dieses belastete Material von 70 000 m^3 konnte einerseits wegen des vorhandenen Gefährdungspotentials nicht auf einer Bauschuttdeponie abgelagert und
andererseits aufgrund des knappen Deponieraumes nicht auf einer Hausmülldeponie entsorgt werden. Für eine Verbringung in eine Sonderabfalldeponie war die
Belastung des Materials mit wassergefährdenden Stoffen zu gering.

In derartig gelagerten Fällen, bei denen belastetes Aushubmaterial anfällt,
Reinigungsverfahren nicht anwendbar und Ablagerungsmöglichkeiten auf Bau-
schutt- oder Hausmülldeponien nicht gegeben sind, empfiehlt es sich, belastetes
Material vor Ort unter bestimmten Konditionen wieder einzufüllen.

Verfüllung vor Ort
Beim Bau der U-Bahn durch eine wiederverfüllte Kiesgrube war es unbedingt
erforderlich, daß eine überschnittene Bohrpfahlwand an beiden Seiten der U-
Bahn-Röhre errichtet wurde, die von der U-Bahn-Sohle bis zur Geländeoberkante
reichte. Dadurch entstand zwischen der Oberkante der U-Bahn-Röhre und der
Geländeoberkante ein Hohlraum.

In diesen Hohlraum konnte die gesamte Menge des belasteten Materials rück-
verfüllt werden (Abb 5), da der Streckenabschnitt zwischen den Pfahlwänden so
lang war, daß der gesamte Aushub untergebracht werden konnte.

Genehmigung gemäß § 4 Abs. 2 des Abfallgesetzes
Gemäß § 4 Abs. 1 AbfG dürfen Abfälle nur in den dafür zugelassenen Anlagen
oder Einrichtungen (Abfallentsorgungsanlagen) behandelt, gelagert und abgelagert werden. Die zuständige Behörde kann gem. § 4 Abs. 2 AbfG eine Ausnahme
von der sonst nach § 4 Abs. 1 bestehenden Verpflichtung erteilen, wonach belastetes Material in einer dafür zugelassenen Abfallentsorgungsanlage abzulagern
ist. Dies gilt für schadstoffbelastetes Material nur dann, wenn durch dessen Ablagerung keine Beeinträchtigung des Wohls der Allgemeinheit zu besorgen ist (§ 4
Abs. 2 AbfG).

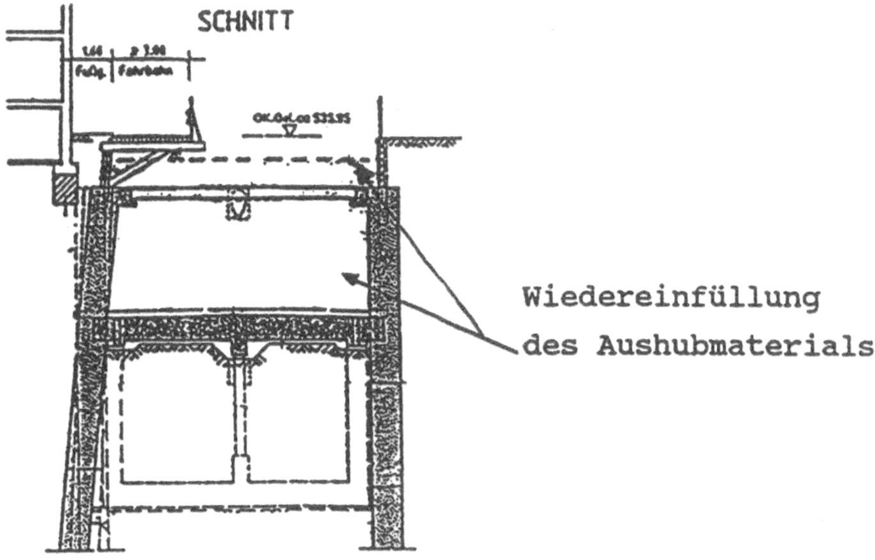

Abb. 5. Wiedereinfüllung des Aushubmaterials aus der verfüllten Kiesgrube

Der vom Bau der U-Bahn nicht betroffene Teil der Altablagerung kann aus wasserwirtschaftlichen Gründen an Ort und Stelle verbleiben, da aufgrund der Voruntersuchungen eine Gefährdung des Grundwassers nicht zu befürchten ist. Somit stellt die Rückverfüllung des gering belasteten Materials keine Verschlechterung, sondern durch die Einkapselungsmaßnahme eine wesentliche Verbesserung der vorigen Situation dar.

Verbringung von belastetem Material im Untertagebergbau

Im Rahmen des Abbaus von Steinsalz und Kohle im Tage- oder Untertagebergbau entstanden Stollen, Gruben und Kavernen. Auf diese Weise gibt es nun Hohlräume, die für eine abfallrechtliche Ablagerung bzw. zur Verfüllung im bergbaulichen Versatz zur Verfügung stehen.

Grundsätzlich sollte bei der Wahl zwischen Verwertung und Entsorgung im Sinne des AbfG der Verwertung der Vorrang gegeben werden.

Durch die Verwertung von belasteten Materialien als Versatzmittel in ehemaligen Bergwerken wird dem Verwertungsgebot nach dem Bayer. Abfallwirtschafts- und Altlastengesetz (BayAbfAlG) entsprochen, ebenso erfüllt eine Gebietskörperschaft ihre Vorbildpflicht gemäß Art. 2 Abs. 1 BayAbfAlG.

Genehmigungsrechtliche Aspekte

Im Hinblick der genehmigungsrechtlichen Voraussetzungen ist zu beachten, daß sich Unterschiede daraus ergeben, ob das Material einer Verwertung zugeführt oder in einer behördlich genehmigten Abfallentsorgungsanlage abgelagert wird. Im ersten Fall ist das Material als Reststoff zu betrachten, der einer Wiederverwertung zugeführt wird. Dafür sind gemäß Abfallreststoffüberwachungsverordnung (AbfRestÜberwV) weder Transportgenehmigungen noch Entsorgungsnachweise erforderlich.

Die zuständige Behörde kann jedoch gemäß § 11 Abs. 2 AbfG einen Verwertungsnachweis anordnen. Daß Fragen der Transportsicherheit vom jeweiligen Unternehmer beachtet werden, gilt als selbstverständlich. Es muß jedoch eine Zustimmung des Anlagenbetreibers vorliegen.

Im zweiten Fall – der Ablagerung auf einer behördlich genehmigten Abfallentsorgungsanlage – ist das Material Abfall. Es müssen hierfür Entsorgungsnachweis und Transportgenehmigung (auszustellen von der für den Transporteur zuständigen Behörde) vorliegen.

Zusammenfassung

Die Sanierung vorhandener Altlasten ist ein wichtiger Behandlungsschwerpunkt, der leistungsfähige Techniken und Finanzmittel erfordert. Der Sanierungsbedarf und das jeweilige Sanierungsziel sollten deshalb nur auf Grundlage einer sorgfältigen Recherche, zuverlässiger Untersuchungsergebnisse und einer umfangreichen und gründlichen Gefährdungsabschätzung (menschliche Gesundheit, Grundwasser etc.) unter Berücksichtigung der Verhältnismäßigkeit und der technischen Machbarkeit gefordert bzw. festgelegt werden.

Bei Altlastenuntersuchungen sollte deshalb vor einer Auftragserteilung der dem Standort und der Belastungsart entsprechende und notwendige Untersuchungsumfang genau festgelegt werden. Nicht das billigste Angebot ist zu wählen, sondern das wirtschaftlichste, da von der Ausführlichkeit, Gründlichkeit und Qualität des Gutachtens einschneidende weitere Schritte abhängen.

Aus abfallwirtschaftlichen Gründen und unter Beachtung des Verwertungsgebotes des BayAbfAlG ist aus fachlicher Sicht der Behandlung kontaminierter Böden der Vorzug zu geben, da der Schadstoff weitgehend entfernt wird und Nachsorgemaßnahmen – in technischer und finanzieller Sicht – entfallen, d. h. es kann die endgültige Beseitigung erzielt werden. Ökologische und ökonomische Folgewirkungen einer Sanierungsmaßnahme sollten in die Entscheidung einbezogen werden.

Zur Behandlung kontaminierter Böden sind unterschiedlich wirksame und anwendbare Verfahrenstechnologien verfügbar. Thermische, biologische, extraktive, chemische und elektrische Verfahren sind von verschiedenen Firmen zur technischen Reife und Einsatzfähigkeit entwickelt worden und bieten sich für Sanierungsfälle an.

Umfangreicher Forschungsbedarf besteht noch bei der Anwendung und dem Einsatz von In-situ-Verfahren, wie z. B. elektrochemischen Verfahren. Da die Behandlung von belasteten Böden in Bodenreinigungsverfahren ein relativ neues Gebiet ist, müssen noch Erfahrungen gesammelt werden.

Das Gesetz zur Bekämpfung der Umweltkriminalität – Bodenverunreinigung als neuer Straftatbestand, Schwachstellen und Bewährung in der Praxis

Erich Schöndorf

Mit dem am 01.11.1994 in Kraft getretenen Zweiten Gesetz zur Bekämpfung der Umweltkriminalität (2. UKG) verfügen wir in § 324a StGB nunmehr auch über eine Bodenschutz-Bestimmung. Warum so spät, wird man fragen, haben doch Umweltverbände schon vor vielen Jahren auf die ökologische Bedeutung der Böden hingewiesen. "Die 30 cm von denen wir leben", proklamierte der BUND bereits im Jahr 1980. Zwei Antworten gibt es dazu: Einmal entfalteten die strafrechtlichen Bestimmungen zur Gewässerreinhaltung (§ 324 StGB) und zur Abfallbeseitigung (§ 326 StGB) eine (mittelbare) Schutzwirkung auch im Hinblick auf das Rechtsgut Boden. Denn im Falle von Grundwasserverunreinigungen war der Boden notwendige "Durchgangsstation", und Hauptmedium von Bodenverunreinigungen waren nun einmal Abfälle. Zum anderen waren die Umweltverbände dem Gesetzgeber in Sachen Bodenökologie ganz einfach ein Stück voraus. Mit anderen Worten: Dem Staat war – wie schon die Landwirtschaftsklausel im Bundesnaturschutz Gesetz zeigt – der Boden ein bißchen egal; Wasser und Luft als unmittelbares Lebensmittel lagen ihm da mehr am Herzen.

Das ist ja nun anders geworden, zum Glück, wird man sagen dürfen, denn der mittelbare Bodenschutz über die Bestimmungen der §§ 324, 326 StGB war lückenhaft. Aus dem Jahr 1985 ist mir ein Fall erinnerlich, der die Problematik anschaulich macht:

Anläßlich der regelmäßigen Überprüfungen der Trinkwasserbrunnen im Frankfurter Süden ergaben sich Mitte der 80er Jahre plötzlich Belastungen mit chlorierten Kohlenwasserstoffen. Man mußte lange suchen, bis man eine 2 km entfernte große Reinigungsfirma als Verursacher ausfindig gemacht hatte. Dort war mit PER geschlammt worden, leider auf dem Nachbargrundstück auch. Dort waren die Reinigungsarbeiten viele Jahre zuvor durchgeführt worden, von anderen, mittlerweile verstorbenen Verantwortlichen. Was kam nun woher? "So gut wie alles vom Grundstück der Verstorbenen", sagten die noch lebenden Verantwortlichen und verwiesen auf eine Vielzahl durchgerosteter Tanks nebenan. Sie können sich vorstellen, wie die Sache ausging: Einstellung gem. § 153a StPO, Erledigung nach lex Hornberg.

Diese Fälle, daß man eine Grundwasserverunreinigung nicht zwingend einem bestimmten Verursacher zuordnen kann, sind nicht selten. Denken Sie bitte an den Frankfurter Osten. Dort sind die Liegenschaften flächendeckend und gleichartig verschmutzt, und es existieren viele Verantwortliche. Unter diesen Umständen läßt sich in das Grundwasser keine strafrechtliche Ordnung bringen.

Wenn Sie nun noch daran denken, daß nicht jede Bodenverunreinigung zu einem Grundwasserschaden führt und durchaus auch Stoffe außerhalb der Abfälle entsprechende Schäden machen können, dann erkennen Sie die grundsätzliche Notwendigkeit einer Bodenschutzvorschrift.

Was taugt der neue § 324a StGB? Den Wert einer Gesetzesnorm kann man regelmäßig an ihren Einschränkungen, an den Ausnahmebestimmungen erkennen. Und die bestehen hier einmal darin, daß die Verschmutzung des Bodens einen bedeutenden Umfang haben und zum anderen, daß sie unter Verletzung verwaltungsrechtlicher Pflichten erfolgt sein muß.

Die Beschränkung auf Verschmutzungen von bedeutendem Umfang wird man hinnehmen können, obwohl darin viel Sprengstoff steckt. Was ist mit an sich unbedeutenden Beeinträchtigungen, wenn sie flächendeckend von einer Vielzahl von Verursachern unabhängig voneinander realisiert werden? Wächst damit auch der Umfang jeder Einzelhandlung bis in den strafrechtlich relevanten Bereich? Das Problem der "großen Zahl", wie es Professor Kuhlen einmal genannt hat, ist noch nicht ausdiskutiert. Die Rechtsprechung wird sich ihm widmen müssen.

Gewichtiger ist die zweite Einschränkung. Was unter „verwaltungsrechtlichen Pflichten zu verstehen ist, sagt die Legaldefinition des § 330d StGB. Bodenverunreinigungen sind nur strafbar, wenn sie konkreten öffentlich-rechtlichen Verpflichtungen zuwider laufen. Es muß also eine Rechtsvorschrift oder ein Verwaltungsakt verletzt werden, welche(r) zumindest mittelbar dem Bodenschutz dient. Keine Rolle spielen dabei die sogenannten Generalklauseln, weil sie zu unbestimmt sind.

Was heißt das für die Praxis?

Handlungen, die den Bestimmungen zum Schutz des Grundwassers zuwiderlaufen – hier dürfte zuvörderst die Verordnung über das Lagern und den Transport wassergefährdender Flüssigkeiten eine Rolle spielen – unterfallen der Vorschrift des § 324a StGH. Aus der Tatsache, daß es im Vorfeld von Grundwasserverunreinigungen regelmäßig zu Bodenbeeinträchtigungen kommt, wird auf den – mittelbaren – Bodenschutzcharakter dieser Bestimmungen geschlossen werden können.

Verordnungen und Verwaltungsakte aufgrund der §§ 7, 23 BImSchG (Betrieb von Anlagen) genügen regelmäßig auch der Vorschrift des § 324a StGB. Dazu dürften auch die Bestimmungen gehören, die den gasförmigen Schadstoffaustrag regeln, so insbesondere die Feuerungsanlagen-VO. Dabei geht es nämlich in erster Linie um die Reduzierung des Säureeintrags in den Boden (saurer Regen). Insofern steht aber einer konkreten strafrechtlichen Ahndung entsprechender Handlungen die kaum mögliche räumliche Schadenseingrenzung sowie die Beteiligung einer großen Zahl von Verursachern entgegen.

In bezug auf landwirtschaftlich genutzte Böden ergeben sich bodenschützende verwaltungsrechtliche Pflichten aus § 7 PflanzenschutzG iVm. der Pflanzenschutz-AnwendungsVO sowie aus § 2 DüngemittelG iVm. der DüngemittelVO. Da es sich aber bei den §§ 6 Abs. 1, S. 1-3 PflanzenschutzG und 1a Abs. 1 und 2 DüngemittelG um allgemeine, d. h. im vorliegenden Zusammenhang unverbindliche Programmssätze handelt, ist der Schutz landwirtschaftlich genutzter Böden wesentlich eingeschränkt: Praktisch spielen nur Anwendungen nicht zugelassener Mittel im Rahmen des § 324a StGB eine Rolle, während Überdüngung und Überspritzung – die für die ökologischen Schäden an erster Stelle verantwortlichen Umstände – mangels entsprechender verwaltungsrechtlicher Pflichten von § 324a StGB überhaupt nicht erfaßt werden.

Schließlich seien hier noch die Bestimmungen der §§ 1 DDT-G und 17 Chem GiVm. der GefahrstoffVO als in gewisser Weise praxisrelevant zu erwähnen.

Abschließend noch einige Bemerkungen zur Altlastenproblematik. Sie besitzt j. allg. eine große praktische Bedeutung. Da aber kann ich die Verantwortlichen beruhigen. Gefahr geht von der neuen Bodenschutzbestimmung nicht aus. Aufgrund der Begehungsmodalitäten "einbringen, eindringen lassen und freisetzen" lassen sich unterlassene Sanierungen nicht unter § 324a StGB subsumieren. Es muß insoweit bei der strafrechtlich schwierigen Einordnung der Problematik unter die Abfallbestimmungen (§§ 326, 327 StGB) und die Grundwasser-Schutzbestimmung des § 324 StGB sein Bewenden haben. Das bedeutet im ersten Fall, daß die Verunreinigung von Abfällen, d. h. von körperlichen Gegenständen (und nicht nur diffusen Belastungen) herrühren muß und im zweiten Fall, daß eine Grundwasserbeeinträchtigung festgestellt werden muß.

Was heißt das im Ergebnis?

§ 324a StGB erweitert die strafrechtlichen Möglichkeiten des Bodenschutzes nicht unerheblich. In der Praxis werden örtlich eng begrenzte Schadensfälle im Zusammenhang mit Transport oder Lagerung wasser- und damit auch bodengefährdender Stoffe die entscheidende Rolle spielen. Die drängenden ökologischen Probleme im Zusammenhang mit dem Schutz des Bodens, wie die Versauerung der Waldböden, die zunehmende Kontaminierung der landwirtschaftlich genutzten Böden oder die Beseitigung der Altlasten bleiben strafrechtlich aber weiterhin ungelöst.

Aussagefähigkeit von Altlastengutachten aus der Sicht des Grundstückseigentümers

Karin Kemal

Die TLG (Treuhand Liegenschaftsgesellschaft mbH) als Grundstückseigentümerin und Verwalterin hat die Aufgabe, im Auftrage des Bundes für die wirtschaftliche Entwicklung der neuen Bundesländer Immobilien und Gewerbeimmobilien bereitzustellen. Sie ist als Eigentumsgesellschaft zu wirtschaftlichem Handeln verpflichtet. Die ihr zugeordneten Gewerbeimmobilien werden vermietet, verpachtet, entwickelt und verwertet [1]. Im Grundstückspool der TLG sind u. a. solche Liegenschaften enthalten, bei denen Belastungen aus gewerblicher Nutzung bekannt sind oder vermutet werden. Die Datenlage zur Vornutzung der auf die TLG übertragenen bzw. angekauften Liegenschaften ist in wenigen Fällen aussagefähig. Nach Herkunft sind die Grundstücke durch verschiedene verkehrswertmindernde Sachverhalte belastet.

Durch die große Anzahl der Grundstücke, bei denen ein Erkundungsbedarf vorliegt, kann eine fachliche Einschätzung vorliegender Belastungen innerhalb der TLG nicht erbracht werden. Deshalb beauftragt die TLG Ingenieurbüros mit der Erfassung und Bewertung. Die TLG läßt deshalb auf verschiedenem Beweisniveau erkunden durch Ersteinschätzungen nach Augenschein, Vorschätzungen und Schätzungen II (Schätzungen mit Beprobung). Ziel dieser Vorgehensweise ist es, nach dem Grundsatz der Angemessenheit die notwendige Datenlage zu erstellen (s. Abb. 1). Kann nach der vorhandenen Datenlage keine hinreichende Aussage getroffen werden, wird eine Schätzung nach neu bestimmten Erkundungsumfang beauftragt.

Die ökologischen Belastungen eines Grundstücks, die zu Wertabschlägen führen, sind

- Bodenkontaminationen (einschließlich Altablagerungen),
- Abfälle,
- Abbruch, Demontage und Sicherung,
- asbesthaltige Baustoffe,
- radioaktive Belastungen.

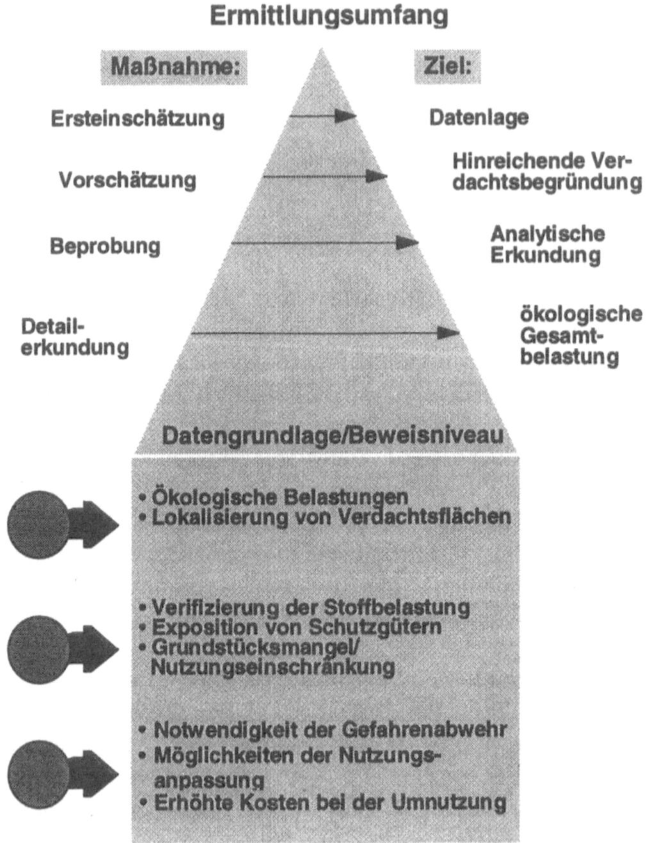

Abb. 1. Erstellung der Datenlage

Ein Altlastengutachten umfaßt damit nur einen Teil der wertmindernden umweltrelevanten Sachverhalte. Deshalb ist die Neugliederung "Schätzbericht" der
TLG für Vorschätzungen und Schätzungen II erweitert worden.

Altlasten sind im Sinne der Altlastendefinition der Treuhandanstalt Belastungen des Bodens aus gewerblicher oder industrieller Nutzung, von denen eine
tatsächliche oder potentielle Gefahr für die öffentliche Sicherheit oder Ordnung
ausgeht, d. h. eine Gefährdung eines oder mehrerer Schutzgüter wird prognostiziert.

Aus dieser Besorgnis heraus wird als Erkundungsmaßnahme ein Altlastengutachten empfohlen oder kann zur Gefahrenerforschung unumgänglich sein. Es stellen sich die Fragen:

1. Sind Forderungen aus Schäden berechtigt oder zu erwarten?
2. Sind behördliche Anordnungen gerechtfertigt oder zu befürchten?
3. Welche gesetzlichen Verpflichtungen ergeben sich aus evtl. umwelt-relevanten Sachverhalten?
4. Besteht ein Grundstücksmangel, der die Nutzbarkeit der Liegenschaft einschränkt oder der zu erhöhten Kosten führt?

In die "Altlastenschätzung" wird von der TLG in Erweiterung zur Gliederung der THA der Begriff des "kontaminationsbedingten Grundstücksmangels" aufgenommen. Er ist charakterisiert durch Belastungen des Untergrundes, von denen keine Gefahr ausgeht. Im Zuge von Tiefbauarbeiten, die im Rahmen von Investitionsvorhaben notwendig werden, wird jedoch kontaminierter Erdaushub anfallen, der abfallrechtlich ordnungsgemäß zu entsorgen ist. Falls mit großer Wahrscheinlichkeit für die Entsorgung erhöhte Kosten anfallen, sind diese als kontaminationsbedingter Grundstücksmangel auszuweisen bzw. zu beziffern. Für die TLG sind auch erhöhte Kosten unter dem Begriff des "kontaminationsbedingten Grundstücksmangels" solche, die im Falle einer sensibleren Nutzung zu Buche schlagen.

Abfälle, wenn es sich insbesondere um wassergefährdende Stoffe nach Wasserhaushaltsgesetz oder besonders überwachungsbedürftige Abfälle nach Abfallgesetz handelt, sind bewegliche Sachen. In den neuen Bundesländern befinden sich in nicht wenigen Fällen Abfälle auf den zugeordneten Grundstücken. Diese Stoffe können bei unsachgemäßer Lagerung einen Grundstücksmangel in Form von Bodenverunreinigungen verursachen, oder es kann von ihnen eine Gefahr für Schutzgüter ausgehen.

Aus diesem Grunde ist die Erfassung der Abfälle auch in die Gliederung der Altlastenvorschätzung bzw. der Schätzung II der TLG aufgenommen. Als Abfälle sind auch Reststoffe zu betrachten. Entsorgungspflichtig ist hier der Besitzer bzw. der Betreiber der Anlage.

Des weiteren sind, um eine Gesamteinschätzung der wertmindernden Belastungen zu erhalten, Angaben zur allgemeinen Verkehrssicherheit, über baufällige Gebäude, über Notwendigkeiten zur Abreinigung von Gebäuden, über die Zustandsbeschreibung von genehmigungspflichtigen Anlagen und deren Abreinigung oder Demontage gefordert – über den Rahmen der Altlastenbegutachtung hinaus.

Die Kriterien der allgemeinen Anforderungen an ein Altlastengutachten [2] sind die präzise Beantwortung der Fragestellung, die Verläßlichkeit der Aussage, die Verständlichkeit der Ausführungen und die Vermeidung rechtlicher Beurteilung. Die TLG erwartet, daß die Datenlage so aufbereitet wird, daß die Entscheidungsfindung des Gutachters aus naturwissenschaftlicher, rechnerischer und argumentativer Sicht nachvollzogen werden kann.

Wird eine Liegenschaft oder ein Teil derselben der Verdachtsklasse 3 zugeordnet, muß ein deutlicher Altlastenverdacht formuliert werden. Gefahren für die öffentliche Sicherheit oder Ordnung sind sehr wahrscheinlich, die ein Handlungserfordernis nach sich ziehen. Wird die Verdachtsklasse 4 zugewiesen, sind akute Gefahren für die öffentliche Sicherheit oder Ordnung vorhanden, die ein sofortiges Handlungserfordernis zur Abwehr der akuten Gefahr für Leben und Gesundheit zwingend erforderlich machen.

Erfolgt die Zuordnung einer Liegenschaft oder eines Teils derselben in die Verdachtsklasse 3 oder 4 , so ist das gefährdete Schutzgut zu benennen. Ist durch einen Gutachter eine Gefährdung eines Schutzgutes prognostiziert, ist ein Handlungserfordernis zur Gefahrenabwehr im Sinne der Beherrschbarkeit der Altlast im Sinne eines Planungs-, Nutzungs- und Überwachungsprozesses gegeben [3]. Die vollständige Entfernung von Schadstoffen ist oftmals nicht angemessen, da mit steigendem Dekontaminationsgrad die Aufwendungen und damit die Kosten exponentiell ansteigen.

Wichtig für die Nachvollziehbarkeit der Interpretation der Datenlage und der Vorschläge für das weitere Vorgehen ist vor allem die fachliche Begründung der Situation durch den Gutachter. Hierzu gehören insbesondere das Aufzeigen der Ausbreitungspfade und die Benennung der Schutzgüter.

Zu beachten ist, daß von der Altlastendefinition Bodenbelastungen ausgenommen sind

- aus dem Umgang mit Kernbrennstoffen (im Sinne des Atomgesetzes),
- durch das Aufbringen von Abwasser, Klärschlamm, Fäkalien o. ä. Stoffen,
- durch feste Stoffe, die aus oberirdischen Gewässern entnommen wurden,
- durch Kampfmittel,
- durch großflächige Emissionen aus der Luft und
- durch Überschwemmungen oberirdischer Gewässer.

Diese Einschränkung erhält ihre besondere Bedeutung für den Investor in den neuen Bundesländern, da ggf. bei Kontaminationen o. g. Ursprungs keine Freistellung der Haftung für Schäden erfolgt, die vor dem 1. Juli 1990 aus gewerblicher oder im Rahmen wirtschaftlicher Unternehmungen entstanden sind.

Eine in vielen Fällen wesentliche Frage ist die nach vorhandenen Hintergrundbelastungen, die anthropogen auf Industrie- oder Gewerbeflächen oder geogen, wie z. B. im Erzgebirgsraum möglich, bedingt sein können. Diese Frage spielt eine besondere Rolle bei der Festlegung von Folgenutzungen. Der Nachweis, daß bereits im Grundwasseranstrom auf eine Liegenschaft Schadstoffe vorhanden sind, kann bei Forderungen aus Schäden eminent sein.

Potentielle Gefährdungen sind einzuschätzen, besonders dort, wo Maßnahmen vorgesehen sind z. B.

- bei Baumaßnahmen, an Stellen, an denen ein ruhendes Schadstoffpotential vorhanden ist und vorhandene Versiegelungen aufgebrochen werden und Auswaschungen bisher immobiler, wasserlöslicher Schadstoffe in den Untergrund stattfinden können;
- wo bei Tiefbaumaßnahmen durch Bewegung von Erdaushub Schadstoffe schnell oder verstärkt ausgasen können;
- wo belastetes ruhendes Schichten- oder Grundwasser durch Wasserhaltung auf benachbarte Grundstücke einen Schadstofftransfer erfahren kann u. a. m.

Für die Beurteilung von kontaminierten Standorten steht die Beherrschbarkeit der Altlast in einem Planungs-, Nutzungs- und Überwachungsprozeß im Vordergrund. Diese Enscheidung ist immer eine Einzelentscheidung und nach geltendem Recht und Nutzungsart zu treffen. Gefahrenabwehr ist aber nicht gleichbedeutend mit Behebung der Ursache der Umweltbelastung. Die vollständige Entfernung von Schadstoffen ist oftmals nicht angemessen, da mit steigendem Dekontaminationsgrad die Aufwendungen auch in bezug auf Umwelrelevanz und Kosten exponentiell ansteigen.

Wird ein "kontaminationsbedingter Grundstücksmangel" ausgewiesen und die Liegenschaft oder Teile derselben eingeordnet, so ist dieser zu beziffern. Das bedeutet, kein deutlicher Altlastenverdacht, aber anthropogene Stoffbelastungen des Untergrundes sind möglich oder bereits nachgewiesen. Gefahren für die öffentliche Sicherheit oder Ordnung sind z. T nicht erkennbar. Erdaushub ist für erhöhte Kosten auf eine höherstufige Deponie zu entsorgen (Verdachtsklasse 2b nach Treuhanddefinition). Derartige Stoffbelastungen sind i. d. R. auf ehemals gewerblich oder industriell genutzten Liegenschaften ein wesentlicher Kostenfaktor, deren Schätzung bei der Ersterfassung und Altlastenvorschätzung nur eine grobe Orientierung unter der Annahme des Ausmaßes des Schadens beinhaltet.

Sind anthropogene Stoffbelastungen des Untergrundes möglich oder nachgewiesen, bei denen voraussichtlich keine erhöhten Entsorgungskosten zu veranschlagen sind, ist eine Zuordnung zur Verdachtsklasse 2a zu treffen. Verdachtklasse 1 heißt Entlassung aus dem konkreten Altlastenverdacht.

Tabelle 1. Dimensionierung von Kosten

	Charakteristik	**Kostenrelevanz**
Altlast	Bodenbelastung aus gewerblicher/ industrieller Nutzung, von der eine Gefahr für die öffentliche Sicherheit oder Ordnung ausgeht	Kosten aus Sicherungs- und/oder Sanierungsmaßnahmen unumgänglich, zuzüglich Kosten bei Um- oder Folgenutzung möglich
Grundstücksmangel	anthropogene Bodenbelastung, die erhöhte Kosten/eine Nutzungseinschränkung zur Folge hat, i. d. R. die oberen Bodenbereiche betreffend	Kosten bei Um- oder Folgenutzung möglich
Abfall	bewegliche Sache, deren der Besitzer sich entledigen will oder deren Entsorgung durch öffentliches Interesse geboten ist	Kosten bei Entsorgungsgebot oder Entsorgungswillen anfallend
Abbruch, Demontage, Sicherung	überwachungspflichtige Anlagen, bergbauliche Einrichtungen, baufällige Gebäude	Kosten bei Rückbau anfallend
Strahlenschutz, Explosionsschutz u.a.m.	spezielle Gesetzgebung	Kosten – spezielle Regelungen

In den Schätzungen ist die Erfassung von Abfällen, der Umfang von Abbruch- oder Demontageleistungen und belasteter Bausubstanz grob überschlägig zu erfassen.

Die Schätzungen werden innerhalb der TLG aus naturwisssenschaftlicher Sicht ausgewertet und ihre Egebnisse aufbereitet. Diese Dienstleistung wird unter dem Aspekt der Verwertung der entsprechenden Liegenschaft vorgenommen. Verwertung heißt in den Fällen, in denen belastete Grundstücke vorliegen, Flächenrecycling bzw. Standortentwicklung.

Die Dimensionierung der Altlast bzw. des Grundstücksmangels ist für den Eigentümer oder Besitzer einer Liegenschaft eine Dimensionierung von Kosten und entscheidet, ob Investitionen sinnvoll sind. Tabelle 1 beschreibt, in welchem Maße Kosten zu Buche schlagen:

Die TLG als Verwertungsgesellschaft benötigt Einschätzungen und Gutachten auf verschiedenem Beweisniveau als Mittel zur Beurteilung von umweltrelevanten Sachverhalten. Bei Kenntnis der ökologischen Gesamtbelastung kann ein optimales Flächenrecycling erfolgen, d. h. ein belastetes Grundstück mit dem geringstmöglichen Aufwand einer Folgenutzung zuzuführen unter dem Aspekt einer umweltbewußten Bewältigung ökologischer Altlasten.

Literatur

[1] Unternehmensleitlinien der TLG, Berlin, 15.05.1995
[2] Anforderungen an Gutachter, Untersuchungsstellen und Gutachten bei der Altlastenbearbeitung – Materialien zur Ermittlung und Sanierung von Altlasten, Essen, Mai 1995
[3] Altlasten II Sondergutachten, Wiesbaden, 15.10.1994

Sofortmaßnahmen, Erkundung und Sanierung einer Bodenkontamination am Beispiel eines Heizölschadens – Kesselwagenunfall auf dem Bahnhof Sylbach, Kreis Lippe, Land NRW, am 1. März 1994

Rainer Dörmeier

1   Unfallhergang

In der Nacht zum 1. März 1994 kam es um 2.48 Uhr im Bereich des Bahnhofs Sylbach (Bahnstrecke Bielefeld–Kassel) zu einem Auffahrunfall zwischen einem Expreßgüterzug und einem mit Heizöl EL beladenem Kesselwagenzug. Durch den Aufprall wurden die letzten beiden Kesselwagen, in denen sich zusammen 122 562 l Heizöl befanden, so stark beschädigt, daß es zu einem Auslaufen und Versickern von ca. 100 000 l kam. Der als Sicherungsfahrzeug angehangene Flachwagen wurde über den letzten Kesselwagen geschoben. Durch den Kontakt mit dem Fahrdraht entzündete sich das Heizöl. Der Brand konnte durch die Feuerwehr jedoch innerhalb kurzer Zeit gelöscht werden. Abbildung 1 zeigt Fotos der Unfallstelle und einen Pressebericht der örtlichen Zeitung.

2   Sofortmaßnahmen und Erkundung

Der letzte Kesselwagen wurde so stark beschädigt, daß der Inhalt innerhalb kürzester Zeit auslief. Bei dem anderen Kesselwagen trat das Heizöl durch einen Riß im Bereich der hinteren Achse aus. Um zumindest einen Teil am Versickern zu hindern, wurde das auslaufende Öl von der Feuerwehr in Wannen aufgefangen und bis zum Eintreffen eines Straßentankwagens kontinuierlich in den Kesselwagen zurückgepumpt. Nachdem das Tankfahrzeug gegen 5.00 Uhr eingetroffen war, konnten noch ca. 24 000 l übergepumpt werden. Da die Lok, einige Paketwagen sowie der Flach- und die Kesselwagen nicht mehr fahrtüchtig waren, wurde ein schienenfahrbarer Schwerlastkran angefordert.

Gestern morgen gegen 2.30 Uhr: Feuerwehrleute stehen vor der Lokomotive, die auf den Tankzug aufgefahren ist. Ein Bahnsprecher sagte | gestern nachmittag zur Unfallursache: »Möglicherweise ist ein Gleis z früh freigegeben worden.«

Güterzug prallte gestern morgen im lippischen Sylbach auf Tankzug

Nach Zugunglück: Ausgelaufenes Öl Gefahr für Trinkwasserbrunnen

Von Uwe Rottkamp

Bad Salzuflen (WB). Zugunglück im lippischen Sylbach: Im Bahnhof des kleinen Bad Salzufler Vororts fuhr gestern morgen ein Güterzug auf einen Tankzug mit 22 Kesselwagen auf – die Ladung: je 64 000 Liter leichtes Heizöl. Zwei Waggons platzten, der letzte geriet sofort in Brand. »Wenn das Benzin gewesen wäre, hätten wir hier innerhalb weniger Minuten ein flammendes Inferno gehabt«, so ein Mitglied der Löschmannschaften. 110 Wehrleute bekämpften den Feuerball mit Schaumteppichen, 100 000 Liter Öl versickerten im Erdreich.

»Das ausgetretene Öl ist die eigentliche Katastrophe«, so ein Sprecher des lippischen Kreisumweltamtes. Nur einen Kilometer vom Unglücksort entfernt betreibt Bad Salzuflen Trinkwasserbrunnen. Mindestens 500 Kubikmeter Boden müssen abgetragen werden,

dazu 150 Meter Gleis. Probebohrungen sollen zeigen, wie weit das Grundwasser verseucht ist. Der Bad Salzufler Stadtbrandmeister Klaus-Jürgen Brauner: »Ein Liter Heizöl kann leicht 100 000 Liter Trinkwasser ungenießbar machen.«
Nach dem Stand der Ermittlun-

gen ist das Unglück voraussichtlich auf menschliches Versagen zurückzuführen. Der dem Kesselwagenzug nachfolgende Güterzug erhielt nach Angaben der Bahn AG bereits vor vollständiger Räumung des Gleises Einfahrt in den Bahnhof.
Der Lokführer des Güterzugs – ein Postzug von Koblenz nach Göttingen – wurde leicht verletzt mit einem Schock ins Krankenhaus eingeliefert; er hatte sich vor dem Aufprall in den hinteren Teil der E-Lok in Sicherheit bringen können. Daß er in der Lok nicht verbrannte, hat er einer neuen Vorschrift zu verdanken, wonach Tankzüge am Schluß einen Flachwaggon als »rollende Knautschzone« mitführen müssen.
Die zerstörten und entgleisten Waggons wurden gestern nachmittag mit einem 150-Tonnen-Spezialkran der Bundesbahn geborgen. Der Tankzug mit den verbleibenden 20 Kesselwaggons wurde mit einer Diesellok abgeschleppt. Noch in der Nacht sollte mit dem Abbaggern des ölverseuchten Erdreiches begonnen werden. Wann die eingleisige Strecke Herford-Detmold wieder freigegeben werden kann,

Abb. 1. Fotos der Unfallstelle und Pressebericht

Abb. 2. Filtergalerie zur Grundwasserhaltung

Abb. 3. Vakuumpumpe, Ölabscheider und fliegende Leitung zum SW-Kanal

Dieser begann in den Mittagsstunden mit der Arbeit und es gelang, die Gleisanlagen bis etwa 18.00 Uhr freizuräumen. Bei den laufenden Beobachtungen der Umgebung der Unfallstelle wurde festgestellt, daß an einem Tiefpunkt des Dammes Öl austrat. Daraufhin wurde hier nachgegraben und eine Kabelleitung sowie eine Dränage freigelegt. Mit Hilfe von Saugwagen, die bis zum 06.03. im Dauereinsatz waren, konnten hier ca. 22 000 l Öl bzw. Ölwassergemisch aufgenommen und zu einer Aufbereitungsanlage transportiert werden.

Da sich der Unfallort am Rande der Zone IIIb des Heilquellenschutzgebietes Bad Salzuflen/Bad Oeynhausen befindet und in ca. 1,5 km Entfernung eine Trinkwassergewinnungsanlage liegt, wurde nach vorheriger Abschätzung der geologischen und hydrogeologischen Verhältnisse im Abstrom eine Filtergalerie zur Grundwasserhaltung und zur Vermeidung des Abströmens von Öl angelegt. Das abgepumpte Wasser wurde über einen Leichtflüssigkeitsabscheider einem Schmutzwasserkanal zugeleitet (s. Abb. 2 und 3).

Gegen 7.00 Uhr des Unfalltages fand ein erstes Abstimmungsgespräch mit Vertretern der Bahn AG statt. Es konnte erreicht werden, daß bereits um 8.00 Uhr der Auftrag für die notwendigen Untersuchungen und für die Betreuung der Sanierungsmaßnahmen an einen Gutachter (Büro Geo-Infometric, Detmold) vergeben wurde. Im Laufe des Morgens wurden weiterhin die Fa. Umweltschutz-Nord, Ganderkesee (biologische Bodensanierung) und die Fa. Köster, Osnabrück (Bauarbeiten) beauftragt.

Mit Hilfe vorhandener geologischer, hydrogeologischer und bodenkundlicher Karten und der örtlichen Kenntnisse der Vertreter der Stadtwerke und des Gutachters wurden die ersten Beobachtungsbrunnen plaziert und ein vorläufiger Grundwassergleichenplan erstellt. Bei Grundwasserflurabständen von ca. 2,0 m wurde eine Fließrichtung von Südost nach Nordwest ermittelt. Zur Feststellung der genauen geologischen Verhältnisse wurde bereits am Nachmittag des Unglückstages mit Sondierarbeiten begonnen. Um ein Durchteufen evtl. vorhandener Trennschichten und somit einen Schadstofftransport in das Grundwasser zu verhindern, wurden die ersten Sondierungen außerhalb des Unfallortes niedergebracht. Nach dem Ausbau zu einfachen Meßstellen konnte der Grundwassergleichenplan aktualisiert werden. Anschließend erfolgte eine Erfassung des Schadensausmaßes und eine Festlegung der auszukoffernden Bereiche.

Hierzu wurden in den ersten zehn Tagen 95 Sondierungen bis zu einer maximalen Tiefe von 5,0 m erstellt.

Im Untergrund stehen grundwasserführende Fein- und Mittelsande an, die teilweise von grobschluffigen Deckschichten überlagert werden. In einer Tiefe von 5,0-7,0 m sind diese von gering durchlässigem Geschiebelehm/-mergel unterlagert. Aus den durchgeführten Wiederanstiegsmessungen wurden Untergrunddurchlässigkeiten zwischen maximal $1,5 \times 10^{-4}$ m/s und minimal 2×10^{-6} m/s ermittelt. Die Grundwasserfließgeschwindigkeit (Abstandsgeschwindigkeit) liegt somit etwa bei 85 cm/Tag in den höher durchlässigen Schichten und bei 2,5 cm/Tag in den geringer leitenden Bereichen.

Da sich das Öl im wesentlichen oberflächennah in den undurchlässigeren feinkörnigen Deckschichten verteilte, war eher die niedrigere Geschwindigkeit anzusetzen.

Bereits in den Nachtstunden vom 01. auf den 02. März wurde mit den Aushubarbeiten der kontaminierten Böden begonnen. Es war somit erforderlich, in der nächsten Zeit schnell über die Belastungsdaten zu verfügen. Daher wurde ein Meßwagen zur Vor-Ort-Analytik eingesetzt. Aus Gründen der Kontrolle und zur Beweissicherung erfolgte parallel eine Laboruntersuchung ausgewählter Proben nach DIN 36409 H18.

Zur Überwachung der Grundwasserverhältnisse sowie zur Kontrolle der hydraulischen Maßnahmen und zur teilweisen späteren Nutzung als Entnahmebrunnen der In-situ-Sanierung wurden 16 Meßstellen bis ca. 10,0 m Tiefe gebohrt. Das Wasser dieser Beobachtungsbrunnen wurde und wird im Rahmen der laufenden Grundwasserüberwachung regelmäßig beprobt.

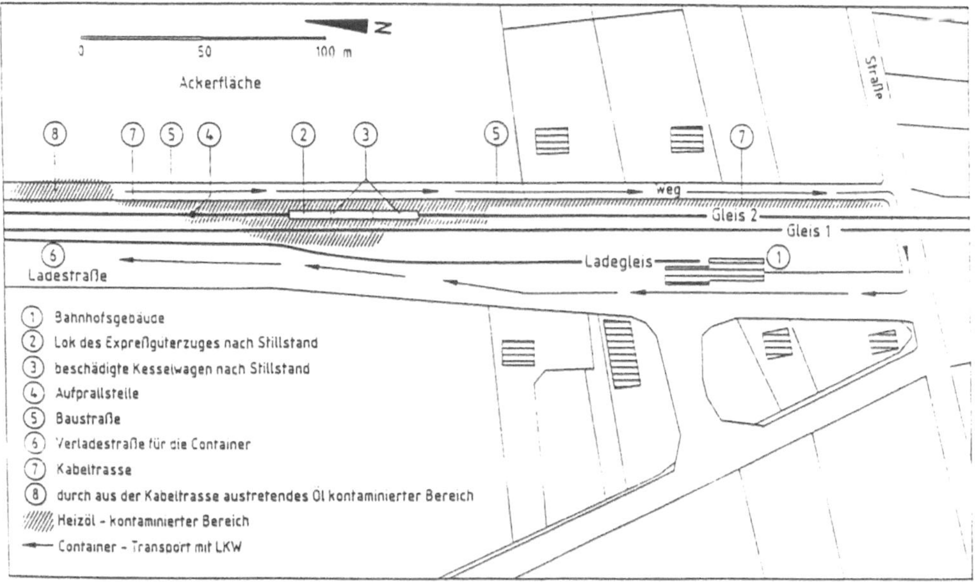

Abb. 4. Lageplan zum Unfallgeschehen und zu den Sanierungsarbeiten

Nach Vorlage aller Daten ergab sich der im Abb. 4 schraffiert dargestellte Schadensbereich. Vom Aufprallort bis zur Stillstandstelle der beschädigten Kesselwagen war eine Fläche von ca. 150x15 m betroffen. Weiterhin hatte sich das Öl in der Kabel-Dränagetrasse ca. 170 m nach Süden verteilt. Zur anderen Seite war es am Dammfuß ausgetreten und hatte einen Bereich von ca. 70x5 m verunreinigt.

3   Sanierungsmaßnahmen

3.1   Off-site-Maßnahmen

Nach Rücksprache und in Abstimmung mit der Bahn AG wurde festgelegt, daß im ersten Schritt eine Sanierung des Gleises 2 (Fahrgleis des Kesselwagenzuges) erfolgen sollte. Eine gleichzeitige Auskofferung in beiden Fahrgleisen war nicht möglich, da zur Zeit des Unfalls die Stecke als Umleitung für den im Umbau befindlichen Bereich Dortmund-Kassel genutzt werden mußte. Daher wurde in den späten Abendstunden des Unfalltages das Gleis 2 auf ca. 150 m Länge von Beginn der Aufprallstelle bis hinter den Standort der ausgelaufenen Tankwagen geöffnet. Der Gleisschotter in einer Menge von ca. 500 t wurde abgeräumt und auf einer örtlichen Deponie endgelagert. Innerhalb von etwa einer Woche wurde dann der kontaminierte Boden bis in den Grundwasserbereich abgebaggert und in wasserdichten, abgedeckten Containern per Bahn zur biologischen Aufbereitung nach Bremen transportiert. Bereits nach einigen Tagen wurde entschieden, daß ein Teil der Kontamination (Boden im Grundwasserwechselbereich und in den seitlichen Böschungen) mittels biologischer In-situ-Einrichtungen saniert werden soll. Die hierfür notwendigen Leistungen sowie die Gleiswiederherstellung mit Planumsschutzschicht, Schotterunterbau und Gleis wurden bei zeitweiligem Arbeiten rund um die Uhr und am Wochenende bis zum 16.03. erledigt. Anschließend erfolgten die gleichen Maßnahmen am Gleis 1 auf einer Länge von 115 m. Dieser Auskofferungsbereich konnte aufgrund der zwischenzeitlich durchgeführten Sondierungen und Untersuchungen genau festgelegt werden. Innerhalb von 12 Tagen war auch dieses Gleis wieder fahrbereit, so daß am 28.03. der reguläre Betrieb wieder aufgenommen wurde. Die Menge des ausgehobenen, belasteten Bodens betrug 5550 t. Der Transport erfolgte in 18 Zugeinheiten. Da in einigen Meßstellen und Sondierungen Öl in Phase auftrat, wurden spezielle zweistufige Pumpen zur Abschöpfung eingesetzt. Aufgrund des hohen Rückhaltevermögens des Bodens konnten jedoch nur einige Liter zurückgewonnen werden. Etwa 6 Wochen nach dem Unfall wurde eine erste Bilanz der Ölmengen gezogen. Hiernach teilen sich die 122 562 l wie folgt auf (s. Abb. 5):

– ca. 2000 l verbrannt,
– ca. 24 000 l in Straßentankwagen übergepumpt,
– ca. 22 000 l an Ölaustrittsstellen abgepumpt,
– ca. 450 l mit dem Schotter zur Deponie verbracht,

– ca. 45 000 l mit dem Boden zur biologischen Aufbereitung,
– ca. 29 000 l im Boden verblieben.

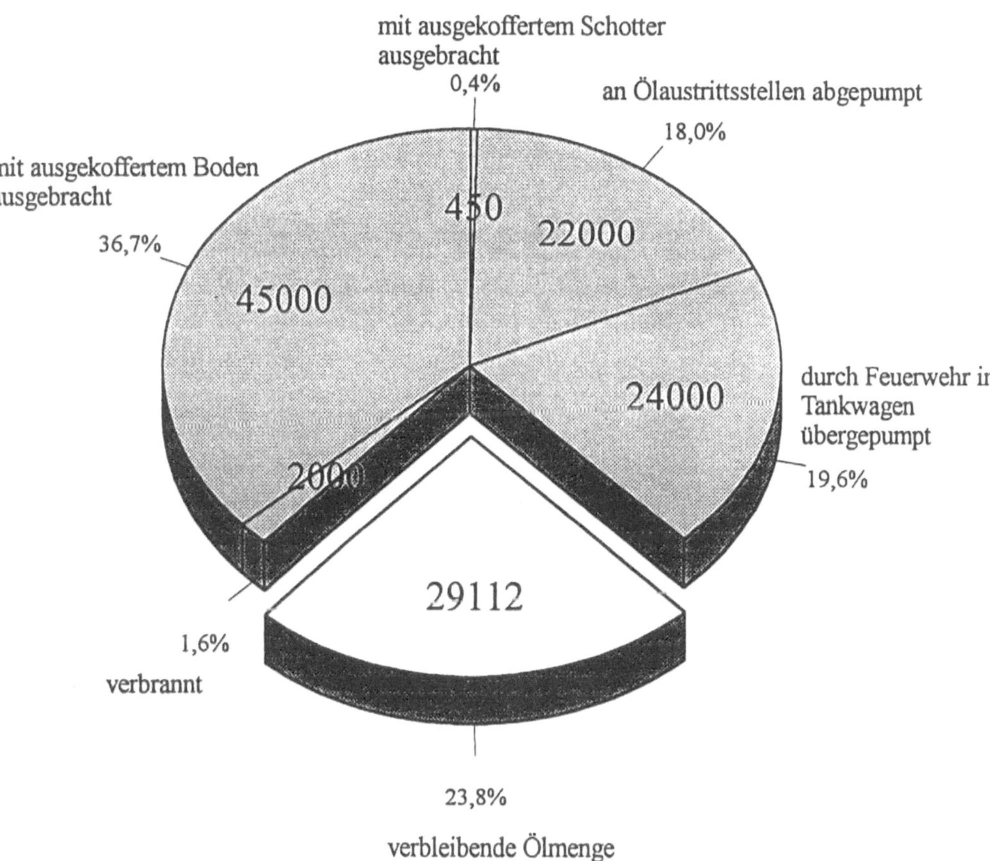

Alle Angaben in Liter

Abb. 5. Gesamtheizölmenge in beiden beschädigten Kesselwagen: 122 562 l Heizöl

3.2   In-situ-Maßnahmen

Nach der am 03.03. gefällten Entscheidung, daß die im Boden verbleibende Restbelastung mittels einem In-situ-Verfahren saniert werden soll, wurde innerhalb einiger Tage mit dem Büro Geo-Infometric und der Fa. Umweltschutz-Nord ein Konzept erarbeitet. Mittels Infiltrationssträngen, die im gesamten Schadensbereich unterhalb der Planumsschutzschicht (Tiefenlage zwischen 1,5 m und

2,0 m) liegen, soll ein Substrat-Wassergemisch zur Belebung der örtlichen Bakterienfauna eingebracht werden. Abbildung 6 zeigt die örtlichen Arbeiten im Gleisbereich 1 und Abb. 7 einen Ausschnitt des Verlegeplans. Es wurden ca. 2000 m teilgeschlitzte Dränleitungen DN 80 aus PE-HD in 30 Teilsträngen – aufgeteilt in 4 Felder – waagerecht verlegt und mit Filterkies ummantelt.

Die Zuordnung im Verteilerschacht wurde so gestaltet, daß die Möglichkeit besteht, über 22 absperrbare Anschlüsse sowohl Einzelstränge als auch Felder zu beschicken. Hierdurch kann, neben der Regulierung der Einleitungsmengen, sowohl eine parallele als auch eine zeitlich versetzte Infiltration der einzelnen Bereiche vorgenommen werden. Nach erfolgter Sanierung werden die einzelnen Leitungen oder Abschnitte abgestellt. Neben der Vermeidung des unnötigen Eintrages von Substraten in den Untergrund ergibt sich auch eine Kosteneinsparung bei den eingesetzten Chemikalien. Für die Rückgewinnung des belasteten Wassers wurden im Abstrom neun Sanierungsbrunnen niedergebracht.

Abb. 6. Verlegung der Infiltrationsstränge im Bereich des Gleises 1

Auf und neben dem Verteilerschacht wurden in drei Containern (Abb. 8) die erforderlichen Einrichtungen zur Chemikalienlagerung, Verteilung, Steuerung und Wasseraufbereitung installiert.

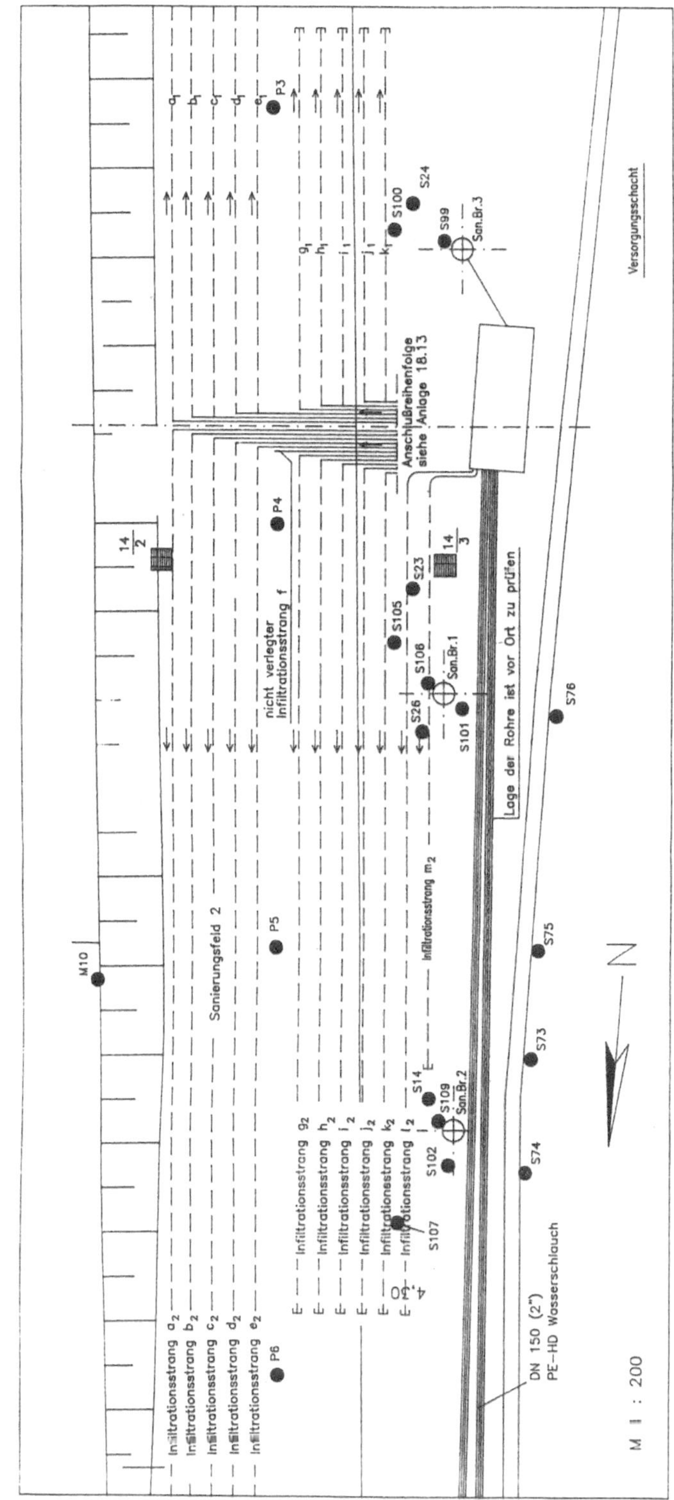

Abb. 7. Verlegeplan der Infiltrationsstränge

Abb. 8. Container zur Verteilung, Steuerung und Wasseraufbereitung

Abb. 9. Pflanzenkläranlage

Dem Infiltrationswasser wird neben Wasserstoffperoxid als Sauerstoffträger eine von der Fa. Umweltschutz-Nord vorgefertigte Nährlösung (vorwiegend Nitrat und Phosphat) zugegeben. Das rückgepumpte Wasser durchläuft zuerst einen Festbettreaktor zur Abscheidung von Mineralölkohlenwasserstoffen und dann einen Kiesfilter zur Reinigung von Trüb- und Feststoffen. Ein Teil wird wieder dem Kreislauf zugeführt. Das Überschußwasser gelangt nach biologischer Vorreinigung in einer zweigeteilten Pflanzenkläranlage (Abb. 9) in ein offenes Gewässer.

4   Sanierungskontrolle

In ausgewählten Meßpegeln erfolgt eine regelmäßige Kontrolle zur Überwachung der biologischen In-situ-Sanierung. Hierzu werden Wasserproben gezogen und auf folgende Parameter analysiert:

- Temperatur,
- pH-Wert,
- Redoxpotential
- elektrische Leitfähigkeit,
- Sauerstoffkonzentration,
- Mineralölkohlenwasserstoffe,
- Ammonium,
- Nitrat,
- Nitrit,
- Phosphat,
- Wasserstoffperoxid,
- Eisen,
- Mangan,
- gelöster organischer Kohlenstoff (DOC),
- chemischer Sauerstoffbedarf (CSB),
- Keimzahlen,
- biologischer Sauerstoffbedarf (BSB_5),
- Kohlendioxid.

In Abb. 10 ist beispielhaft eine Meßreihe für den Pegel 1 aufgelistet. Abbildung 11 zeigt ein Diagramm der Keimzahlen von einigen Meßstellen für die Zeit von September 1994 bis Anfang April 1995.

Zur Kontrolle der tatsächlichen Schadstoffverteilung im Boden wurden drei Testfelder angelegt und über 54 Sondierungen ca. 200 Bodenproben entnommen und analysiert. Die Meßwerte lagen in der Mehrzahl zwischen 5000 und 10 000 mg/kg.

UMWELTSCHUTZ NORD
Projekt: in - Situ Sanierung Bahnhof Sylbach

| Analysendaten | Pegel 1 | | | | | | | | | | | | | | |

Datum	05.09.94	20.09.94	05.10.94	18.10.94	02.11.94	15.11.94	29.11.94	13.12.94	27.12.94	10.01.95	24.01.95	07.02.95	21.02.95	07.03.95	04.04.95
Parameter															
Temperatur C°	12,7	13,5	12,3	11,4	12	11,7	12,3	11	9,75	8,9	8,8	8,3	8,6	8,4	8,7
pH-Wert	6,8	6,4	6,96	6,68	6,68	6,96	6,89	7,2	6,62	6,57	7,07	6,92	6,78	6,82	7,7
Redoxpotential mV	240	245	14	20	19	14	15	77	71	62	91	-18	-17	-41	-34
elekt. Leitf. µS / cm	800	1064	1169	1093	1232	1070	1134	1062	1280	1260	920	970	907	968	920
mg O2 / l	10,3	5,9	11,6	8,3	6,4	4,8	3,9	1,7	2,5	6,4	7,2	10	11,2	6,3	7,8
mg IR -KW / l	0,18	48	0,1	0,42	0,58	0,61	0,77	<0,1	0,27	0,17	0,14	0,12	1,86	2,16	0,25
mg NH4 / l	<0,01	0,05	0,08	0,48	0,132	0,07	0,05	<0,01	1,64	3,77	2,27	1,87	0,39	0,06	1,33
mg NO3 / l	128	110	113	109	123	171	166	114	118	152	142	160	90	134	139
mg NO2 / l	0,02	0,05	0,1	0,37	3,31	9,98	12,8	22,3	11,9	11,4	0,32	6,84	3,98	1,71	1,75
mg PO4-P / l	0,07	0,03	0,04	0,03	0,05	0,03	0,17	0,27	0,17	0,21	0,11	0,13	0,13	0,13	<0,02
mg H2O2 / l	2,22	0,95	1,7	n.b.	n.b.	3,53	0,53	0,49	0,2	0,25	0,22	0,26	0,79	1,13	1,36
mg Fe / l	0,04	0,02	0,1	0,05	0,1	0,1	0,01	<0,01	0,01	0,01	0,02	<0,01	1,05	0,77	1,09
mg Mn / l	<0,01	<0,01	<0,01	0,02	0,02	0,07	0,05	0,11	0,13	0,23	0,29	0,26	0,15	0,12	0,11
mg DOC / l	4,97	6,36	9,91	7,37	8,05	3,23	6,22	9,13	5,64	5,5	6,11	5,19	4,83	4,47	5,00
CSB mg O2 /l	17	20	10	10	29	68	34	39	27	27	21	31	<10	17	<10
KBE / ml	n.b.	9,5E+03	7,0E+03	2,6E+04	9,2E+04	8,6E+04	8,1E+04	6,5E+04	1,1E+04	6,0E+04	6,7E+03	1,0E+04	3,0E+03	2,4E+04	4,3E+03
BSB5 mg O2 / l	n.b.	n.b.	n.b.	n.b.	n.b.	<3,0	n.b.	n.b.	n.b.	n.b.	n.b.	n.b.	n.b.	n.b.	n.b.
mg CO2 / l	202	211	224	251	292	290	290	229	205	207	177	211	195	194	202

T-Geo PEGEL 1 ds 05/95

Abb. 10. Meßreihe Pegel 1

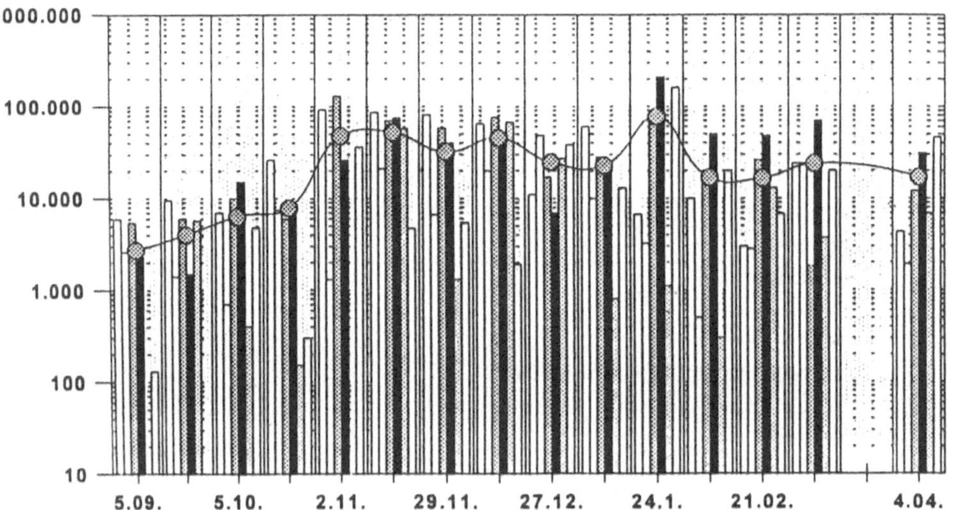

Abb. 11. Verteilung der Keimzahlen

In der Nähe des Sanierungsbrunnens 3 (Bereich ohne Infiltrationsstränge) wurden jedoch Spitzenwerte über 60 000 mg/kg bei der dezimeterweisen Beprobung festgestellt. Da die Proben bei der Entnahme organoleptisch nur schwach belastet waren, wurde ein Baggerschurf bis zum Erreichen des Grundwassers (Tiefe ca. 3,00 m) niedergebracht.

Auf dem Wasser zeigte sich ein dünner Ölfilm. Die Analyse der entnommenen Boden- proben zeigten in den oberen 1,5 m und ab 2,5 m Werte von einigen hundert mg/kg und im Zwischenbereich 12 000-16 000 mg/kg.

5   Datenzusammenstellung

1. Zeitlicher Ablauf

- Unfall 01.03.1994, 2.48 Uhr.
- Am Morgen des 01.03.1994 Beauftragung von:
  Gutachterbüro Geo-Infometric, Detmold, mit den erforderlichen Untersuchungen, Festlegung der Sanierungsbereiche, Betreuung und Überwachung der Arbeiten.
  Entsorgungsfirma Umweltschutz-Nord, Ganderkesee, zur biologischen Reinigung der KW-belasteten Böden.
  Fa. Köster, Osnabrück, zur Durchführung der Bauarbeiten.
- Im Laufe des 01.03.1994 Räumung der Unfallstelle sowie erste Sondierungen und Untersuchungen.
- Am Abend des 01.03.1994 Beginn der Demontage von Gleis 2.
- Am 03.03.1994 Entscheidung, daß In-situ-Sanierung erforderlich wird.
- Am 06.03.1994 Festlegung des Grundkonzeptes der In-situ-Sanierung.
- Am 16.03.1994 Gleis 2 fertiggestellt, Arbeitsbeginn an Gleis 1.
- Beide Gleise fahrbereit am 28.03.1994.
- Bauliche Anlagen für die In-situ-Sanierung am 15.06.1994 fertiggestellt.
- Pflanzenkläranlage ab 08.07.1994 in Betrieb.
- Beginn In-situ-Sanierung am 14.09.1994.
- Beginn der örtlichen Überprüfung der In-situ-Sanierung (Testfelder 1-3) am 08.08.1995.

2. Mengen

- Ausgekofferte Bereiche:
  Gleis 2 150 m in ca. 5,0 m Breite und ca. 2,0 m Tiefe.
  Gleis 1 115 m in ca. 5,0 m Breite und ca. 2,0 m Tiefe.
  Kabelgraben 310 m in ca. 1,0 m Breite und bis zu 2,0 m Tiefe.
- Zur Endlagerung auf einer Deponie: ca. 500 t Schotter.
- Zur biologischen Aufbereitung nach Bremen: ca. 5550 t Schotter und Boden.

– Transport in wasserdichten Mulden auf Flachwagen in 18 Zugeinheiten.
– Zeitweise über 100 Container im Umlauf.
– ca. 120 Sondierungen bis teilweise 5,00 m Tiefe.
– Analyse von 170 Stck. Wasserproben (bis etwa 01.09.1995).
– Analyse von 423 Stck. Bodenproben (bis etwa 01.09.1995).
– Maximale Belastungen von 120 000 mg/kg.
– 16 Überwachungsbrunnen.
– 9 Sanierungsbrunnen.
– Gesamtlänge der Infiltrationsstränge ca. 2 000 m.
– Infiltrationsbereich in 30 Teilstränge bzw. 4 Felder aufgeteilt.
– Anlage von 3 Testfeldern mit 54 Sondierungen und Analyse von ca. 200
  Bodenproben auf KW-Gehalte im Original und 10 Proben auf KW im Eluat.

6   Ausblick

Da am Rande eines Testfeldes – Fläche ohne Infiltrationsstränge und im Grund-
wasserabstrom – noch stark erhöhte KW-Belastungen festgestellt wurden, wird
dieser Bereich ausgekoffert und der Boden zu einer biologischen Sanierungsanla-
ge transportiert. Anschließend werden auch hier Filterstränge verlegt. Die Sanierungsziele wurden unter Berücksichtigung der Randbedingungen – sehr inhomogene Schadstoffverteilung, keine GW-Nutzung im Nahbereich und Grundwas-
serfließrichtung zum angrenzenden Industriegebiet – wie folgt festgelegt:

Im Sanierungsbereich werden rastermäßig 30 Sondierungen bis zum Grund-
wasserhorizont niedergebracht.Die Probenahme erfolgt meterweise in Form von
Mischproben. Der Analysewert für IR-KW im Boden sollte in keiner Probe im
Original über 3000 mg/kg liegen und darf 5000 mg/kg nicht überschreiten. In
den Sondierungen sowie bei benachbarten Sondierungen darf nur ein Wert zwischen 3000 mg/kg und 5000 mg/kg liegen.

Bei den Proben über 3000 mg/kg Belastung ist zusätzlich eine Eluatuntersu-
chung durchzuführen. Der Analysewert muß dann unter 1 mg IR-KW pro Liter
liegen.

Sind die vorgenannten Bedingungen erfüllt, wird das Wasser der neun Sanierungsbrunnen und von weiteren vier Meßstellen im nahen Abstrom nach Beendi-
gung der aktiven Sanierungstätigkeit (Infiltration) und dann in Abständen von 6,
12 und 18 Monaten beprobt. In den Sanierungsbrunnen darf 1 mg/l und in den
anderen Meßstellen 0,5 mg/l Kohlenwasserstoffgehalt nicht überschritten werden.

Nach Berechnungen des Gutachters und der Fa. Umweltschutz-Nord wird die In-situ-Maßnahme noch etwa 2-3 Jahre bis zum Erreichen der Sanierungsziele weiterlaufen müssen.

Die Gesamtkosten – Schäden an den Wagen und Bahnanlagen, Feuerwehreinsatz, Bauarbeiten, Transport und Entsorgung der kontaminierten Materialien, In-situ-Maßnahme, Gutachterleistungen, Laborkosten sowie Entschädigungen und kleinere Posten – betragen bis heute ca. 5 000 000 DM.

Bei der derzeit geschätzten Laufzeit der Infiltration werden noch etwa 1,5-2,0 Mio. DM benötigt.

Dank
Ich bedanke mich bei der Bahn AG für ihre grundsätzliche Zustimmung zur Weitergabe von Daten und Erkenntnissen aus dem Schadensfall sowie bei dem Büro Geo-Infometric und der Fa. Umweltschutz-Nord für die Bereitstellung von Unterlagen.

Aufbereitung und Wiederverwertung von kontaminierten Böden – Qualitätsanforderungen der RAL-RG 501/2

Hansjörg Fader

Die Forderung nach Fachkunde, Leistungsfähigkeit und Zuverlässigkeit

Für den Auftraggeber ist es Pflicht, die Kompetenz eines Anbieters für die angefragten Leistungen einzufordern und zu überprüfen. So schreiben z. B. die VOB Teil A §2 und die VOL Teil A § 2 vor, daß Leistungen an fachkundige, leistungsfähige und zuverlässige Unternehmer zu angemessenen Preisen zu vergeben sind. Die Leistungen, die im Bereich der Aufbereitung von kontaminierten Böden und Bauteilen ausgeschrieben werden, setzen ein hohes Maß an Qualifikation und Ausrüstung der ausführenden Betriebe voraus. Für den Auftraggeber stellt sich die Frage, wie er die Leistungsfähigkeit und die Qualität eines Betriebes kurzfristig und eindeutig ermitteln kann. Für den Unternehmer stellt sich das Problem, seine Kompetenz überzeugend gegenüber dem Auftraggeber darzustellen.

Bedeutung qualifizierter Aufbereitung für den Gesundheitsschutz

Die Bauwirtschaft ist heute einer der Sektoren, die von Arbeitsunfällen und den daraus resultierenden Folgekosten am stärksten betroffen sind. Akute Verletzungen, die den Beschäftigten im günstigsten Fall für einige Tage arbeitsunfähig machen, oft aber nachhaltig schädigen, kommen speziell auf zeitlich begrenzten oder ortsveränderlichen Baustellen sehr häufig vor.

In der Praxis lassen sich Arbeitsunfälle ohne größeren Aufwand mit hoher Zuverlässigkeit vermeiden. Die typischen Ursachen – vor allem die mangelnde Sicherung von Gerät, Personal und gefährlichen Baustellenbereichen – sind seit langem bekannt und können durch z. T. einfache Sicherheitsvorkehrungen ausgeschlossen werden.

Vernachlässigt werden oft die Gesundheitsschäden, die langfristig bzw. aufgrund des Zusammenwirkens komplexer Faktoren entstehen. Die Risiken und die damit verbundenen Folgekosten sind jedoch in der Bauwirtschaft erheblich, da rauhe Arbeitsbedingungen wie Witterungseinflüsse, Lärm, Staub und Vibrationen die Gesundheit des Personals zusätzlich zu den akuten Unfallrisiken belasten.

Die bisweilen dramatischen Schäden, die durch bestimmte Baustoffe wie Asbest bzw. die ungesicherte Bearbeitung von Altlasten verursacht werden können, machten in den vergangenen zehn Jahren mehr als einmal Schlagzeilen.

Um hier sinnvolle Schutzmaßnahmen zu bestimmen, mußte jedoch zunächst der Zusammenhang zwischen einem Gefahrstoff als Ursache und einer Erkrankung als Wirkung erkannt werden. Da bei manchen Arbeitsstoffen eine Erkrankung bisweilen erst Jahrzehnte nach dem Umgang mit dem eigentlichen Gefahrstoff eintreten kann, gibt es lange Zeit nur Verdachtsmomente, die sich erst bestätigen, nachdem zahlreiche Krankheitsfälle und deren Verlauf untersucht wurden. Im konkreten Fall Asbest erkannte man die tödliche Gefahr erst nach Jahrzehnten. Die krebserregenden Eigenschaften der Asbestfasern bestätigte sich nur durch die statistische Auswertung zahlreicher Fallbeschreibungen. In dieser Verzögerung zwischen Krankheitsauslösung und dem Ausbruch der Krankheit liegt auch die Gefahr, daß sich weder der Arbeitnehmer selbst noch der Arbeitgeber einer Verletzung seiner Sorgfaltspflicht bewußt wird.

So erklärt sich auch der für lange Zeit sorglose Umgang mit solchen Gefahrstoffen in der Bauwirtschaft. Besonders schwierig gestaltet sich der Umgang mit Gefahrstoffen bei der Altlastensanierung, beim Rückbau von Industrieanlagen und bei Arbeiten an Deponiekörpern. Derartige Tätigkeiten haben in den vergangenen zehn Jahren deutlich zugenommen. Hier treffen die Arbeitnehmer meist auf unbekannte Gefahrstoffe, die in der Regel zudem in komplexer Mischung vorliegen, deren gesundheitliche Auswirkung bis zum heutigen Tag niemand abschätzen kann. Aus den genannten Gründen ist es von entscheidender Bedeutung, wie während der Aufbereitung mit dem kontaminierten Material umgegangen wird. Es ist keinesfalls ausreichend, für die Qualität der Aufbereitung das von Schadstoffen entfrachtete Material zu bewerten.

Nachweis von Kompetenz durch das RAL-Gütezeichen

Für den Bereich der Aufbereitung von kontaminierten Böden und Bauteilen wurde mit dem entsprechenden RAL-Gütezeichen eine grundlegende Möglichkeit geschaffen, den Nachweis der betrieblichen Leistungsfähigkeit, der Fachkunde und der Zuverlässigkeit zu führen und damit dem Auftraggeber gleichzeitig die Sicherheit für eine qualitativ hochwertige Ausführung der Aufbereitungsmaßnahme und für ein gütegesichertes Recyclingmaterial zur Verwertung zu geben.

Die Gütegemeinschaft Recycling-Baustoffe als Zusammenschluß qualitätsbewuß-
ter Unternehmen hat zusammen mit dem RAL – Deutsches Institut für Gütesicherung und Kennzeichnung– die Grundlagen für die Qualitätsbewertung der angewandten Aufbereitungsverfahren in Form von klar definierten objektiven Güte-
und Prüfbestimmungen erarbeitet.

Der RAL hat im Einvernehmen mit den einschlägigen Fach- und Verkehrskreisen alle Anforderungen an Qualität und Überwachung abgestimmt. Der RAL sorgt
außerdem dafür, daß neben der Eigenüberwachung der Betriebe eine permanente
Fremdüberwachung durch neutrale Prüfinstitute in den Güte- und Prüfbestimmungen verankert werden.

Bereits bei Beginn der Erarbeitung der Güte- und Prüfbestimmungen war klar,
daß bei einer sachgerechten Aufbereitung von kontaminiertem Material zu einem
Recyclinggut nicht nur die Güte des Endprodukts beurteilt werden kann, die bei
der Erteilung des RAL-Gütezeichens immer im Vordergrund steht. Aufgrund des
Gefährdungspotentials der Schadstoffe ist eine Bewertung und Überprüfung der
einzelnen Aufbereitungsschritte unabdingbar.

Es gibt vier wesentliche Kriterien, die bei der Aufbereitung berücksichtigt werden
müssen:

1. Die Qualifizierung des Betriebes durch geeignetes Personal und geeignete
   Ausstattung,
2. die Priorität bei der Einhaltung des Arbeitsschutzes bei der Aufbereitung,
3. die Priorität bei der Einhaltung des Emissionsschutzes bei der Aufbereitung,
4. die sorgfältige Prüfung, welche Aufbereitungsmethode unter Berücksichtigung ökologischer und ökonomischer Aspekte geeignet ist.

**Eigen- und Fremdüberwachung als Nachweis einer fachkundigen
Aufbereitung**

Um der Vielfalt von Aufbereitungstechniken und der fortschreitenden Entwicklung
innerhalb der Güte- und Prüfbestimmungen genügend Raum zu geben, müssen die
Bestimmungen in den Punkten, in denen es um die Spezifität eines bestimmten
Verfahrens geht, sehr flexibel gehalten sein. Zu diesen Punkten gehört beispielsweise die sogenannte *schriftliche Schadensbeurteilung*.

Die *schriftliche Schadensbeurteilung* umfaßt bei On-site-Aufbereitungsverfahren von kontaminierten Böden und Bauteilen die folgenden Punkte:

- ggf. eine kurze Schilderung der geologischen und hydrologischen Situation unter Berücksichtigung der wasserwirtschaftlichen Gegebenheiten,
- eine Beschreibung der Schadstoffe und Konzentrationen sowie dem daraus resultierenden Gefährdungsgrades für das Personal,
- eine Beschreibung und Begründung der Eignung des gewählten Aufbereitungskonzepts unter Berücksichtigung des Aufbereitungsziels und unter Angabe der Aufbereitungsdauer,
- die genaue Angabe der Schnittstellen des Verfahrens,
- Erläuterungen und Maßnahmen zum Schutz des Personals, zum Schutz der Umwelt, zur Vermeidung von Kontaminationsverfrachtungen und zur Minimierung von Emissionen während der Dauer der Aufbereitungsmaßnahme,
- Angaben der Emissionspunkte und der maximalen Emissionswerte sowie der Häufigkeit der Eigenüberwachung,
- angestrebte Verwertungsklasse und geplante Wiederverwertung des Materials unter Berücksichtigung der wasserwirtschaftlichen und bauaufsichtlichen Gegebenheiten,
- Angaben zur Anlagenüberwachung für die Zeiten, in denen keine personellen Arbeiten bei einer Aufbereitungsanlage durchgeführt werden,
- Bilanzierung der Schadstoffe nach dem Stand der Technik.

Die *schriftliche Schadensbeurteilung* ist eine der wesentlichen Grundlagen der neutralen Fremdüberwachung. Anhand klar dargelegter Konzepte seitens des ausführenden Unternehmens wird der Fremdüberwacher in die Lage versetzt, sowohl das Konzept der Aufbereitungstechnik als beispielsweise auch Maßnahmen zum Emissionsschutz und zum Arbeits- und Gesundheitsschutz ihrem Sinn nach und in ihrer Einhaltung zu überprüfen.

Eine derartige Urteilsfähigkeit setzt sehr hohe Anforderungen an die Fachkompetenz des Fremdüberwachers voraus. Die Anforderungen und Aufgaben des Fremdüberwachers im einzelnen und dessen Zulassung im Rahmen der RAL-RG 501/2 werden in einem gesonderten Beitrag dargestellt.

Ein Punkt, in dem die RAL-RG 501/2 keine Flexibilität gestattet, ist die Sicherheitsstufe, die ein Unternehmen nachweisen muß, um bestimmte Schadstoffe zu bearbeiten. Je nach Gefährdungspotential einzelner Schadstoffe, bewertet nach der Gefahrstoffverordnung, muß der Betrieb erweiterte Fachkenntnis und eine erhöhte Sicherheitsstufe der betrieblichen Ausrüstung nachweisen.

Voraussetzungen zur Beantragung des Gütezeichens

Will ein Betrieb das Gütezeichen nach der RAL-RG 501/2 erwerben, so muß er die Voraussetzungen gemäß der vorgenannten Güte- und Prüfbestimmungen erfüllen. Konkret wird folgendes gefordert:

– Der Betrieb wird entsprechend den Möglichkeiten seiner maschinellen und analytischen Ausrüstung sowie seiner personellen Qualifikation der entsprechenden Sicherheitsstufe zugeordnet.
– Drei unterschiedliche Aufbereitungsmaßnahmen werden nach den Anforderungen der RAL-RG 501/2 durchgeführt und entsprechend der Schadensbeurteilung mit Eigen- und Fremdüberwachung kontrolliert und dokumentiert. Diese Aufbereitungsmaßnahmen stellen damit gleichzeitig Referenzobjekte für eine fachgerechte Leistung dar.
– Der Betrieb stellt die Dokumentation der drei Aufbereitungsmaßnahmen zusammen und reicht sie mit einem Nachweis über die Erfüllung der betrieblichen Anforderungen in einem formlosen Antrag beim Güteausschuß ein.

Einzelschritte für die Erarbeitung der Antragsunterlagen

A) Betriebliche Voraussetzungen:
1. Darstellung der Sicherheitsstufe,
2. Darstellung der Personalqualifikation,
3. Darstellung des Geräte-, Maschinen- und Ausrüstungsbestands,
4. Darstellung der analytischen Möglichkeiten,
5. Prüfzeugnisse für eingesetzte Chemikalien und Biologika.

B) 3 Aufbereitungsmaßnahmen nach RAL-RG 501/2
1. Durchführung von drei Aufbereitungsmaßnahmen unter Angabe der Verwertungsklasse und der Sicherheitsstufe,
2. Erstellung *der schriftlichen Schadensbeurteilung* für die drei Aufbereitungsmaßnahmen,
3. Vorlage der Genehmigungsunterlagen für Bau und Betrieb der Aufbereitungsanlage(n),
4. Detaillierter Nachweis der Güteüberwachung *gemäß Schadensbeurteilung*
    – Erstprüfung,
    – Eigenkontrolle für die drei Aufbereitungsmaßnahmen,
    – neutrale Fremdüberwachung für die drei Aufbereitungsmaßnahmen.

C) Einreichen des Antrags auf das RAL-Gütezeichen
1. Formloses Antragsschreiben an die
     Gütegemeinschaft Recycling-Baustoffe e. V.
     Güteausschuß "Kontaminierte Böden- und Bauteile"
     Godesberger Allee 99
     53175 Bonn

2. Zusammenstellung und Einsendung aller unter A) und B) zusammen-
getragenen Unterlagen in 10facher Ausfertigung.

Der Antrag wird durch die Güteausschußmitglieder geprüft. Gegebenenfalls werden zusätzliche Unterlagen nachgefordert. Sobald der Antrag vollständig und
nachprüfbar vorliegt, entscheidet der Güteausschuß über die Verleihung des
Gütezeichens.

Durch eine sachgerechte und fallbezogene Ausschreibung von Aufbereitungsmaßnahmen und durch die Auswahl ausführender Betriebe, die z. B. entsprechend der RAL-RG 501/2 qualifiziert sind, lassen sich gütegesicherte Recycling-
Materialien herstellen und gleichzeitig Defizite bei der Aufbereitung selbst beseitigen. Ansonsten kann Unkenntnis oder vermeintliche Kosteneinsparung dazu
führen, daß bei der Aufbereitung nicht ein verwertbares Recyclinggut produziert
wird und daß die Beschäftigten vor Ort bei der Durchführung von Aufbereitungsmaßnahmen immer wieder ihre Gesundheit aufs Spiel setzen.

Zusammenfassung

Für Unternehmen, die verantwortungsbewußt an Verfahren zur Boden- und
Bauteilesanierung arbeiten, erhebt sich die Frage, auf welche Art und Weise man
einen Qualitätsstandard für die Aufbereitung zur Wiederverwertung von kontaminierten Materialien erarbeiten und nachweisen kann. Die Güte eines Verfahrens macht sich nicht allein an der Schadstoffverminderung im Material fest,
sondern in einem erheblichen Ausmaß an einer fachgerechten Aufbereitung. Zu
einer fachgerechten Aufbereitung gehört die Emissions- und Reststoffminimie-
rung ebenso wie die Bilanzierung der Schadstoffe, die ökologische und ökonomische Abwägung von möglichen Verfahren und Verfahrensvarianten und die
umweltgerechte Prüfung eingesetzter Chemikalien und Biologika, um einige
wesentliche Punkte zu nennen. Der Nachweis derartiger Qualitätsmerkmale für
die Aufbereitung wird in den Güte- und Prüfbestimmungen der RAL-RG 501/2
mit dem Titel "Aufbereitung zur Wiederverwendung von kontaminierten Böden
und Bauteilen" nebst der Qualität des aufbereiteten Materials gefordert. Die Gü-
te- und Prüfbestimmungen wurden von den Sanierungsunternehmen erarbeitet
und vom Deutschen Institut für Gütesicherung und Kennzeichnung e.V. unter
Mitwirkung des Bundesministeriums für Wirtschaft mit den betroffenen Fach-
und Verkehrskreisen sowie den zuständigen Behörden geprüft und anerkannt.
Auf die Anwendung der Bestimmungen in der Praxis und deren Nutzen für alle
Sanierungsbeteiligten wurde im Beitrag eingegangen.

Literatur

RAL–Deutsches Institut für Gütesicherung und Kennzeichnung e.V. (1994) Aufbereitung zur Wiederverwendung von kontaminierten Böden und Bauteilen – Gütesicherung RAL-RG 501/2, Gütegemeinschaft Recycling-Baustoffe e.V.; Beuth-Verlag, Berlin

Bodenüberdeckung als Sanierungsmaßnahme für schwermetallbelastete Gärten: Ergebnisse eines Feldversuchs

Thomas Delschen

1 Einleitung und Problemstellung

Im Hinblick auf den Schwermetallübergang Boden → (Nutz-)Pflanzen kann heute auf einen als vergleichweise umfassend zu bezeichnenden Kenntnisstand zurückgegriffen werden. Dies betrifft sowohl die Kenntnis und Wirkung der wesentlichen Einflußfaktoren auf die Schwermetallverfügbarkeit in Böden als auch das unterschiedliche Anreicherungsvermögen verschiedener Pflanzenarten. Aufgrund dessen lassen sich für schwermetallbelastete, landwirtschaftlich oder gärtnerisch genutzte Standorte gezielte Nutzungs-, Anbau- und Verzehrsempfehlungen geben (z. B. [1]), die den Schwermetalltransfer Boden → Pflanze → Mensch so weit minimicren, daß eine Flächennutzung zum Anbau von Nahrungspflanzen in vielen Fällen gefahrlos möglich ist. Überschreitet die Bodenbelastung jedoch gewisse Grenzen, wie dies z. B. auf Altlastflächen oder auch in Gebieten mit hoher geogen bedingter Grundbelastung oftmals der Fall ist, reichen diese unterhalb der technischen Sanierungsverfahren angesiedelten Maßnahmen oftmals nicht mehr aus, um z. B. in Nutzgärten einen erhöhten Schwermetallübergang zum Menschen sicher zu unterbinden. In diesen Fällen kann derzeit meist nur eine Nutzungsänderung (Nutzgarten → Ziergarten) mit vollständigem Verzicht auf den Verzehr von selbsterzeugtem Obst und Gemüse oder eine Überdeckung bzw. ein Austausch des belasteten mit unbelastetem Bodenmaterial empfohlen werden; letzteres jedoch nur dann, wenn eine Schadstoffausbreitung über den Pfad Boden → Grundwasser sowie Immissionsbelastungen nicht berücksichtigt werden müssen.

Bezüglich einer Bodenüberdeckung bzw. eines Bodenaustauschs stellt sich jedoch regelmäßig die Frage nach der zur Erzielung eines sicheren und dauerhaften Erfolges notwendigen Überdeckungsmächtigkeit bzw. Austauschtiefe. Da seinerzeit zu diesem Fragenkomplex aus der Literatur nur fragmentarische Ergebnisse vorlagen, wurde im Herbst 1989 durch das Landesumweltamt NRW ein entsprechender Feldversuch zur Bodenüberdeckung schwermetallbelasteter Gärten angelegt.

2   Material und Methoden

2.1   Versuchsaufbau

Der sogenannte "Überdeckungsversuch Stolberg" befindet sich auf einer leicht geneigten Fläche im nordwestlichen Stadtgebiet von Stolberg (Kreis Aachen) auf einer geographischen Höhe von ca. 200 m über NN.

Der Standort wurde ausgewählt, weil die Böden des Raumes Stolberg häufig erhebliche Anreicherungen mit den Schwermetallen Cadmium, Blei und Zink aufweisen, die z. T. geogen im Bereich oberflächennaher Erzlagerstätten, z. T. anthropogen durch Emissionen bei der jahrhundertelangen Erzgewinnung und -verarbeitung bedingt sind (ausführliche Darstellungen der diesbezüglichen Umweltbelastungen im Raum Stolberg finden sich an anderer Stelle [2, 3, 4]).

Die vor der Anlage des Versuches im 5x5-m-Raster (31 Probenpunkte) durchgeführten Bodenuntersuchungen des bis dahin als Grünland genutzten Standortes ergaben im Oberboden (0-30 cm) eine durchschnittliche Schwermetallbelastung von 10 ppm Cd, 525 ppm Pb und 1350 ppm Zn bei relativ homogener räumlicher Verteilung (Variationskoeffizienten < 20%). Der im Herbst 1989 erfolgte Versuchsaufbau ist im einzelnen Tabelle 1 und Abb. 1 zu entnehmen.

Tabelle 1. Deckschichten und Deckschichtmächtigkeiten im Überdeckungsversuch Stolberg

	Variante						
	1	**2**	**3**	**4**	**5**	**6**	**7**
Oberbodenmaterial	0	40	40	40	40	40	40 cm
Unterbodenmaterial				30	65	30	30 cm
Dränschicht (Wülfrather Viadur H)			15			15	15 cm
Sperrschicht (WÜLFRAlit)						20	20 cm
Gesamtmächtigkeit	**0**	**40**	**55**	**70**	**105**	**105**	**105 cm**

Neben einer unterschiedlich mächtigen Überdeckung mit Ober- und Unterbodenmaterial eines Lößstandorts aus dem Bereich einer in der Nähe von Stolberg befindlichen Abgrabung wurde in den Varianten 6 und 7 zusätzlich eine Sperrschicht als Wurzelsperre eingebaut. Das dabei verwendete mineralische Dichtungsmaterial besteht aus gebrochenem Kalkstein mit Steinmehl und Bentonitzusatz und weist nach Einbau eine äußerst geringe Wasserdurchlässigkeit auf (Durchlässigkeitsbeiwert $k \leq 10^{-9}$-10^{-11} m/s). Unter dem Markennamen "WÜLFRAlit" wird das Material v. a. im Bereich der Deponieabdeckung, aber auch bei der Altlastensanierung als Dichtungsschicht eingesetzt [5].

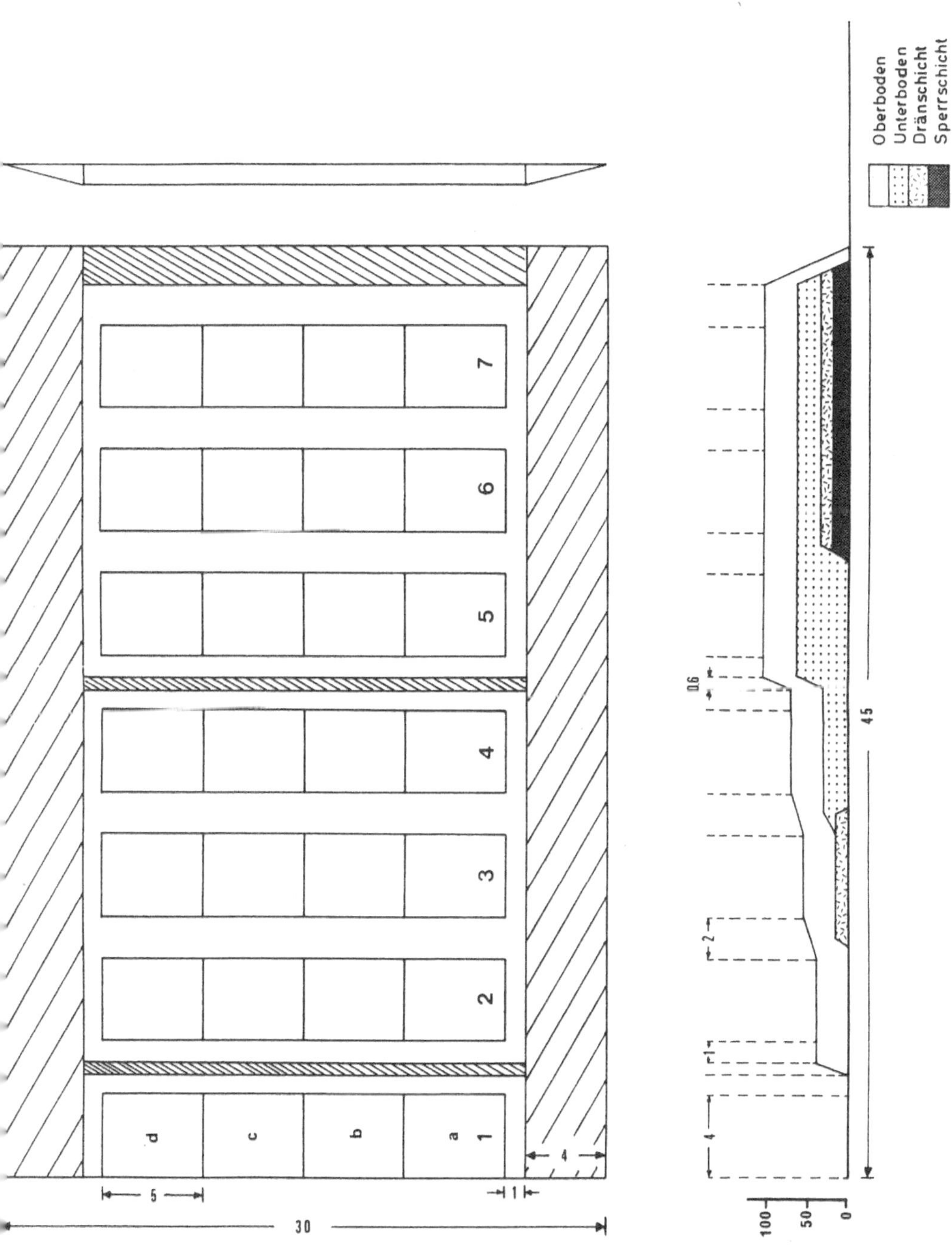

Abb. 1. Überdeckungsversuch Stolberg: Parzellenplan und Schnitte (4fach überhöht)

Oberhalb dieser Sperrschicht wurde zur Vermeidung von Wasserstaus eine Dränschicht eingebaut, die ebenfalls aus gebrochenem Kalkstein unter Zusatz von Zement hergestellt wird (Wülfrather Viadur H). Das Material besitzt nach der Aushärtung eine hohe Wasserdurchlässigkeit.

In Variante 3 wurde das Dränschichtmaterial oberflächennah als sog. "Spatensperre" eingebracht, die dem späteren Nutzer einer überdeckten Fläche den Übergang zum kontaminierten Untergrund signalisieren soll.

2.2   Versuchsdurchführung

Bevor der Auftrag der einzelnen Deckschichten nach Versuchsplan erfolgte, wurde die am Standort vorhandene Grasnarbe des Dauergrünlandes auf der gesamten Grundfläche des Versuchs durch mehrmalige Bearbeitung zerkleinert und oberflächlich eingearbeitet.

In den Jahren 1990 bis 1994 wurden auf den Varianten 1-6 folgende Gemüsekulturen angebaut:

1990:   Kopfsalat (Sorte "Soraya"), Buschbohnen ("Maja GS")
1991:   Feldsalat ("Hilmar"), Radieschen ("Hilds Raxe GS"), Knollensellerie ("Monarch")
1992:   Möhren ("Nantucket F1"), Endivie ("Frisé")
1993:   Spinat ("Matador"), Kopfsalat ("Clarion")
1994:   Blattsalat ("Lollo rosso")

Im Jahr 1993/1994 wurde zusätzlich zu Vergleichszwecken Winterweizen (Sorte "Contra") als landwirtschaftliche Kultur mit relativ langer Vegetationszeit angebaut.

Variante 7 wurde Ende 1989 mit mehrjährigen, tiefwurzelnden Gehölzen (Hundsrose, Liguster, wilde Johannisbeere, Birne, Apfel) bepflanzt, um längerfristig die Wurzelfestigkeit der eingebauten Drän- und Sperrschicht beurteilen zu können. Auf diese Variante wird im folgenden nicht weiter eingegangen.

Düngung, Pflanzenschutzmaßnahmen und Beregnung wurden nach dem Bedarf der Kulturen und für alle Varianten einheitlich durchgeführt.

Die Gemüsekulturen wurden zum jeweiligen Zeitpunkt der Marktreife getrennt nach den 4 Feldwiederholungen geerntet, küchentechnisch aufbereitet (putzen, waschen) und durch die Landwirtschaftliche Untersuchungs- und Forschungsanstalt (LUFA) Bonn auf ihren Trockensubstanz-, Cd-, Pb- und Zn-Gehalt hin untersucht.

2.3   Statistische Auswertung der Versuchsdaten

Die statistische Auswertung der Pflanzendaten erfolgte wegen inhomogener Varianzen der Originaldaten nach logarithmischer Transformation mit Hilfe des Programmpakets SPSS-PC+. Die Auswertung der Daten der Einzelkulturen erfolgte durch einfaktorielle Varianzanalysen, die über alle Kulturen zusammengefaßten Daten wurden durch mehrfaktorielle Varianzanalyse statistisch bewertet. Die Unterschiede zwischen den einzelnen Varianten wurden mittels des Testverfahrens nach TUKEY bei einer Irrtumswahrscheinlichkeit von 5% geprüft. Die Interpretation der statistischen Bewertung unterliegt jedoch der Einschränkung, daß die Varianten innerhalb der Versuchsblöcke aus technischen Gründen nicht zufällig verteilt werden konnten.

Tabelle 2. Bodenverhältnisse im Überdeckungsversuch Stolberg nach Versuchsanlage im Herbst 1989 (Mittelwerte der jeweiligen Feldwiederholungen)

		Variante 1 0 - 30 cm	Variante 2-7 Oberboden	Variante 4-7 Unterboden
pH-Wert		7,0	7,0	7,1
C_{org}-Gehalt	%	2,7	0,9	0,5
Schwermetallgehalte Cadmium	mg/kg	10,3	0,7	0,5
Blei	mg/kg	610	28	18
Zink	mg/kg	1830	76	59
Kupfer	mg/kg	43	13	12
Chrom	mg/kg	21	23	25
Nickel	mg/kg	18	17	20

3   Ergebnisse

Tabelle 2 zeigt die Bodenverhältnisse im Überdeckungsversuch Stolberg unmittelbar nach der Versuchsanlage. Während im Oberboden der Kontrollvariante (Variante 1, ohne Überdeckung) die für belastete Böden des Raumes Stolberg typischen Anreicherungen bei den Elementen Cd, Pb und Zn vorhanden sind, sind die Schwermetallgehalte des zur Überdeckung eingesetzten Ober- und Unterbodenmaterials als gering und für unbelastete Böden des ländlichen Raumes typisch einzustufen (vgl. [6]). Die pH-Werte aller Bodenproben sind vergleichbar und liegen im Neutralbereich. Der Oberboden der Kontrollvariante weisen einen etwa um den Faktor 3 höheren C_{org}-Gehalt auf, was auf die langjährige Vornutzung des Versuchsstandorts als Dauergrünland zurückzuführen ist.

3.1 Gemüsekulturen

Die in den angebauten Gemüsekulturen gemessenen *Cadmiumgehalte* sind in Tabelle 3 zusammengestellt, und die Gemüsearten, bei denen in Variante 1 Überschreitungen der Cd-Lebensmittelwerte auftraten, sind in Abb. 2 graphisch dargestellt. Neben den bekannten artspezifischen Unterschieden zwischen den einzelnen Gemüsearten bezüglich ihres Schwermetallgehalts sind die teilweise beträchtlichen Überschreitungen der geltenden Lebensmittelrichtwerte [7] im Pflanzenmaterial der Kontrollvariante (Variante 1, ohne Überdeckung) auffällig. Die Gemüseproben der Überdeckungsvarianten (Varianten 2-6) wiesen dagegen Cd-Gehalte in der gleichen Größenordnung oder unterhalb der Lebensmittelrichtwerte auf. Die Varianzanalysen ergaben dabei, daß die Überdeckung des Standorts zu gesichert niedrigen Cd-Gehalten im Gemüse geführt hat, wobei sich die verschiedenen Deckschichtvarianten/-mächtigkeiten nicht systematisch unterscheiden.

Tabelle 3. Cadmiumgehalte (mg/kg FM) der im Überdeckungsversuch Stolberg angebauten Gemüsekulturen (Mittelwerte aus 4 Feldwiederholungen) im Vergleich zu geltenden Lebensmittelrichtwerten [7]

Jahr / Kultur	Lebens-mittel-Richtwert	Cadmium					
		Var 1	Var 2	Var 3	Var 4	Var 5	Var 6
1990							
Kopfsalat	0,1	0,22 a[a]	0,09 b	0,05 b	0,06 b	0,07 b	0,05 b
Buschbohnen (Hülsen)	0,1	0,024 a	0,003 b	0,004 b	0,002 b	0,002 b	0,003 b
1991							
Feldsalat	0,1	0,017 a	0,004 b	0,004 b	0,004 b	0,004 b	0,004 b
Radieschen	0,1	0,07 a	0,01 b	0,001 b	0,01 b	0,01 b	0,01 b
Sellerie (Knolle)	0,2	1,18 a	0,17 b	0,14 bc	0,17 b	0,13 bc	0,10 c
1992							
Möhren (Rübe)	0,1	0,32 a	0,13 b	0,08 b	0,08 b	0,08 b	0,11 b
Endivie	0,1	0,64 a	0,11 b	0,08 b	0,09 b	0,09 b	0,10 b
1993							
Spinat	0,5	0,83 a	0,17 b	0,16 b	0,15 b	0,14 b	0,14 b
Kopfsalat	0,1	0,25 a	0,07 b	0,06 b	0,08 b	0,11 b	0,07 b
1994							
Blattsalat	0,1	0,54 a	0,10 b	0,11 b	0,10 b	0,12 b	0,12 b

[a]   Innerhalb einer Zeile unterscheiden sich Varianten mit unterschiedlichen Buchstaben signifikant (TUKEY-Test; p < 0,05).

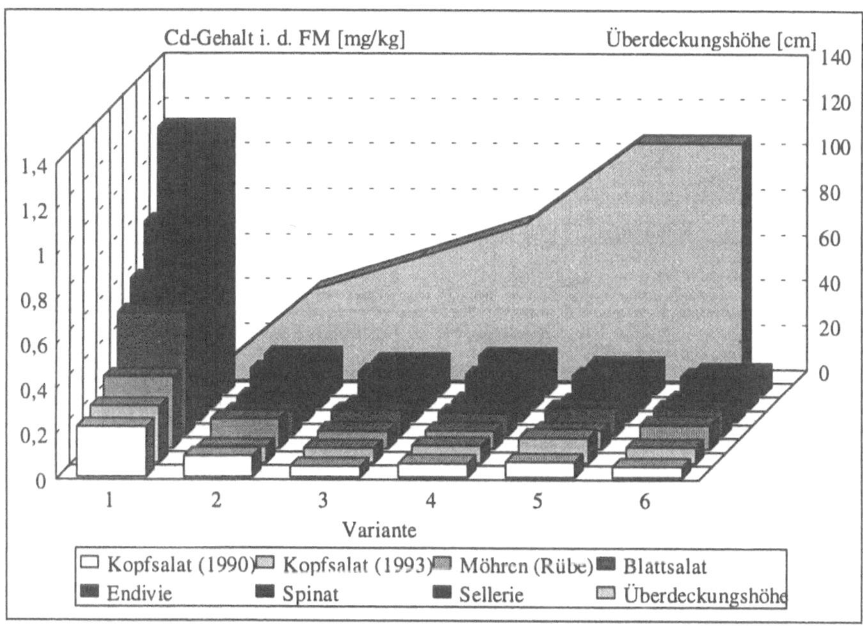

Abb. 2. Cadmiumgehalte von ausgewählten Gemüsearten im Überdeckungsversuch Stolberg (Mittelwerte aus 4 Feldwiederholungen)

Auch bezüglich der *Bleigehalte* der Gemüsepflanzen (Tabelle 4) zeigt sich, daß bereits mit einer Überdeckung von 40 cm Oberbodenmaterial gegenüber der Kontrollvariante signifikant geringere (Kopfsalat 1990 nur tendenziell) und gemessen an den geltenden Lebensmittelrichtwerten unbedenkliche Pflanzengehalte erreicht werden. Allerdings wurden – mit Ausnahme der Endivien und des Blattsalats (Abb. 3) – auch in der Kontrollvariante trotz der erheblichen Anreicherungen im Boden vergleichsweise niedrige Pb-Gehalte im Pflanzenmaterial gemessen. Die verschiedenen Überdeckungsvarianten unterscheiden sich nicht wesentlich, wenngleich bei einigen Kulturen (z. B. Möhre) höhere Überdeckungsmächtigkeiten noch signifikante Vorteile zeigten.

Da hinsichtlich des *Zinkgehalts* von Nahrungspflanzen keine Lebensmittelrichtwerte existieren, wurden in Tabelle 5 zum Vergleich der im Versuch beobachteten Zn-Gehalte der Gemüsepflanzen der nach Sauerbeck [8] für das "Wachstum von empfindlichen Kulturen als kritisch" anzusehende Gehaltsbereich von 150-200 mg Zn kg TS angegeben.

Tabelle 4. Bleigehalte (mg/kg FM) der im Überdeckungsversuch Stolberg angebauten Gemüsekulturen (Mittelwerte aus 4 Feldwiederholungen) im Vergleich zu geltenden Lebensmittelrichtwerten [7]

Jahr / Kultur	Lebens-mittel-Richtwert	Blei					
		Var 1	Var 2	Var 3	Var 4	Var 5	Var 6
1990 Kopfsalat	0,8	0,23 a[a]	0,12 ab	0,06 bc	0,06 bc	0,08 bc	0,04 c
Buschbohnen (Hülsen)	0,25	0,016 a	0,008 b	0,010 ab	0,009 ab	0,009 ab	0,011 ab
1991 Feldsalat	0,8	0,32 a	0,09 b	0,16 b	0,10 b	0,09 b	0,09 b
Radieschen	0,25	0,24 a	0,06 b	0,04 b	0,04 b	0,06 b	0,06 b
Sellerie (Knolle)	0,25	0,14 a	0,02 b	0,01 b	0,02 b	0,01 b	0,01 b
1992 Möhren (Rübe)	0,25	0,34 a	0,08 b	0,04 bc	0,03 bc	0,03 c	0,03 c
Endivie	0,8	2,31 a	0,33 b	0,23 b	0,22 b	0,27 b	0,29 b
1993 Spinat	0,8	0,49 a	0,10 b	0,11 b	0,12 b	0,13 b	0,13 b
Kopfsalat	0,8	0,07 a	0,03 b	0,02 b	0,03 b	0,04 b	0,03 b
1994 Blattsalat	0,8	1,85 a	0,50 b	0,50 b	0,45 b	0,40 b	0,43 b

[a] Innerhalb einer Zeile unterscheiden sich Varianten mit unterschiedlichen Buchstaben signifikant (TUKEY-Test; $p < 0,05$).

Bei 7 der 10 untersuchten Gemüsearten lagen die Zn-Gehalte der Kontrollvariante in bzw. über diesem kritischen Bereich, ohne daß jedoch bei jenen eine Wachstumsbeeinträchtigung festgestellt werden konnte. Die Pflanzen in den übrigen Varianten wiesen generell signifikant niedrigere Zn-Gehalte auf (Ausnahme: Möhren, Variante 2), wobei die Unterschiede zwischen den verschiedenen Überdeckungsvarianten im allgemeinen gering und nicht statistisch gesichert sind. Eine Ausnahme davon bilden allerdings die Ergebnisse bezüglich der in 1992 angebauten Möhren und Endivien sowie des Kopfsalats aus 1993, die aus diesem Grund in Abb. 4 graphisch dargestellt sind.

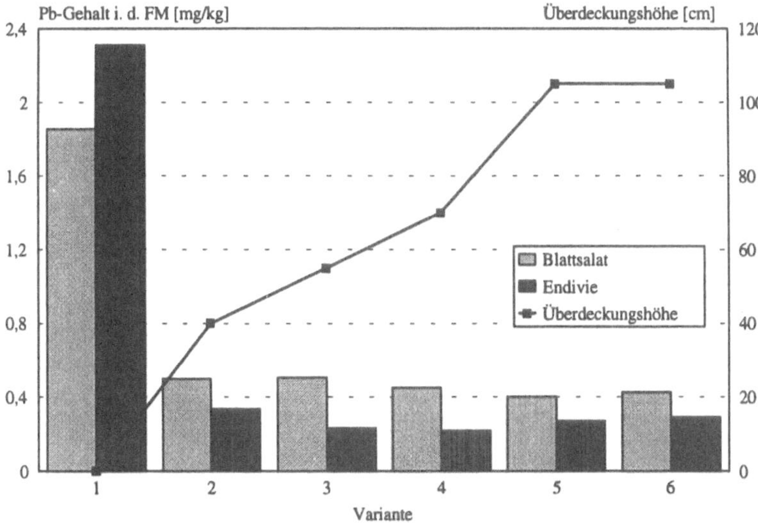

Abb. 3. Bleigehalt von Endivien und Blattsalat im Überdeckungsversuch Stolberg (Mittelwerte aus 4 Feldwiederholungen)

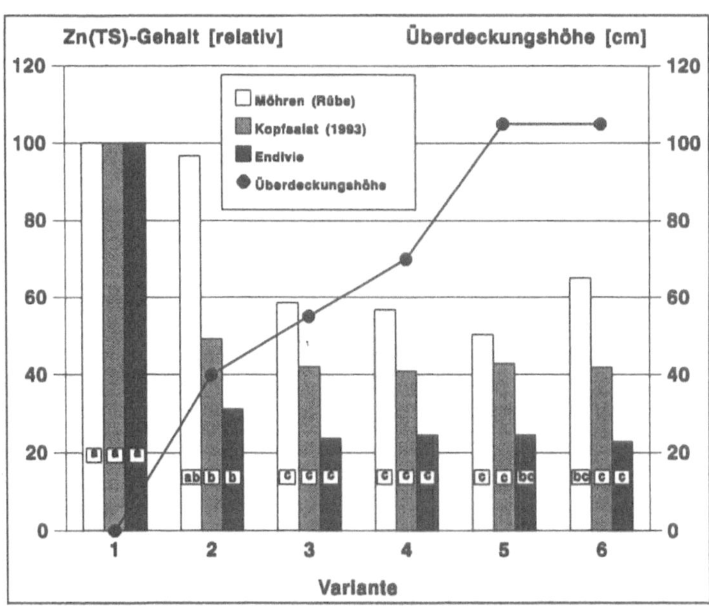

Abb. 4. Relative Zinkgehalte von Möhren, Endivien und Kopfsalat (1993) im Überdeckungsversuch Stolberg (Mittelwerte aus 4 Feldwiederholungen; innerhalb einer Kultur unterscheiden sich Säulen mit unterschiedlichen Buchstaben signifikant)

Bei allen drei Kulturen wurden auf der 40-cm-Variante (Variante 2) gegenüber den Varianten mit mächtigerer Überdeckung signifikant höhere Zn-Gehalte festgestellt, im Falle der Möhren lag der durchschnittliche Zn-Gehalt in Pflanzen der Variante 2 sogar auf gleichem Niveau wie die Kontrollvariante (Variante 1, ohne Überdeckung).

Tabelle 5. Zinkgehalte (mg/kg TS) der im Überdeckungsversuch Stolberg angebauten Gemüsekulturen (Mittelwerte aus 4 Feldwiederholungen)

Jahr / Kultur	kritische-Gehalte[a]	Zink					
		Var 1	Var 2	Var 3	Var 4	Var 5	Var 6
1990 Kopfsalat	150-200	185 a[b]	66 b	75 b	59 b	70 b	76 b
Buschbohnen (Hülsen)	150-200	65 a	43 b	43 b	34 b	45 b	44 b
1991 Feldsalat	150-200	196 a	61 b	60 b	63 b	76 b	66 b
Radieschen	150-200	205 a	51 b	50 b	48 b	54 b	48 b
Sellerie (Knolle)	150-200	165	74 bc	58 cd	77 b	66 bc	51 d
1992 Möhren (Rübe)	150-200	31 a	30 ab	18 c	17 c	15 c	20 bc
Endivie	150-200	427 a	133 b	100 c	104 c	103 c	97 c
1993 Spinat	150-200	321 a	209 b	201 bc	195 bcd	177 cd	172 d
Kopfsalat	150-200	142 a	70 b	60 c	58 c	61 bc	60 c
1994 Blattsalat	150-200	178 a	92 b	92 b	91 b	89 b	91 b

[a]   Kritisch für das Wachstum empfindlicher Kulturen nach [8].
[b]   Innerhalb einer Zeile unterscheiden sich Varianten mit unterschiedlichen Buchstaben signifikant (TUKEY-Test; p < 0,05.

Faßt man die dargestellten Ergebnisse der Einzelkulturen durch Mittelwertbildung über alle 10 Gemüsearten zusammen, so ergibt die Varianzanalyse für alle drei untersuchten Schwermetalle, daß die Überdeckung des Versuchsstandortes zu signifikant geringeren Pflanzengehalten führte. Eine Differenzierung der einzelnen Überdeckungsvarianten lassen die vorliegenden zusammengefaßten Daten dagegen bisher nicht gesichert zu. Zur Veranschaulichung dieser Ergebnisse sind in Abb. 5 die relativen Schwermetallgehalte im Mittel aller untersuchten Gemüsekulturen dargestellt.

Durch das Aufbringen unbelasteter Bodenschichten ließen sich die Cd-, Pb- bzw. Zn-Gehalte im Pflanzenmaterial auf durchschnittlich 21, 27 bzw. 44% der in der Kontrollvariante gemessenen Gehalte reduzieren. Abbildung 5 verdeutlicht dabei auch, daß zumindest beim Zink die 40-cm-Variante (Variante 2) den übrigen Überdeckungsvarianten tendenziell unterlegen war.

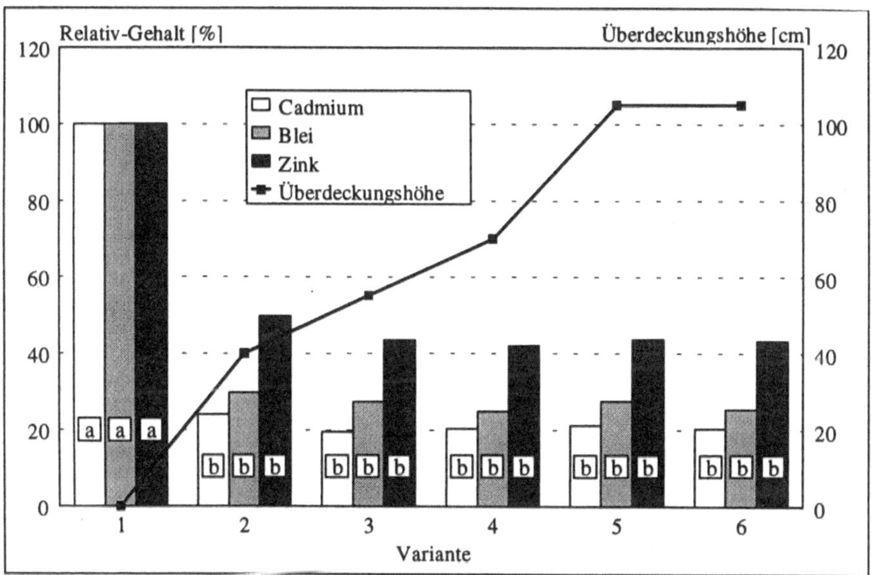

Abb. 5. Durchschnittlicher relativer Schwermetallgehalt in Gemüsekulturen des Überdeckungsversuches Stolberg (Mittelwerte über 10 Gemüsekulturen; innerhalb eines Elementes unterscheiden sich Säulen mit unterschiedlichen Buchstaben signifikant)

3.2   Winterweizen

Die Schwermetallgehalte des 1993/94 angebauten Winterweizens sind in Abb. 6 dargestellt. Es ist deutlich erkennbar, daß – anders als bei den Gemüsekulturen – bei den Elementen *Cadmium und Zink* eine Überdeckungshöhe von 40 cm (Variante 2) eine deutliche, statistisch signifikante Reduktion der Gehalte sowohl im Korn als auch im Stroh *nicht* bewirkt hat. Diese war erst ab einer Überdeckungshöhe von 70 cm (Variante 4) bzw. bei 40 cm und zusätzlicher technischer Sicherung (Variante 3) gegeben, wobei zwischen den Varianten 3-6 keine gesicherten Unterschiede feststellbar waren.

Beim *Blei* wurden im Weizenkorn in allen Varianten vergleichbare Gehalte weit unterhalb des Lebensmittelrichtwertes (0,8 mg/kg FM) festgestellt. Diese wurden offenbar nicht oder nur wenig von den Bodenverhältnissen beeinflußt, vielmehr dürften die ermittelten Pb-Konzentrationen im Weizenkorn die aktuelle Pb-Immissionssituation am Standort widerspiegeln.

Auch beim Weizenstroh bewirkte die Bodenüberdeckung insgesamt nur eine geringe Beeinflussung des Pb-Gehalts, wobei hier zumindest tendenziell eine ähnliche Abstufung bezüglich der Varianten 1 und 2 sowie der übrigen Varianten wie bei Cd und Zn erkennbar ist. Gegenüber der Variante 1 wies nur Variante 4 (70 cm Überdeckung) signifikant geringere Pb-Gehalte im Weizenstroh auf. Die erkennbaren Unterschiede zwischen den Varianten 3-6 sind dagegen nicht statistisch gesichert.

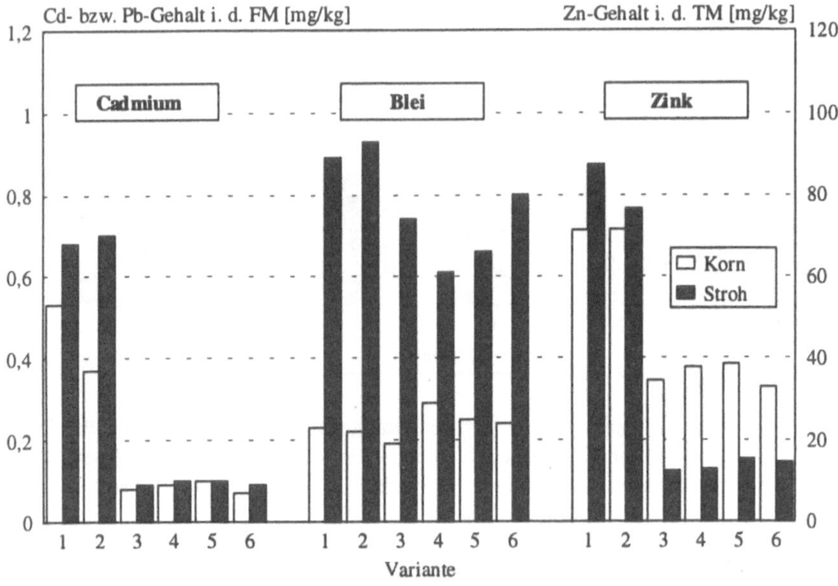

Abb. 6. Schwermetallgehalt in Winterweizen des Überdeckungsversuches Stolberg (Mittelwerte über 4 Feldwiederholungen)

4   Diskussion und Schlußfolgerungen

Die vorgestellten Versuchsergebnisse belegen, daß es möglich ist, auf stark schwermetallbelasteten Standorten, auf denen trotz Ausschöpfung der anbautechnischen Möglichkeiten (u. a. pH-Regulierung, Pflanzenartenauswahl) ein erhöhter Schwermetalltransfer Boden → Nutzpflanze → Mensch stattfindet, durch Überdeckung mit geeigneten schadstoffarmen (Boden-)Materialien das Belastungsniveau angebauter Gemüsepflanzen *kurzfristig* auf ein unbedenkliches

Maß zu senken. Bemerkenswerterweise gilt dies auch für das im Boden nur gering mobile Element Blei, wobei die verhältnismäßig niedrigen Pb-Gehalte der Blattgemüsearten zudem zeigen, daß – im Gegensatz zu früher – die heutige Immissionsbelastung durch Pb zumindest in diesem Teilbereich des Stadtgebiets von Stolberg relativ gering ist.

Zur Unterschreitung der Lebensmittelrichtwerte in den angebauten Gemüsearten war im Überdeckungsversuch Stolberg bereits eine Überdeckung mit 40 cm eines unbelasteten Oberbodenmaterials mit geringer Schwermetallverfügbarkeit (pH 7!) ausreichend, ohne daß höhere Mächtigkeiten und/oder der Einsatz von zusätzlichen Wurzelsperren einen darüber hinausgehenden erheblichen Effekt zur Folge hatten.

Tendenziell war jedoch in der 40-cm-Variante gegenüber den weiteren Überdeckungsvarianten ein leicht erhöhter Gehalt vor allem beim Zn festzustellen. Dies läßt darauf schließen, daß eine Abdeckungsmächtigkeit von 40 cm nicht in jedem Fall ein Vordringen der Pflanzenwurzeln in den kontaminierten Untergrund verhindern konnte. Dies bestätigt Ergebnisse von Kuntze et al. [9], die entsprechende Beobachtungen allerdings unter den spezifischen Bedingungen eines Gefäßversuchs (höhere Durchwurzelungsintensität) machten.

Besonders deutlich wird dies auch bei den Ergebnissen für den Winterweizen, bei dem eine Überdeckung von 40 cm keine signifikante Reduktion der Cd- und Zn-Gehalte bewirken konnte. Offenbar spielt bei dieser landwirtschaftlichen Kultur eine aufgrund der vergleichsweise langen Vegetationsdauer stärkere, d. h. vor allem tiefere Durchwurzelung des Bodens eine weitaus bedeutendere Rolle als bei den Gemüsekulturen mit relativ kurzer Anbauzeit.

Auf der anderen Seite verdeutlichen die Stolberger Versuchsergebnisse, daß nicht unter allen Umständen der Einbau relativ aufwendiger Sperrschichten erforderlich ist. So unterschieden sich die bei dieser Variante (Variante 6) festgestellten Pflanzengehalte in der Regel nicht von jenen der Varianten 3 (40 cm Oberboden + 15 cm Dränschicht) bzw. 5 (40 cm Oberboden + 30 cm Unterboden).

Für gärtnerisch genutzte Flächen mit verglichen zu Stolberg ähnlicher Standortcharakteristik erscheinen daher zur sicheren Unterbindung eines erhöhten Schwermetalltransfers Boden/Nutzpflanze Überdeckungsmächtigkeiten von etwa 40-60 cm als notwendig, aber auch ausreichend. Für landwirtschaftlich genutzte Flächen, für die allerdings angesichts der EG-Produktionssituation in den seltensten Fällen eine derartige Sanierungsmaßnahme in Frage kommen dürfte, scheinen dagegen höhere Überdeckungsmächtigkeiten erforderlich zu sein.

Im Vergleich dazu wurden jüngst bezüglich einer landwirtschaftlichen Nutzung schwermetallbelasteter Hafenschlickspülfelder – ebenfalls auf der Grundlage eines Feldversuches – Überdeckungsmächtigkeiten von > 35 cm empfohlen [10]. Angesichts der in Stolberg erzielten Weizenergebnisse muß die Untergrenze dieser Empfehlung jedoch derzeit als zu niedrig angesehen werden.

5   Offene Fragen/Ausblick

In den nächsten Jahren wird noch zu prüfen sein, ob die bisher beobachteten kurzfristigen Effekte sich auch mittel- bis langfristig und auch für weitere, tiefer wurzelnde Pflanzenarten bestätigen.

Des weiteren ist der Frage Aufmerksamkeit zu schenken, ob es in den Varianten ohne technische Barrieren längerfristig durch verschiedene Vorgänge zu einem Anstieg der Schwermetallgehalte des Überdeckungsmaterials kommt. Zu denken ist hier an eine eventuelle Vermischung durch wechselnde Bearbeitungstiefen oder die Tätigkeit von Bodentieren ("Bioturbation") sowie eine Verlagerung von im Untergrund durch die Pflanzenwurzeln aufgenommener und in Richtung Sproß transportierter Schwermetalle.

Schließlich sind zur Überprüfung der Dauerhaftigkeit der im Versuch eingebauten technischen Barrieren – insbesondere hinsichtlich ihrer Resistenz gegen Pflanzenwurzeln – entsprechende Untersuchungen in der Variante 7 (mehrjährige Gehölze) vorgesehen. Bis dahin soll jedoch zunächst noch ein weiterer Zeitraum von ca. 2 Jahren ungestörter Pflanzen- und Wurzelentwicklung abgewartet werden.

Dank
Der Überdeckungsversuch Stolberg ist ein Kooperationsprojekt, an dem neben dem Landesumweltamt (LUA) NRW die Stadt Stolberg, das Erdbaulaboratorium Ahlenberg (Herdecke) und die Rheinischen Kalksteinwerke (Wülfrath) beteiligt sind. Für das kostenlose Zurverfügungstellen von Material, Geräten und Personal bei der Anlage des Versuches ist darüber hinaus zu danken: Rheinische Braunkohlenwerke A.G. (Köln), Fa. Heitkamp & Co. (Herne), Fa. Stricker GmbH & Co. (Dortmund). Herrn Weck und Mitarbeitern sowie Frau Kräling (LUA) ist für die gewissenhafte Versuchsbetreuung zu danken.

Literatur

[1] Ministerium für Umwelt, Raumordnung und Landwirtschaft NRW (MURL) (Hrsg.) (1988) Schadstoffarmes Obst und Gemüse aus Haus- und Kleingärten. Anbau- und Verzehrsempfehlungen (Cd, Pb, Zn). Düsseldorf

[2] Ministerium für Arbeit, Gesundheit und Soziales NRW (MAGS) (Hrsg.) (1975) Umweltprobleme durch Schwermetalle im Raum Stolberg. Düsseldorf

[3] Ministerium für Arbeit, Gesundheit und Soziales NRW (MAGS) (Hrsg.) (1983) Umweltprobleme durch Schwermetalle im Raum Stolberg. Düsseldorf

[4] Ewers, U., Freier I., Turfeld, M., Brockhaus, A., Hofstetter, I., König, W., Leisner-Saaber, J., Delschen, T. (1993) Untersuchungen zur Schwermetallbelastung von Böden und Gartenprodukten aus Stolberger Hausgärten und zur Blei- und Cadmiumbelastung von Kleingärtnern aus Stolberg. Das Gesundheitswesen Bd. 55, 318-325

[5] Rheinische Kalksteinwerke Wülfrath: WÜLFRAlit – Ein natürliches Material zum Abdichten von Deponien und zur Sicherung von Altablagerungen. Firmenprospekt.

[6] Späte, A., Werner, W. (1991) Erfassung und Auswertung der Hintergrundgehalte ausgewählter Schadstoffe in Böden Nordrhein-Westfalens. Materialien zur Ermittlung und Sanierung von Altlasten, Band 4, Düsseldorf (Hrsg.: Landesamt für Wasser und Abfall NRW; Bezugsquelle: Landesumweltamt NRW)

[7] Anonymus (1990) Richtwerte für Schadstoffe in Lebensmitteln. Bundesgesundhbl. 5/90, 224-226

[8] Sauerbeck, D. (1982) Welche Schwermetallgehalte in Pflanzen dürfen nicht überschritten werden, um Wachstumsbeeinträchtigungen zu vermeiden? Landwirtsch. Forsch. SH 39, 108-129

[9] Kuntze, H., Herms, U., Pluquet, E. (1984) Schwermetalle in Böden -Bewertung und Gegenmaßnahmen. Geol. Jb. A 75, 715-736

[10] Bartels, R., Scheffer, B. (1993) Reduzierung der Schwermetallaufnahme von Pflanzen aus kontaminierten Substraten durch Abdeckung mit unbelastetem Boden. Z. Kulturtechn. Landentwickl. 34, 303-310

Praxisbeispiele zum Flächenrecycling auf Kokereistandorten

Michael Beyer, Dietrich Mehrhoff

Ausgangssituation

Standorte von Kokereien weisen in aller Regel erhebliche spezifische Bodenverunreinigungen auf. Bei diesen Verunreinigungen handelt es sich um Teerölaromaten wie BTX, PAK, aber auch um Cyanide, Quecksilber und Arsen. Die angetroffenen Verunreinigungen weisen mitunter lokal sehr hohe Konzentrationen auf (Teeröl in Phase), sie sind tief in den Untergrund eingedrungen und haben je nach geologisch-hydrogeologischer Situation Verbreitung mit dem Grundwasser gefunden. Die betroffenen Flächen liegen aufgrund der historischen Entwicklung häufig in städtebaulich interessanten Lagen und sind zur Deckung des Flächenbedarfs der heutigen Stadtentwicklung sehr wertvoll.

Vor einer Wiedernutzung ist allerdings aufbauend auf den Erkenntnissen der Gefährdungsabschätzung und im Dialog mit dem städtebaulichen Konzept die Sanierung des betreffenden Geländes durchzuführen.

Zielsetzung

Einer neuen Nutzung stehen in der Regel folgende Hemmnisse entgegen:

- schlechte, inhomogene Baugrundqualität,
- mögliche Anreicherungen von belasteter Bodenluft in Gebäuden,
- Eindringen von Niederschlagswasser und Austrag von Schadstoffen in das Grundwasser.

Ziel einer Sanierung ist es daher, diese Hemmnisse beherrschbar zu machen. Dabei ist insbesondere auch die Qualität der zukünftigen Nutzung zu berücksichtigen.

Vorgehensweise beim Flächenrecycling

Das Recycling von Flächen ist ein komplexer Prozeß, bei dem die städtebauliche Planung mit den Anforderungen des Umweltschutzes sowie den gesetzlichen und wirtschaftlichen Rahmenbedingungen abgestimmt werden muß. Dieser Beitrag beschäftigt sich im wesentlichen mit den verfahrenstechnischen und insbesondere bautechnischen Möglichkeiten zur Lösung der Anforderungen des Umweltschutzes und der Geotechnik zur Wiedernutzung der Flächen.

Die Auswahl von geeigneten Sanierungsmaßnahmen (Dekontamination, Sicherung) muß begründet erfolgen. Aufbauend auf die Gefährdungsabschätzung ist dazu die Erstellung eines Sanierungskonzeptes erforderlich. Dieses Sanierungskonzept umfaßt die in der HOAI beschriebenen Leistungsbilder von ingenieurtechnischen Planungsleistungen wie Vor- und Entwurfsplanung, Genehmigungsplanung, Ausführungsplanung. Als integraler Bestandteil erfolgt in der Machbarkeitsstudie die begründete Auswahl von Sanierungsverfahren nach Kriterien wie Wirksamkeit, Zuverlässigkeit, Realisierbarkeit und Kosten. Dabei sind auch flächenspezifische Kombinationen der unterschiedlichen Verfahren zu berücksichtigen. Einen Überblick über die Vorgehensweise gibt Abb. 1.

Beispiele realisierter Vorhaben

Durch DMT wurden in den vergangenen Jahren eine Vielzahl von Gefährdungsabschätzungen durchgeführt, aber darüber hinaus auch eine Reihe von Sanierungsmaßnahmen ingenieurtechnisch geplant und in ihrer Realisierung begleitet. Die Durchführung der Arbeiten erfolgte z. T. in enger Kooperation mit Partnerunternehmen.

Die Projektbeispiele lassen sich folgendermaßen charakterisieren:
- Prosper III: Die gesicherte Umlagerung (Tabelle 1),
- Gladbeck-Brauck: Das DMT-GEOsafe-System (Tabelle 2),
- Minister Achenbach: Die Kombi-Lösung (Tabelle 3).

Bei den hier ausgewählten Standorten waren aufgrund der geologisch-hydrogeologischen Situation keine aktive Maßnahmen zur Reinigung des Grundwassers erforderlich. Eine Überwachung der Grundwassersituation wird auch nach den Sanierungsmaßnahmen noch durchgeführt.

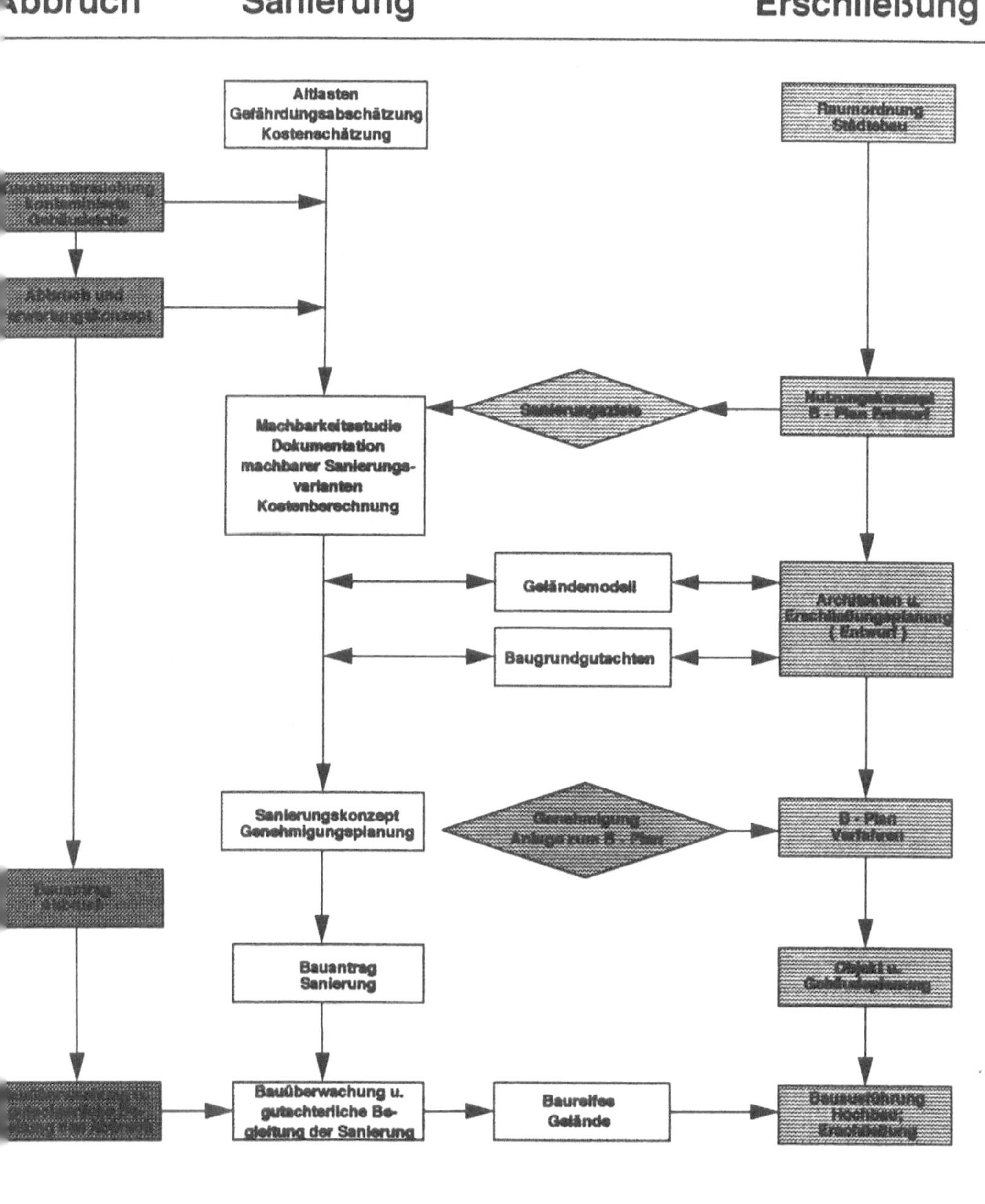

Abb. 1. Projektablauf

Tabelle 1. Prosper III – Die gesicherte Umlagerung

Ehemalige Nutzung:	Schachtanlage und Kokerei Prosper III 29 ha, seit 1906; stillgelegt 1986
Gefährdungsabschätzung:	Gutachten 1987-1990 verschiedener Büros
Ausgangssituation:	Hohe Belastung mit BTX, PAK im Bereich der ehemaligen Kokerei, kleinere lokale Verunreinigungen, Anschüttungen, Fundamente, Keller, Bunker noch vorhanden
Nutzungskonzept:	Städtebaulicher Wettbewerb 1990
Sanierungskonzept:	Anlage zum Abschlußbetriebsplan 1991
Genehmigung:	nach Bergrecht
Maßnahmen:	Abbruch- und Bahnmaterial-Umlagerung zur Herrichtung der Bebauungsflächen, hoch belastete Teilfläche und angrenzende Bereiche werden überschüttet (mit unbelastetem bzw. organoleptisch unauffälligem Material (135 000 m³) der Bebauungsflächen), stärker belastetes Material kann in einem gesondert abgedeckten Teilbereich (Vorhaltevolumen 15 000 m³) eingebaut werden. Hoch belastetes Material wird extern entsorgt (100 m³). Externe Bodenanlieferung zur Landschaftsgestaltung 200 000 m³. Laufende gutachterliche Begleitung der Baumaßnahme.
Ergebnis:	–11 ha Prosperpark als Hügel auf der hoch belasteten Teilfläche (1,5 ha) – Gründerzentrum und Gewerbebetriebe (6 ha) – Wohnbebauung mit Ein- und Mehrfamilienhäusern (12 ha)
Dauer/Kosten:	1991-1993/12 Mio. DM
Bauherr:	Ruhrkohle AG

Sicheres Bauen auf Altlasten

Zahlreiche ehemalige Industriestandorte stehen zur Deckung des Flächenbedarfs zur Verfügung, sofern es gelingt, sowohl die Baugrund- als auch die Altlastensituation zu beherrschen. Ziel der Brachflächenpolitik von Bund und Land ist die Wiedernutzung dieser brachgefallenen Altstandorte.

Vor diesem Hintergrund ist von DMT ein technisch und wirtschaftlich interessanter Lösungsansatz realisiert worden, bei dem die Altlastensituation unter gleichzeitiger Baugrundbeherrschung berücksichtigt wurde.

Tabelle 2. Gladbeck-Brauck – Das DMT-GEOsafe-System

Ehemalige Nutzung:	Schachtanlage und Kokerei Graf Moltke 3/4 30 ha, seit 1873; stillgelegt 1971
Gefährdungsabschätzung:	DMT 1989 - 1991
Ausgangssituation:	Hohe Belastung mit BTX, PAK im Bereich der ehemaligen Kokerei, teilweise überschüttet von angrenzender Halde; kleinere lokale Verunreinigungen (kokereispezifisch, z. T. Schwermetalle), aufstehende Zechengebäude, Gebäude und Anlagen von Folgenutzern, Anschüttungen, Keller, Fundamente
Nutzungskonzept:	Städtebaulicher Realisierungs-Wettbewerb 1991
Sanierungskonzept:	DMT/ZKI 1992
Genehmigung:	Bebauungsplanverfahren
Maßnahmen:	Kein Eingriff in den belasteten Untergrund, qualifizierte Abeichtung hochbelasteter Bereiche mit dem DMT-GEOsafe-System, einem geokunststoffbewehrten Dichtungssystem, das eine Bebauung zuläßt. Abdeckung der übrigen Teilflächen, laufende gutachterliche Begleitung (Altlasten, Baugrund, Bautechnik)
Ergebnis:	– Netto-Gewerbeflächen (15 ha) in erstklassiger Lage – Integration bestehender Nutzungen
Dauer/Kosten:	1993-1994/21 Mio. DM
Bauherr:	Entwicklungsgesellschaft Gladbeck-Brauck (Gesellschafter: Stadt Gladbeck, Ruhrkohle)

Das GEOsafe-System

Als innovative Lösung für sicheres Bauen auf Altlasten wurde vom DMT–Institut für Wasser- und Bodenschutz – Baugrundinstitut – ein Drain- und Dichtsystem entwickelt. Dieses ermöglicht neben der dauerhaften und sicheren Abdichtung kontaminierter Flächen eine Neubebauung belasteter Altstandorte, ohne in den Untergrund einzugreifen.

Das patentierte GEOsafe-System hat einen sandwichartigen Aufbau. Es besteht aus einer geokunststoffbewehrten unteren Tragschicht zur Vergleichmäßigung der Untergrundreaktion, den Drain- und Dichtkomponenten als integriertes Versiegelungssystem sowie einer bewehrten oberen Tragschicht zur Lastverteilung aus Bauwerk und Verkehr.

Tabelle 3. Minister Achenbach – Die Kombi-Lösung

Ehemalige Nutzung:	Schachtanlage und Kokerei Minister Achenbach
	19,7 ha, seit 1897; stillgelegt 1992
Gefährdungsabschätzung:	DMT 1993-1994
Ausgangssituation:	Hohe Belastung mit BTX, PAK im Bereich der ehemaligen Kokerei, kleinere lokale Verunreinigungen, Anschüttungen, Fundamente, Keller, Bunker noch vorhanden, 2 Bereiche mit Altablagerungen
Nutzungskonzept:	Städtebaulicher Landeswettbewerb 1993/94
Sanierungskonzept:	Juni 1995 für Gesamtfläche von ca. 40 ha
Genehmigung:	Bebauungsplanverfahren
Maßnahmen:	Vorlaufende Erschließung, überwiegend im grabenlosen Vortrieb, Minimierung des Bodeneingriffs, Umlagerung und Sicherung einbaubaren, kontaminierten Aushubs in einer Kapsel (Standort ehemaliger Flotationsteich), externe Entsorgung von Schadstoffen in Phasen, DMT-GEOsafe-System zur Baugrundverbesserung, Oberflächenabdichtung und flächenhaften Gasdrainage in Bereichen mit Bodenluftbelastung, Erstellung einer mindestens 1 m mächtigen, tragfähigen "Sauberkeitsschicht".
Ergebnis:	7,2 ha Industriefläche
	16,5 ha Gewerbefläche
Dauer/Kosten:	1995-1996/ca. 9,5 Mio. DM
Bauherr:	LEG Nordrhein-Westfalen

Das Testfeld

Die Gebrauchstauglichkeit des Systems wurde unter tatsächlichen Bedingungen im Maßstab 1:1 in einem Testfeld untersucht und in einer Versuchsreihe Belastungen in der Größenordnung von Bauwerkslasten ausgesetzt.

Mit den Testergebnissen wurde nachgewiesen, daß durch die bewehrten Trageschichten ein gesichertes System konstruiert wurde, das langzeitlich die integrierte Kunststoffdichtungsbahn vor unzulässigen Verformungen schützt. Damit steht ein Abdichtungssystem zur Verfügung, welches eine Überbauung stark kontaminierter Flächen ermöglicht.

Die Genehmigung

Als neue Bauart mußte für das GEOsafe-System gemäß der Bauordnung für das Land Nordrhein-Westfalen die Brauchbarkeit nachgewiesen werden. Wird dieser Nachweis nicht durch eine allgemeine bauaufsichtliche Zulassung geführt, bedarf es der Zustimmung im Einzelfall der Obersten Bauaufsichtsbehörde Nordrhein-Westfalens, des Ministeriums für Bauen und Wohnen.

Diese Genehmigung erteilte das Ministerium im Oktober 1993 für das ehemalige Zechen- und Kokereigelände Graf Moltke 3/4 in Gladbeck-Brauck.

Dabei wurde für den Aufbau des Drain- und Dichtsystems besonderer Wert auf die Einrichtung eines Qualitätssicherungssystems gelegt. Hierzu erstellte die DMT einen Qualitätssicherungsplan, der die allgemeine Überwachung des Aufbaus und Einbaus der Materialien sowie den Umfang der Kontrollen vorgibt.

Die Praxis: Gladbeck-Brauck

In Gladbeck-Brauck mußte das ca. 40 ha große Areal der ehemaligen Zeche und Kokerei Graf Moltke 3/4 aufgrund der Altlastensituation in großen Teilen versiegelt werden. Vor allem im Bereich der ehemaligen Kokerei wurden Kontaminationen bis in große Tiefen sowie ein inhomogener Baugrund festgestellt.

Als integrierte Lösung wurde das GEOsafe-System sowohl für die Baugrundverbesserung als auch die Altlastensicherung angewandt. Dabei bewirken die bewehrten Tragschichten (Geogitterbewehrungslagen) eine Erhöhung der Tragfähigkeit des Untergrundes, während die Anforderungen an die Sicherung der Kontamination durch eine Kunststoffdichtungsbahn erzielt werden, die mit einer Gas- und Oberflächendrainage kombiniert ist.

Mit dem Einbau des GEOsafe-Systems wurden die Arbeiten zur Altlastensanierung bei gleichzeitiger Baureifmachung für den geplanten Gewerbepark Brauck bis zur "Gründungssohle" abgeschlossen. Gleichzeitig wurde durch die Erschließungsmaßnahme die Infrastruktur (Ver- und Entsorgung sowie die Verkehrsanbindung) hergestellt.

Im Vergleich zu herkömmlichen Sanierungsmaßnahmen bietet das GEOsafe-System somit entscheidende technische und wirtschaftliche Vorteile beim Flächenrecycling von Altstandorten:

- direkte Überbaubarkeit von kontaminierten Flächen,
- Baugrundverbesserung,
- Entfallen kostenintensiver Entsorgung von Bodenaushub,
- Integration flächeninterner Umlagerungsmaßnahmen,
- niedrige Baukosten,
- kurze Bauzeit,
- Gleichzeitige Sicherung und Erschließung,
- Planungssicherheit.

Schlußfolgerung

Erfolgreiches Flächenrecycling ist machbar, wenn dabei folgende Anforderungen erfüllt werden:

– Sanierungsanforderungen optimiert,
– Sanierungsmaßnahmen realisiert,
– Flächennutzung optimal gestaltet,
– Kostenrahmen eingehalten,
– Fördermittel ausgeschöpft,
– Termine erfüllt.

Besonders leicht gelingt dies, wenn Konsens zwischen allen Beteiligten herbeigeführt werden kann und die Ingenieurleistungen möglichst "aus einer Hand" erbracht werden.

Zusammenfassung

Kokereistandorte in großer Zahl prägten das Bild des Ruhrgebiets. Die Auswirkungen dieser industriellen Nutzung wurden früh zum Tätigkeitsfeld der technisch-wissenschaftlichen Gemeinschaftsorganisationen für den Steinkohlenbergbau, der heutigen DMT. Dieser reiche Erfahrungsschatz auf den Gebieten Geologie, Geochemie und Hydrogeologie sowie die ingenieurgeologische und bauingenieurmäßige Projektbearbeitung macht das DMT – Institut für Wasser- und Bodenschutz heute zu einem kompetenten Partner für alle Fragen auf den Sektoren Geowissenschaften, Bau und Umwelt.

Beispiele der jüngsten Projekte im Flächenrecycling zeigen integrative und innovative Lösungen, wie den Sanierungsanforderungen bei gegebenen rechtlichen Rahmenbedingungen gerecht zu werden ist, wie Sanierungsmaßnahmen spezifisch realisiert werden, und wie Flächennutzung optimal gestaltet werden kann.

So wurde die noch unter Bergrecht stehende Fläche der ehemaligen Schachtanlage und Kokerei Prosper III durch eine gesicherte Umlagerung wieder hergerichtet für die Nutzung als Wohngebiet, Gewerbegebiet sowie als Erholungspark. Im Fall des Gewerbeparks Gladbeck-Brauck wurde das z. T. stark belastete Gelände einer ehemaligen Kokerei durch eine qualifizierte Oberflächenabdichtung (DMT-GEOsafe-System) und Abdeckungsmaßnahmen derart saniert, daß es als Gewerbegebiet für eine Bebauung wieder zur Verfügung steht.

Bei der Fläche der ehemaligen Schachtanlage und Kokerei Minister Achenbach konnte unter Berücksichtigung des aktuellen NRW-Abfallrechts die gesicherte Umlagerung auch außerhalb des Bergrechts realisiert werden. Durch Kombination dieser Maßnahme mit Oberflächenabdichtung und -abdeckung wird das Gelände zur Zeit zur Wiedernutzung als Gewerbegebiet saniert.

Aus diesen Beispielen wird deutlich, daß Standorte ehemaliger Kokereien auch zukünftig das Bild des Ruhrgebiets prägen werden.

Literatur

Brüggemann, J., Schrodt, D., Thein J. (1991) Reaktivierung von Industriebrachen, Energie 43, 24-31

Thein, J., Genske, D.D., Klapperich, H., Schöpel, M. (1991) Reaktivierung von Industriebrachen – Konzepte, Risiken, Fallbeispiele, Bautechnik 68, 416-420

Genske, D.D., Noll, H.P., Trinkaus, E. (Hrsg,) (1994) Modellprojekt Gewerbepark Gladbeck-Brauck, Brachflächenrecycling 3/94, 14 - 62

Sanierung kontaminierter Standorte unter besonderer Berücksichtigung der Folgenutzung, dargestellt an zwei Praxisprojekten aus Berlin und den Niederlanden

Thomas Bökelmann

1 Einführung

Bodenschutz und Umgang mit kontaminierten Böden ist nicht zuletzt auch abhängig von der Folgenutzung kontaminierter Standorte, insbesondere im Bereich von Ballungszentren und Großstädten, wo kaum noch geeignete Flächen für Wohnungsbau, Gewerbe und Industrie zur Verfügung stehen.

Insofern müssen und sollen ehemals vorgenutzte Standorte auch wieder einer Folgenutzung zugeführt werden, was aber z. T. nur mit erheblichen Investitionen, insbesondere für die Beseitigung von Altlasten, möglich ist.

Vielfach stellt sich nicht nur das Problem kontaminierter Böden, sondern auch einer damit in direktem Zusammenhang stehenden Grundwasserkontamination.

Die nachfolgend vorzustellenden Projekte sind im Hinblick auf die o. g. Kriterien ausgewählt worden und stellen aufgrund der Größenordnung und des immensen Sanierungsbedarfs hohe Anforderungen an Planung und Durchführung der Sanierungen sowie der Herrichtung bezüglich einer geplanten Folgenutzung.

Aufgrund einer ebenso zielgerichteten Vorgehensweise in den Niederlanden kontaminierte Böden betreffend wurde im Vergleich zu einem großen deutschen Sanierungsfall der derzeit größte und aufsehenerregenste Fall in den Niederlanden aufgegriffen und eingebracht.

2   Vorstellung der Projekte/Genese

2.1   Sanierung des ehemaligen Gaswerksstandorts Griftpark, Utrecht, NL

Das Projekt "Griftpark" ist der z. Z. bekannteste niederländische Sanierungsfall. Das gesamte Gelände umfaßt rund 15 ha an Fläche, welche zum Teil brachliegt und größtenteils aber bebaut ist oder weiter bebaut werden soll.

Das bis in die 70er Jahre über 100 Jahre lang genutzte ehemalige Gaswerksgelände soll aufgrund der besonderen Sanierungsstrategie erst zu einem späteren Zeitpunkt überplant werden, wobei an ein Naherholungsgebiet gedacht wurde. Teilbereiche sollen auch neu bebaut werden.

Aufgrund der hohen Belastungen durch gaswerksspezifische Schadstoffe sowie die dadurch hervorgerufenen Bodenbelastungen und hohen Eintrag in das Grundwasser wurde folgende Strategie gewählt:

- Isolation des hochkontaminierten Innenbereichs mittels einer Schlitzwand mit einer Länge von 1,4 km und einer Tiefenausdehnung bis 60 m. Die Verunreinigung reicht 30-35 m u. GOK. Es werden bis zu 15 m^3/h an Grundwasser innerhalb der Wand abgepumpt und einer Reinigung zugeführt. Der bei der Schlitzwandmaßnahme ausgekofferte Boden wurde einer thermischen Reinigung zugeführt.

- Aushub von Hot-spots außerhalb der Wand, aber innerhalb der Wohngebiete, ohne diese vorher zu räumen, d. h. unterhalb der Wohnbebauung. In diesem Bereich müssen ca. 100 m^3/h an Grundwasser gefaßt und gereinigt werden, von denen 70 m^3/h wieder reinfiltriert werden sollen. Aufgrund der Verunreinigung soll der kontaminierte Boden einer thermischen Reinigung zugeführt werden.

Aufgrund der sehr hohen bautechnischen Anforderungen an die Bodensanierung außerhalb der Schlitzwand ist ein Abschluß der jetzt beginnenden Maßnahme erst in 1-2 Jahren zu erwarten. Die Schlitzwand wurde bereits in 1994 durch ein niederländisch-französisches Baukonsortium realisiert. Der Zeitraum der GW-Reinigung wird wegen der tiefenmäßigen Ausdehnung auf ca. 100 Jahre geschätzt.

Die erste Kostenschätzung aus 1980 belief sich auf lediglich ca. 15 Mio. DM. Weitere Erkenntnisse und die bereits durchgeführten Maßnahmen im Rahmen der Installation der Schlitzwand und des damit verbundenen Bodenaushubs haben zu einer neuen Kostenrechnung Anfang der 90er Jahre geführt, die sich nunmehr auf 250-300 Mio. DM beläuft.

2.2 Sanierung eines ehemaligen Industriestandortes – Großprojekt Berlin

Im Rahmen der Gefahrenabwehr bei GW-Schäden sowie des Recyclings ehemaliger Industrieflächen wurden in den neuen Ländern Großprojekte ins Leben gerufen, die zum größten Teil mit Mitteln des Bundes finanziert wurden. Eines dieser Großprojekte befindet sich in Berlin, Projektträger für diese Maßnahme ist Tauw Umwelt mit der Niederlassung in Berlin.

Zumeist stellen die durchzuführenden Maßnahmen innerhalb des Großprojekts ein Spannungsfeld zwischen bloßer Gefahrenabwehr und Flächenrecycling dar. Die vorzustellende Maßnahme beinhaltet beide Aspekte, da bezüglich einer GW-Sanierung zunächst die Hot-spots im Bodenbereich entfernt werden mußten. Aufgrund der vorliegenden Pestizidproblematik mußten unterschiedliche Wege bei der Sanierung/Reinigung für die Reinsubstanz und den kontaminierten Boden gegangen werden. Eine On-site-Sanierung kam aufgrund der Genehmigungsanforderungen und mangelnder Akzeptanz nicht in Frage, so daß sichere Wege der Off-site-Sanierung zu beschreiten waren.

Als erschwerend stellte sich heraus, daß durch die Bodenkontamination schon eine Grundwasserverunreinigung eingetreten ist und bereits umliegende Wasserwerke gefährdet.

Die Bodensanierungsstrategie sieht daher zunächst eine Auskofferung der Bereiche vor, die aufgrund der hohen HCH-Belastungen für die GW-Kontamination sorgen, und hat zunächst nicht das Ziel eines Flächenrecyclings.

Einhergehend mit den entsorgungstechnischen Details muß eine sichere Auskofferung gewährleistet werden, die nur mittels einer Einhausung tragbar ist. Gleichzeitig sind mit diesen Maßnahmen sehr restriktive Sicherheitsvorschriften im Umgang mit Pestiziden einzuhalten. Dieser Aufwand ist jedoch notwendig und wird trotz des scheinbar geringen Nutzens für das Flächenrecycling betrieben.

Wie dieser Interessenkonflikt zwischen Behörde und Bund zu lösen ist, wird vermutlich erst der weitere Verlauf der Maßnahme ergeben, während dem die Entscheidung zu fällen ist, wo eine Gefährdung aufhört bzw. wo die Kontamination ausläuft und welche Restkonzentrationen auch für weitere gewerbliche oder sensiblere Nutzung zu tolerieren sind.

Das Gesamtprojekt Spree hat einen finanziellen Umfang von ca. 25-50 Mio. DM pro Jahr, was die Sanierungsmaßnahmen betrifft, so daß sich die für die o. g. Maßnahme erforderlichen ca. 4-6 Mio. DM als tragbar bezeichnen lassen könnten. Es sollte allerdings nicht der Blick davor verschlossen sein, daß

diese Bodensanierung nur ein Areal von mehreren hundert Quadratmetern umfaßt, so daß es noch ein weiter Weg bis zum Flächenrecycling ist.

3   Maßnahmen und Zielsetzungen

3.1   Maßnahme Griftpark, Utrecht

Wegen der hohen Kontamination des Grundwassers und des Bodens mit Aroma-
ten, PAK, Phenolen, Cyaniden und MKW entschloß man sich, die Hot-spots
zunächst zu isolieren, eine Bodensanierung aber lediglich im bebauten Bereich
vorzunehmen, um die Nutzung zu sichern und weitere Flächen für die Wohnbebauung vorhalten zu können. Der eigentliche Kernbereich wurde in einer in den
Niederlanden einmaligen Maßnahme mit einer Schlitzwand gesichert, die Bodensanierung in diesem Bereich wäre aufgrund der Tiefe der vorhandenen
Kontamination nicht finanzierbar gewesen.

Wegen der Belastung und Menge des zu reinigenden Grundwassers war eine
besondere Vorgehensweise bezüglich der Auswahl eines geeigneten Reinigungs-
verfahrens notwendig. Aus diesem Grund entschied sich die Provinz Utrecht für
das Testen unterschiedlicher erfolgversprechender Reinigungsmethoden.

Es werden derzeit getestet:

- Strippen mittels Plattenstripper, Koagulation/Flockung/Sedimentation,
  Sandfiltration und Filtration mittels A-Kohle,
- Strippen mittels Turmstripper, ansonsten Aufbau wie Plattenstripper,
- Biofilm-System, Sandfiltration, A-Kohle Filtration,
- Aktiv-Schlamm-System, sonst wie Biofilm-System.

Jede Straße wird mit 12,5 m^3/h beschickt, weiterhin besteht die Möglichkeit des
Hinzuschaltens einer UV/Ozon-Anlage. Zur Zeit läuft jede Straße für sich, es
sollen aber in 1996 noch Kombinationslösungen ausprobiert werden, bevor dann
1996/1997 eine Entscheidung getroffen wird.

Ziel ist es, mit den gewonnenen Daten mittels entsprechender Rechenmodelle
eine ökonomisch und ökologisch ausgereifte Lösung zu finden. Derzeit erbringt
das Biofilm-System die besten Ergebnisse, was zumindest die leichter abbaubaren
Schadstoffe betrifft. Im Hinblick auf die Flächennutzung kann das außerhalb der
Sicherung liegende Gelände auch für sensible Nutzung nach der Sanierung wie-
der freigegeben werden. Wann die Bürger von Utrecht aber das Gelände des
Griftparks wieder nutzen können, hängt vor allem vom Verlauf der GW-
Testphase sowie dem zu erzielenden Schadstoffabbau ab.

3.2   Maßnahme Sanierung ehem. Industriegelände, Großprojekt Berlin

Die durchzuführenden Maßnahmen beziehen sich im wesentlichen auf eine Gefahrenabwehr, sie haben offensichtlich keine größere Relevanz für den Gesamtstandort.

Die Problematik wird in dem Abstecken des Umfangs der Maßnahme liegen, was erhöhte Anforderungen an AG und Gutachter mit sich bringt. Ziel ist jedoch neben der Erniedrigung des Eintragsrisikos von Schadstoffen in das Grundwasser das Entfernen der für eine weitere Flächennutzung störenden Hot-spots im Bodenbereich.

4   Folgerungen

Die Erfahrungen des Umgangs mit Bodenverunreingungen in den beiden Großprojekten zeigen, wie unterschiedlich Mittelaufwand und Zielsetzungen bei Problemen sein können, die beide mit erheblichem Gefährdungspotential einhergehen.

Im ersten Fall ist es durch eine differenzierte Vorgehensweise gelungen, auch die verschiedenen Nutzungsbereiche unterschiedlich zu sanieren und damit einer sensibleren Nutzung Rechnung zu tragen. Im Zusammenspiel von Regierung und Provinz wurde Konsens erzielt und eine immense Summe zur Sanierung zur Verfügung gestellt.

Im Fall des Berliner Projekts steht die Gefahrenabwehr klar im Vordergrund, obwohl sich gewisses Konfliktpotential durch unterschiedliche Ansatzweisen von Behörde und Bund (BVS) ergibt. Ob das Ziel eines Flächenrecyclings trotzdem im Zusammenspiel erreicht werden kann, bleibt unklar.

Kontaminierter Boden – Versicherungstechnische Aspekte bei Besitz und Umgang

Mechthild Herbort

1 Einleitung

Das Thema "Kontaminierter Boden – Versicherungtechnische Aspekte bei Besitz und Umgang" stellt sich als sehr komplex dar. Im folgenden soll hauptsächlich der Bereich der Abwicklung bei bzw. mit der Haftpflichtversicherung angesprochen werden. Der juristische Bereich kann dabei nur am Rande behandelt werden. Bezüglich der Ansprache von „kontaminiertem Boden" ist dies häufig auch gleichzusetzen mit dem Eintreten eines Umweltschadens.

Umweltschäden, in denen kontaminierte Böden anfallen, zählen für Versicherungen heute bereits zum Alltag. Die versicherungstechnischen Aspekte, die damit verbunden sind, sind allerdings nur den wenigsten Beteiligten bekannt. Die Bearbeitung erfolgt heute nicht mehr ausschließlich von Juristen, sondern in Teamarbeit zwischen Juristen und Sachverständigen der Versicherung. Diese sind in der Regel auch den Versicherungen angegliedert.

In diesem Zusammenhang soll die Funktion der Versicherung und hier auch die der technischen Sachverständigen dargestellt werden. Konkret wird dabei auf die Situation am Markt eingegangen und darauf, welche Interessenkonflikte begründen, daß diese koordinierende Rolle im Schadenfall nur von der Versicherung übernommen werden kann.

Natürlich läßt sich nicht abstreiten, daß der Versicherungsnehmer, gerade als Besitzer des kontaminierten Bodens, einer Welle von "Hilfsbereitschaft" gegenübersteht. Da nicht jeder „Abfallerzeuger" mit den Gepflogenheiten am Markt vertraut ist, wird er mit den beteiligten Parteien, wie z. B. Gutachtern oder Entsorgern, und mit den unterschiedlichen Interessen konfrontiert.

Die Forderungen der Behörden berücksichtigen in der Regel nicht die Zahlungskräftigkeit eines Abfallerzeugers oder eines Schadenverursachers, wenn Boden kontaminiert wurde.

Mittlerweile ist es aufgrund der nicht vorhandenen Markttransparenz und der diversen Sanierungsvarianten nicht mehr möglich, die Schadenbearbeitung dem Markt zu überlassen. Dies ist nicht zuletzt darauf zurückzuführen, daß einige Versicherungen "Lehrgeld" zahlen mußten. Sanierungen liefen über Jahre, obwohl die Sanierungziele bereits erreicht waren. Sachverständigen- und Entsorgungskosten konnten in enormen Höhen in Rechnung gestellt werden, da der Konkurrenzdruck und das Know-how bei den Versicherungen noch nicht vorlag.

2   Versicherungstechnische Absicherung

Die Umweltschadenregulierung hat erst in den letzten Jahren einen bedeutenden Zahlen- und Stellenwert bei den Versicherungsgesellschaften erreicht. Dies ist darauf zurückzuführen, daß das Umweltbewußtsein in der Gesellschaft allgemein zugenommen hat.

Dies hatte zur Folge, daß allgemeingültige Normen auf umweltrelevante Themen angewandt werden mußten, z. B. der § 823 des BGB (Bürgerliches Gesetzbuch):

§ 823 (Schadenersatzpflicht)

(1) Wer vorsätzlich oder fahrlässig das Leben, den Körper, die Gesundheit, die Freiheit, das Eigentum oder ein sonstiges Recht eines anderen widerrechtlich verletzt, ist dem anderen zum Ersatz des daraus entstehenden Schadens verpflichtet.

(2) Die gleiche Verpflichtung trifft denjenigen, welcher gegen ein den Schutz eines anderen bezweckendes Gesetz verstößt. Ist nach dem Inhalte des Gesetzes ein Verstoß gegen dieses auch ohne Verschulden möglich, so tritt die Ersatzpflicht nur im Falle des Verschuldens ein.

Als Folge dieser Entwicklung wurde eine Vielzahl von neuen Gesetzen und Verordnungen verkündet. Diese Verschärfung der gesetzlichen Grundlage bedingt, daß die Verantwortung für den Umgang mit umweltgefährdenden Stoffen bzw. allgemein im Umgang mit Schutzgütern zugenommen hat.

Entsprechend haben sich auch die Anforderungen auf der Seite der Behörden verschärft. Die Handlungsgrundlagen ermöglichen, daß Sanierungsforderungen gestellt werden, die vor Jahren noch undenkbar waren.

Schadensszenarien

Die Umweltschäden, bei denen kontaminierter Boden anfällt bzw. damit umgegangen werden muß, bilden eine breite Facette aus. Allgemein sind Boden- und Grundwasserkontaminationen auf Unfälle oder auch aus dem Normalbetrieb in der Produktion, dem Transport, dem Umgang oder Ablagerung von umweltgefährdeten Stoffen zurückzuführen. Dementsprechend sind auch bezüglich der versicherungstechnischen Abdeckung verschiedene Sparten der Versicherung angesprochen.

In der Praxis sind die Schadenszenarien der Umweltschäden sehr vielfältig. Die Schäden werden sowohl durch Risiken im gewerblichen oder industriellen als auch im privaten Bereich verursacht. Im letztgenannten Fall führen sehr häufig Defekte an privaten Heizöltanks zu großflächigen Boden- und Grundwasserkontaminationen. Im gewerblichen Bereich sind Bodenkontaminationen ebenfalls oft auf Leckagen oder Defekte zurückzuführen. Im Segment der Kraftfahrzeugversicherung sind Umweltschäden durch Gefahrgutunfälle an der Tagesordnung.

Das Umweltrisiko, ausgehend von industriellen Anlagen, wird an den Schadenbeispielen des Schweizer Chemiekonzerns Sandoz oder der Hoechst AG deutlich.

Die Ursachen von Umweltschäden liegen aber nicht nur in den Defekten an Anlagen, sondern sind sehr oft auch durch menschliches Versagen bedingt. So sind diverse Umweltschäden bekannt – speziell im Tankanlagenbereich – die auf Fehler bei der Montage oder bei der Reparatur zurückzuführen sind.

Beispielsweise seien hier die Fälle erwähnt, in denen Heizungsmonteure Vor- und Rücklaufleitungen fehlerhaft angeschlossen haben und so Boden- und Grundwasserkontaminationen mit Heizöl verursacht wurden.

Die Schadenszenarien verdeutlichen, daß die Aufwendungen für Umweltschäden sehr schnell zu einer Existenzfrage für den Privatbereich, Industrie und Gewerbe führen können und somit die richtige versicherungstechnische Absicherung notwendig ist.

Versicherungstechnische Absicherung

Die Darstellung beispielhafter Umweltschadenszenarien verdeutlicht, daß versicherungstechnisch verschiedene Sparten der Versicherung angesprochen sind.

Abhängig vom abzusichernden Risiko können dies z. B. sein:

- Privathaftpflichtversicherung,
- Betriebshaftpflichtversicherung,
- Umwelthaftpflichtversicherung,
- Vermögensschadenhaftpflichtversicherung,
- Kraftfahrzeughaftpflichtversicherung,
- Feuerhaftungsversicherung,
- Rechtsschutzversicherung (oft speziell: Strafrechtsschutzversicherung).

Der Deckungsschutz für Einzelszenarien ist nie allgemein durch den Abschluß der hier beispielhaft dargestellten Versicherungen gegeben. Dies hängt ab vom Versicherungsumfang, von der Schadenursache, der Art der geschädigten Güter etc. Aus diesem Grund kann nur empfohlen werden, das Risiko detailliert zu beschreiben und dokumentieren zu lassen. In diesem Zusammenhang wird auch empfohlen, auf ausreichende Deckungssummen zu achten, da die "Reparatur" von Umweltschäden in der Regel mit einem hohen Aufwand und damit auch mit hohen Kosten verbunden ist.

Zur Absicherung von Anlagenrisiken im Betrieb wird im Haftpflichtbereich die Umweltschadenhaftpflichtversicherung angeboten. Diese löst die bisherige Gewässerschadenhaftpflichtversicherung ab. Ein wesentlicher Aspekt dieses Konzeptes ist die Erfassung und detaillierte Beschreibung der vorhandenen und zu versichernden Anlagen. Diese werden Risikobausteinen zugeordnet und können so für einen maßgeschneiderten Versicherungsschutz sorgen.

3   Umweltschadenbearbeitung

Schadenmeldung

Die Schadenmeldung muß unverzüglich nach Schadenfeststellung oder auch prophylaktisch erfolgen. Nur so kann die reibungslose Schadenbearbeitung durch die Versicherung erfolgen.

Die Schadenmeldung sollte dabei alle notwendigen Angaben enthalten, damit eine zügige Prüfung der Haftung und Deckung und die Einleitung der notwendigen Maßnahmen für die Sanierung des Schadens erfolgen kann.

Grundsätzliche Punkte dieser Prüfung des Versicherungsschutzes sind u. a.:

- Deckungsschutz ja/nein,
- Haftung ja/nein,
- Störerauswahl richtig/falsch.

Auch im Bereich Grundstücksverkauf mit gewerblicher Nutzung und bei Umgang mit wassergefährdenden Stoffen (z. B. Betriebstankstelle) sollte frühzeitig mit der Versicherung Kontakt aufgenommen werden, damit die Frage der Kostenübernahme für eventuell aufgedeckte Bodenkontaminationen bereits im Vorfeld geklärt werden kann.

Nach der Prüfung des Versicherungsschutzes wird die weitere Umweltschadenbearbeitung ebenfalls durch die Mitarbeiter der Versicherung koordinierend übernommen. Am Beispiel des kontaminierten Bodens wird deutlich, daß am Gesamtprozeß der Sanierung verschiedene Gruppen beteiligt sind:

– Grundstückseigentümer/ Abfallerzeuger,
– Behörde,
– Ingenieurbüro/Beratungsbüro,
– Baufirma,
– Transporteur,
– Zwischenlagerbetreiber,
– Entsorger/Verwerter.

Jedem der Beteiligten fällt eine besondere und wichtige Rolle zu, die auch mit einem besonderen Zuständigkeits- bzw. Verantwortungsbereich verbunden ist. Bedingt durch die diversen technischen Varianten bei der Abwicklung ist eine koordinierende Stelle wesentlich. Nicht zuletzt ist dies auch auf die legitimen unterschiedlichen Interessen der Beteiligten zurückzuführen.

Die Darstellung der Einzelschritte bei der Sanierung eines Schadenfalls, der mit dem Anfall und der Entsorgung von kontaminierten Boden verbunden ist, verdeutlicht, wie wichtig die Wahrnehmung der Aufgabe der Versicherung ist. Der Versicherung fällt in zweierlei Hinsicht eine bedeutende Rolle zu:

– Koordination der Maßnahme,
– Versicherungstechnsiche Absicherung der Einzelrisikoträger.

Schadenfeststellung

Die Schadenfeststellung bei Bodenkontaminationen ist nicht immer eindeutig, da es keine definitiven Bewertungsmaßstäbe gibt. Demzufolge ist z. B. der Besitzer eines Grundstücks, auf dem eine Bodenkontamination vorliegt, auf die Unterstützung unterschiedlicher Fachleute angewiesen und den unterschiedlichen Fachleuten ausgeliefert. Bei der Definition der Maßnahmen zur Ersterkundung und der Bewertung dieser Ergebnisse kommen die in dieser ersten Stufe beteiligten Risikoträger selten zu einheitlichen oder abschließenden Ergebnissen. Daneben fehlen in den meisten Bundesländern einheitliche und objektive Bewertungsmaßstäbe für Boden- und Grundwasserkontaminationen. So ist der reibungslose Beginn und weitere Verlauf einer Sanierungsmaßnahme von der fachlichen Kompetenz und dem jeweiligen Interesse der Beteiligten abhängig. Dabei kommt es aber auch vor, daß Untersuchungs- und Sanierungskonzepte zu Boden- oder auch Grundwasserkontaminationen verfaßt werden, in denen die Inhalte „aller greifbaren" Bewertungslisten zusammengefaßt werden, um auf dieser Basis Vorschläge zum weiteren Vorgehen an die Behörden zu unterbreiten.

Sanierung

Wenn kontaminierter Boden anfällt, stellt die Auskofferung der Bodenmassen mit anschließender Behandlung in einer geeigneten Anlage nach wie vor die Methode der Wahl dar. Dennoch sind diverse Kombinationsmöglichkeiten möglich, die eine optimierte Sanierung gewährleisten. Diese Einzelfallentscheidungen zum Umfang der Maßnahmen, natürlich immer auch verbunden mit Zusagen für die anfallenden Kosten, können nur in Verbindung mit den Fachleuten der Versicherung abgestimmt werden. Leider muß in diesem Zusammenhang erwähnt werden, daß in der Vergangheit nicht selten Experimente auf Kosten der Schadenverursacher oder der Geschädigten durchgeführt wurden (z. B. In-situ-Sanierungen über Jahre, bei unproblematischen Bedingungen für einen Aushub). Diese Schadensanierungen gehen letzlich zu Lasten aller Versicherungsnehmer, da die Versicherungsbeiträge so in die Höhe getrieben werden.

Der Aushub wird in der Regel von Ingenieurbüros begleitet, die – nach Abstimmung mit der Behörde – die kontaminierten Bodenmassen von den unbelasteten Bodenmassen separieren lassen.

Transport/Zwischenlager/Entsorgung

Die Entsorgung von kontaminiertem Boden ist mit einem aufwendigen Formalismus verbunden. Für den Abfallerzeuger bedeutet dies aber dennoch, daß er bis zur ordnungsgemäßen Entsorgung des Materials für den Boden verantwortlich bleibt.

Bezüglich der Entsorgung von kontaminiertem Boden stellt sich am Markt momentan ein Preiskampf dar. Die Anlagen sind teilweise regional nicht ausgelastet. Insgesamt werden in Deutschland bereits Sanierungskapazitäten von ca. 2,5 Mio. t vorgehalten.

Die Preise, die für die Entsorgung oder Verwertung von kontaminierten Böden verlangt werden, haben sich in den letzten Jahren für den Abfallerzeuger positiv verändert. Dieses Wissen liegt aber in der Regel beim Abfallerzeuger nicht vor. Daß der „Run auf den Boden" weitergeht, belegen Beispiele aus der Praxis, wo sich Ingenieurbüros als Vermittler engagieren. Auch bezüglich dieser Entwicklung und allgemein aus den Erfahrungen einer Vielzahl von Umweltschäden hat sich die koordinierende Rolle der Sachverständigen der Haftpflichtversicherer bewährt.

Neben dem richtigen Stellen des Entsorgungsnachweises ist es auch von nicht unerheblicher Bedeutung, auf Nebenaspekte zu achten. So werden beispielsweise in einigen Bundesländern Gebühren, z. B. über die Abfallabgabe verlangt. In Einzelfällen konnte diesbezüglich bereits nachgewiesen werden, daß Abfallabgaben unberechtigt erhoben wurden. In diesem Zusammenhang ist von besonderer Relevanz, ob die Anlage, in die der kontaminierte Boden verbracht wurde, als Verwertungs- oder als Entsorgungsanlage genehmigt ist.

Zusammenfassung

Die Bearbeitung von Umweltschäden hat sich bei Versicherungen im Team aus Juristen und Sachverständigen bewährt. Die so optimierte Unterstützung der Versicherungsnehmer ist mit einer Qualitäts- und Kostenkontrolle verbunden.

Bei der Sanierung von Umweltschäden, die mit dem Anfall von kontaminierten Böden verbunden sind, sind diverse Fachleute der unterschiedlichen Sparten beteiligt. Allen fällt eine große Verantwortung bei der Durchführung der Maßnahmen zu.

Bei Umweltschäden, die von den Versicherungen gedeckt sind, liegt auch dort die Aufgabe der Koordination der Maßnahmen. Dies hat sich in der Praxis bewährt. Im Rahmen der Sanierung sind verschiedene Varianten in den Einzelschritten möglich, die neutral ausgewählt werden müssen. Die Erfahrungen aus der Praxis zeigen, daß z. B. bei Ingenieurbüros und Entsorgern Interessenskonflikte auftauchen können.

Pokker Bodensanierung GmbH

Eibacher Hauptstr. 121	Hauptstr. 5
90451 Nürnberg	04509 Freiroda
Tel. 0911/9637928	Tel. 034207/2213
Fax 0911/9637929	Fax 034207/2213

Unser Serviceangebot:

- Beratung von Behörden. Ingenieurbüros und Sanierungspflichtigen
- Erstellung von praxisgerechten Sanierungskonzepten
- Erd- und Tiefbau in kontaminierten Bereichen
- Durchführung von Vorversuchen. Prognose von Sanierungszielen
- Abbruch. Verwertung und Entsorgung von Industrieanlagen
- Immobilisierung nach patentiertem PBS-Verfahren für Boden. Bauschutt. Aschen.Schlacken und Schlämmen. on-site. off-site
- Recycling von großflächig kontaminierten Industriebrachen
- Ausführung von Projekten mit Beschäftigten nach § 249 h AF

Bodensanierung Franken GmbH

Postfach
Markt Taschendorf
Tel. 09552/6530
Fax 09552/6261

Unser Serviceangebot:

- Annahme und Verwertung von Böden:

MKW	>	20.000 mg/kg
PAK	>	200 mg/kg
BTEX	>	500 mg/kg
Phenole	>	200 mg/kg

- rasche Hilfe bei Unfällen mit Mineralölen
- Laden. Transport und Verwertung
- mikrobielle Behandlung bei hohen Schluffanteilen bis 55% > 0.063mm Korngröße
- Jahreskapazität 20.000 t

Ziel des DVAG ...

... ist die Interessenvertretung der Angewandten Geographie und somit all jener, die Geographie in der Praxis als querschnittsorientierte Anwendung und Umsetzung geographischer Erkenntnisse in Gesellschaft, Wirtschaft, Planung, Politik und Verwaltung begreifen.

Der DVAG vertritt die Interessen der Berufstätigen und Studierenden und engagiert sich dafür, die Leistungen der Angewandten Geographie als Anbieter praxisnaher Lösungsmöglichkeiten zur Vorbereitung und Umsetzung unternehmerischer und politischer Entscheidungen noch weiter in das Bewußtsein der Öffentlichkeit zu rükken.

Dadurch fördert der DVAG Bedeutung und Image der Geographie und somit der Geographinnen und Geographen.

Leistungen des DVAG ...

... sind Fachtagungen und Weiterbildungsveranstaltungen, die im Dialog mit Fachleuten und Interessenten anderer Disziplinen aktuelle Themen in Diskussionen, Vorträge und Workshops aufgreifen.

... sind in bestimmten Fachgebieten kontinuierlich tätige Facharbeitsgruppen (FAG), die Stellungnahmen erarbeiten und Fachtagungen organisieren. Die FAGs sind fachliche Anlaufstelle für Mitglieder und Interessenten.

... sind Regionale Arbeitsgruppen (RAG), die Ansprechpartner des DVAG vor Ort. In Studienfragen sind die RAGs in Kooperation mit den Geographischen Instituten Kontaktstelle für die Studierenden. Die RAGs führen in regelmäßigen Abständen Diskussionsveranstaltungen und Exkursionen durch.

... sind Publikationen, in denen Tagungs- und Diskussionsergebnisse dokumentiert werden. Nachrichten und Trends aus allen Bereichen der Angewandten Geographie erscheinen vierteljährlich im STANDORT – Zeitschrift für Angewandte Geographie.

Die 1700 Mitglieder des DVAG ...

... nutzen das Netzwerk beruflicher Kontakte und Anregungen durch aktive und berufsfeldbezogene Mitarbeit in RAGs und FAGs.

... erhalten Service- und Beratungsleistungen in allen Fragen der Angewandten Geographie einschließlich Arbeitsmarkt, Studium und Praktikum.

... beziehen kostenlos den STANDORT – Zeitschrift für Angewandte Geographie und ermäßigt die Schriftenreihen Material zur Angewandten Geographie und Material zum Beruf der Geographen.

... nehmen vergünstigt an allen Veranstaltungen des DVAG–Tagungs- und Weiterbildungsprogramms teil einschließlich Geographentag und geotechnica.

... sind in allen Bereichen von Wirtschaft, Politik und Verwaltung, als Freiberufler, in Forschungsinstitutionen und Hochschulen, in Verbänden und Stiftungen tätig.

Der DVAG ...

... wurde 1950 von Walter Christaller, Paul Gauss und Emil Meynen als Verband Deutscher Berufsgeographen gegründet.

... ist Mitglied in der Deutschen Gesellschaft für Geographie e.V., in der die etwa 8.000 Mitglieder der geographischen Fachverbände und Gesellschaften Deutschlands vertreten sind.

**Deutscher Verband für
Angewandte Geographie e.V. (DVAG)**
Königstraße 68
53115 Bonn
☎ 0228 / 914 88 11
🖷 0228 / 914 88 49

Veröffentlichungen des DVAG

Der Deutsche Verband für Angewandte Geographie (DVAG) dokumentiert regelmäßig die Ergebnisse seiner Tagungen in der Reihe "**Material zur Angewandten Geographie**" (MAG) – Bezugsanschrift: DVAG, Königstraße 68, 53115 Bonn, Fax 0228 / 914 88 49 –. In den letzten Jahren sind darin erschienen:

MAG 20 **Umweltplanung – Reparaturunternehmen oder ökologische Raumentwicklung?**
hrsg. 1991 im Auftrag des DVAG von Burghard Rauschelbach und Jan Jahns

MAG 21 **Die Vereinigten Staaten von Europa – Anspruch und Wirklichkeit**
hrsg. 1991 im Auftrag des DVAG von Arnulf Marquardt-Kuron, Thomas J. Mager und Juan-J. Carmona-Schneider

MAG 22 **Die Region Leipzig–Halle im Wandel – Chancen für die Zukunft**
hrsg. 1993 im Auftrag des DVAG von Juan-J. Carmona-Schneider und Petra Karrasch

MAG 23 **Raumbezogene Informationssysteme in der Anwendung**
hrsg. 1995 im Auftrag des DVAG von Peter Moll

MAG 24 **Umweltschonender Tourismus – Eine Entwicklungsperspektive für den ländlichen Raum**
hrsg. 1995 im Auftrag des DVAG von Peter Moll

MAG 25 **Umweltverträglichkeitsprüfung – Umweltqualitätsziele – Umweltstandards**
hrsg. 1994 im Auftrag des DVAG von Thomas J. Mager, Astrid Habener und Arnulf Marquardt-Kuron

MAG 26 **Angewandte Verkehrswissenschaften – Anwendung mit Konzept**
hrsg. 1995 im Auftrag des DVAG von Arnulf Marquardt-Kuron und Konrad Schliephake

MAG 27 **Regionale Leitbilder – Vermarktung oder Ressourcensicherung?**
hrsg. 1995 im Auftrag des DVAG von Burghard Rauschelbach

MAG 28 **Land unter – Bedeutungswandel und Entwicklungsperspektiven "Ländlicher Räume"**
hrsg. 1995 im Auftrag des DVAG von Frank Hömme

MAG 29 **Stadt- und Regionalmarketing – Irrweg oder Stein der Weisen?**
hrsg. 1995 im Auftrag des DVAG von Rolf Beyer und Irene Kuron

MAG 30 **Regionalisierte Entwicklungsstrategien**
hrsg. 1995 im Auftrag des DVAG von Achim Momm, Ralf Löckener, Rainer Danielzyk und Axel Priebs

MAG 31 **UVP und UVS als Instrumente der Umweltvorsorge**
hrsg. 1995 im Auftrag des DVAG von Werner Veltrup und Arnulf Marquardt-Kuron

15 DM · 120 öS · 15 sfr
Verlag Glückauf GmbH · Essen
Brach Flächen Recycling
Recycling Derelict Land
2/94
Projektmana
Biotop- und
Nachnutzu
Stolberg-
Püttsburg
Coal re
VGE
Verlag Glückauf Essen

Umweltinstitut Offenbach, Nordring 82B, 63067 Offenbach,

Telefon (069) 81 06 79, Telefax (9069) 823493

Geographisches Altlasten-Dokumentations- und Informationssystem
ALADIN® Version 2.0
- neue Version mit erheblich reduzierten Preisen! -

ALADIN®, das *AltLA*sten-*D*okumentations- und *IN*formationssystem liegt jetzt in der Version 2.0 vor. Mit der neuen Version wurden auch **anwendungsspezifische Variationen** und **neue Preise** eingeführt.

Das Geographische Informationssystem **ALADIN® 2.0** ist eine Anwendung für PCs unter WINDOWS 3.x, WINDOWS-NT oder WINDOWS 95 auf Basis von ArcView 2.1.

Die Anwendung ist auch zusammen mit dem Bohrprofilsystem TK-PLOT zur Darstellung von Bohrprofilen erhältlich.

ALADIN® 2.0 ist eine Zusammenfassung zahlreicher Einzelfunktionsmodule zur komfortablen und zweckmäßigen Erfüllung umweltrelevanter Aufgaben und geht über die reine altlastenspezifische Betrachtungsweise weit hinaus.

ALADIN® 2.0 ist erhältlich als

ALADIN®-BUIS
für den Aufbau oder die Ergänzung eines **Betrieblichen Umweltinformationssystems (BUIS)**. Für mittlere bis größere produzierende Betriebe als Hilfsmittel zur Erfüllung ihrer umweltpolitischen Aufgaben.

ALADIN®-KOMM
für den Aufbau oder die Ergänzung eines **Kommunalen Umweltinformationssystems (KOMM)**. Für kommunale, regionale und Landes-Behörden als Hilfsmittel zur Erfüllung ihrer umweltpolitischen Aufgaben.

ALADIN®-CONSULT
für den Aufbau oder die Ergänzung von spezifischen Umweltinformationssystemen, wie sie bei **Umwelt-Consulting-Büros** oder im Auftrag von Behörden oder Firmen tätigen Büros benötigt werden.

ALADIN® ist als Demo-Version verfügbar.

Weitere Informationen zur Anforderung der Demo-Version sind beim Umweltitutinstitut Offenbach erhältlich.

Wenn Umweltrecht Ihr Thema ist ...

Sechsmal im Jahr: Die Zeitschrift für Umweltrecht - und damit sechsmal im Jahr ein kompletter Überblick über das gesamte Umweltrecht.

Aktuelle wissenschaftliche Beiträge und Analysen
- *diskutieren Stand und Entwicklung des Umweltrechts.*

Ein umfangreicher Service-Teil
- *bringt die neueste Rechtsprechung,*
- *informiert über die aktuelle Gesetzesentwicklung auf Landes-, Bundes- und Europaebene und*
- *dokumentiert Aufsätze aus über hundert Zeitschriften sowie wichtige Informationen und Termine.*

Zeitschrift für Umweltrecht, Walsroder Str. 12-14, 28215 Bremen, Telefon 0421-3 76 13 83, Telefax 0421-37 23 50

Umweltbetriebsprüfer / Umweltgutachter

Fortbildungskonzept des Umweltinstituts Offenbach nach EG-Öko-Audit-Verordnung

UMWELTINSTITUT
OFFENBACH GmbH
Nordring 82 B
63067 Offenbach am Main
Telefon: (069) 81 06 79
Telefax: (069) 82 34 93

Seit April 1995 gilt europaweit die EG-Öko-Audit-Verordnung. Sie betont die Eigenverantwortung der Industrie für die Bewältigung der Umweltfolgen ihrer Tätigkeit und fordert aktive Konzepte zur kontinuierlichen Verbesserung des betrieblichen Umweltschutzes.

Regelmäßige Umweltbetriebsprüfungen und Begutachtungen sind zentraler Bestandteil des in der Verordnung geforderten Umweltmanagementsystems.

Die EU-Kommission hat durch diese Verordnung ("über die freiwillige Beteiligung gewerblicher Unternehmen an einem Gemeinschaftssystem für das Umweltmanagement und die Umweltbetriebsprüfung") zwei völlig neue Berufsbilder geschaffen:

Umweltbetriebsprüfer und Umweltgutachter

Aufgaben und Qualifikationen der Umweltbetriebsprüfer und -gutachter ergeben sich einerseits aus der Verordnung selbst, den relevanten Normen und aus den Bestimmungen des Umweltauditgesetzes (UAG). Auf dieser Basis hat das Umweltinstitut Offenbach ein modulares Fortbildungskonzept entwickelt, das der "Deutschen Akkreditierungs- und Zulassungsgesellschaft für Umweltgutachter (DAU)" zur Anerkennung vorgelegt ist und der Vorbereitung auf die Zulassungsprüfung für Umweltgutachter dient.

Aufbauend auf den gesetzlich definierten Einzelnachweisen der Fach/Sachkunde als Betriebsbeauftragte für Abfall, Gewässerschutz und Immissionsschutz werden die Fachkenntnisse über "Methodik und Durchführung der Umweltbetriebsprüfung" vermittelt.

Umweltbetriebsprüfer belegen zudem das Modul "Kommunikation im Betrieblichen Umweltschutz". Umweltgutachter belegen das Modul "Betriebliches Management und Organisation des Umweltschutzes".

Pflichtmodule für Umweltbetriebsprüfer und Umweltgutachter

Modul 1: Betriebsbeauftragte/r für Abfall - 5-täg. Sachkunde-Seminar

Modul 2: Betriebsbeauftragte/r für Gewässerschutz - 5-täg. Fachkunde-Seminar

Modul 3: Betriebsbeauftragte/r für Immissionsschutz - 5-täg. Fachkunde-Seminar

Modul 4: Methodik und Durchführung der Umweltbetriebsprüfung (Umwelt-Auditor) - 5-täg. Sem.

sowie zusätzlich:

Pflichtmodul für Umweltbetriebsprüfer	Pflichtmodul für Umweltgutachter
Modul 5: Kommunikation im betrieblichen Umweltschutz - 4-tägiges Praxisseminar *(für Umweltgutachter freiwillig)*	**Modul 6**: Betriebliches Management und Organisation des Umweltschutzes - 4-tägiges Seminar *(für Umweltbetriebsprüfer freiwillig)*

Fordern Sie die aktuellen Termine und das ausführliche Kursprogramm an !

Das Umweltinstitut Offenbach hat die **Software "Öko-AUDITOR"** zur praktischen Unterstützung des gesamten Audit-Prozesses entwickelt. Sie führt den Anwender durch die Umweltprüfung und zeigt die nach EG-Verordnung zu bearbeitenden Aufgaben an. Ebenso erhältlich ist ein **"Leitfaden zur Umsetzung des EG-Öko-Audt-Systems im Unternehmen"**. Fordern Sie Informationen an!

<table>
<tr><td>

UMWELTINSTITUT OFFENBACH GmbH

</td><td>

Nordring 82 B
63067 Offenbach am Main
Telefon: (069) 81 06 79
Telefax: (069) 82 34 93

</td></tr>
</table>

O Beauftragte/r für die Bearbeitung von Altlasten

Absender:

Fünftägiger Zertifikats-Grundkurs zur Erlangung der Fachkenntnisse für die Erfassung, Erkundung, Untersuchung und Sanierung von Altlasten.

Fortbildungsveranstaltung im Hinblick auf den Nachweis der erforderlichen Sachkunde nach dem Referentenentwurf für ein Bundes-Bodenschutzgesetz.

Die explosionsartig gestiegene Zahl von Altlastenverdachtsflächen stellt die Behörden vor enorme Aufwendungen für die Erfassungs-, Untersuchungs- und Sanierungsmaßnahmen. Die Sachbearbeiter, aber auch die Mitarbeiter der beauftragten Ingenieurbüros, sind oftmals durch die Begriffsvielfalt, die unterschiedlichen Rechtsgrundlagen, die verschiedenen Untersuchungsschritte und Sanierungsverfahren sowie mit der praktischen Umsetzung ihrer Fachkenntnis überfordert. Das Umweltinstitut Offenbach bietet einen fünftägigen Zertifikatskurs an, der grundlegend das Fachwissen der Altlastenbearbeitung vermittelt. Angesprochen werden sowohl kommunale Mitarbeiter als auch Mitarbeiter aus Industrie, Gewerbe und Ingenieurbüros.

O Umweltbetriebsprüfer und Umweltgutachter

Seit April 1995 gilt europaweit die **EG-Öko-Audit-Verordnung**. Regelmäßige Umweltbetriebsprüfungen sind zentraler Bestandteil des in der Verordnung geforderten Umweltmanagementsystems. Die EU-Kommission hat durch diese Verordnung zwei völlig neue Berufe geschaffen: **Umweltbetriebsprüfer und Umweltgutachter.**

Ihre Aufgaben ergeben sich aus der Verordnung selbst und aus den Bestimmungen des Umweltauditgesetzes. Auf dieser Basis hat das Umweltinstitut Offenbach ein Fortbildungskonzept entwickelt. Aufbauend auf den gesetzlich definierten Einzelnachweisen der Fachkunde als Betriebsbeauftragte für Abfall, Gewässerschutz und Immissionsschutz werden die Fachkenntnisse über "Methodik der Umweltbetriebsprüfung" sowie über "Betriebliches Management und Organisation des Umweltschutzes" vermittelt.

Das Konzept wurde der "Deutschen Akkreditierungs- und Zulassungsgesellschaft für Umweltgutachter (DAU) zur Anerkennung vorgelegt und dient neben der Ausbildung zum Umweltbetriebsprüfer der Vorbereitung auf die Zulassungsprüfung für Umweltgutachter.

O Beauftragte/r für die Vorbereitung und Durchführung der Umweltverträglichkeitsprüfung (UVP)

Allgemeine Verwaltungsvorschrift zur UVP, Investitionserleichterungs- und Wohnbaulandgesetz, EG-Richtlinie über die integrierte Vermeidung und Verminderung der Umweltverschmutzung (IVU-Richtlinie)

Nach wie vor bestehen seitens der Projektträger, der Gutachter und der Behörden Unsicherheit in Bezug auf Prüfverfahren, Art und Umfang der Umweltverträglichkeitsuntersuchung, Ablauf und Bewertung der Ergebnise. Das einwöchige Praxis-Seminar wird diese Themenkomplexe grundlegend aufarbeiten. Neben Referenten aus Ingenieurbüros werden Behördenvertreter ihre spezifischen Probleme und Anforderungen darstellen. Intensiv werden dabei die juristischen Grundlagen erarbeitet, insbesondere die gesetzlichen Änderungen der vergangenen Jahre.

O Grundwasserschadensfälle
Untersuchung, Probenahme und Sanierung

Tagung mit begleitender Ausstellung

O Betriebsbeauftragte/r für Gewässerschutz, Immissionsschutz und Abfall Zertifikats-Kurse zur Erlangung der gesetzlich geforderten Sach- bzw. Fachkunde

Firmenprofil

UIO UMWELTINSTITUT OFFENBACH GmbH

Nordring 82 B, 63067 Offenbach a.M.
Tel.: 069-810679; Fax: 069-823493

Geschäftsführer: Dr. Lutz Schimmelpfeng
Herbert Pfaff-Schley
Gründung: 1988
Rechtsform: GmbH
Registergericht: Offenbach a.M., HRB 7165
Mitarbeiter: 20

Das Umweltinstitut Offenbach arbeitet mit zwei unternehmerischen Schwerpunkten: Zum einen werden Dienstleistungen in den Bereichen Erfassung, Darstellung und Untersuchung von Umweltauswirkungen angeboten. Zum anderen werden regelmäßig Fachtagungen und Seminare zu aktuellen Umweltthemen durchgeführt.

DIENSTLEISTUNGSBEREICH

Bereich Altlasten

Erfassung, Erkundung und Untersuchung von altlastenverdächtigen Flächen

Durchführung von Rammkernsondierungen

Messungen, Probenahmen, Analysen

Bereich Umweltverträglichkeitsprüfungen

Anlagen- und Planungs-UVP

Festlegung des Untersuchungsrahmens

Durchführung von Umweltverträglichkeitsuntersuchungen

Behördenmanagement

Öffentlichkeitsarbeit, Mediationsverfahren

Bereich Standortplanung

Standortsuche, Standortbewertung

Stellungnahmen zu bestehenden Planungen

Bereich Messungen

Raumluftmessungen, Faserbestimmungen

Lärmmessungen, Emissionsmessungen

Bereich Umwelt-Audit

Praktische Unterstützung bei der Durchführung von Öko-Audits

Umsetzung des Umweltmanagementsystems im Unternehmen

Bereich EDV

ALADIN Geographisches Alt*l*asten-*D*okumentations-und *In*formationssystem

ÖKO-AUDITOR Software zur Durchführung von Öko-Audits nach der EG-Öko-Audit-Verordnung

FORTBILDUNGSBEREICH

Umweltbetriebsprüfer und Umweltgutachter

Modular aufgebautes Fortbildungskonzept nach der EG-Öko-Audit-Verordnung

Einwöchige Seminare:

Betriebsbeauftragte/r für Abfall

Betriebsbeauftragte/r für Gewässerschutz

Betriebsbeauftragte/r für Immissionsschutz

Beauftragte/r für die Bearbeitung von Altlasten

Beauftragte/r für die Umweltverträglichkeitsprüfung

Zweitägige Fachtagungen zu den Themen:

Altlasten

Rüstungsaltlasten

Grundwasserschadensfälle

Wasser/Abwasser

Umweltverträglichkeitsprüfung

Umwelt-Audit

Abfallwirtschaft

Inhouse-Schulungen

Umweltschutz, Umweltmanagement

Firmen- und branchenspezifische Umweltberatung

UMWELTINSTITUT OFFENBACH, Nordring 82B, 63067 Offenbach Tel.: (069) 810679 Fax: (069) 823493